高等职业教育课程改革示范教材

应用物理基础

第二版

主　编　鲍正祥

副主编　周洪亮　徐　磊　胡　鹏

参　编（按姓氏笔画为序）

　　　　于正权　鲍立峰

主　审　郝　超

电子资源

南京大学出版社

图书在版编目（CIP）数据

应用物理基础／鲍正祥主编.—2 版.—南京：
南京大学出版社,2016.6(2018.8 重印)
高等职业教育基础课示范教材
ISBN 978-7-305-05228-6

Ⅰ.①应…　Ⅱ.①鲍…　Ⅲ.①应用物理学-高等职业
教育-教材　Ⅳ.①O59

中国版本图书馆 CIP 数据核字(2012)第 117880 号

出版发行　南京大学出版社
社　　址　南京市汉口路 22 号　　　　　邮　编 210093
网　　址　http://www.NjupCo.com
出版人　金鑫荣

丛 书 名　高等职业教育课程改革示范教材
书　　名　应用物理基础（第二版）
主　　编　鲍正祥
责任编辑　孟庆生　　　　　编辑热线 025-83597078

照　　排　南京紫藤制版印务中心
印　　刷　盐城市华光印刷厂
开　　本　787×1092　1/16　印张 14　字数 338 千
版　　次　2016 年 6 月第 2 版　2018 年 8 月第 5 次印刷
ISBN　978-7-305-05228-6
定　　价　31.00 元
发行热线　025-83594756　83686452
电子邮箱　Press@NjupCo.com
　　　　　Sales@NjupCo.com（销售部）

前　　言

进入新世纪,我国的高等职业教育迅速发展,各院校办学思路更加清晰,教学内涵日益丰富.如何使作为基础课程之一的物理适应高等职业发展的需要,我们一直在探索.从 2005 年起,我院启动了物理课程改革,作为课程改革重点内容的教材编写是我们关注的重点.为此,我们和校外同行进行了广泛的交流,了解兄弟院校课程开设情况;和专业课老师进行了深入的探讨,了解后续学习对物理课程的要求,目的是力求编写出一本具有高职院校特色的物理教材.今年,在南京大学出版社的支持下,我们将几年来使用的讲义进行整理加工,以正式教材的形式出版.在编写中,我们坚持"凸显高职特色,强化能力本位"的原则,把"必须"、"够用"及为专业课程服务、为学生发展服务的思想贯穿编写过程.具体而言,本教材有如下特点:

(1) 在不影响物理学基本体系的前提下,注重内容的整合,在强调基础知识的同时,注意知识的提升.

(2) 强调物理与生活、技术的联系,体现应用性、实践性、生活性,反映新知识、新技术、新工艺、新方法.

(3) 在内容上采取模块式的编写方式,注意各章和实验的相对独立性,各专业可以根据不同的需要选择教学内容.

(4) 在每章的开始部分设置了"导学"内容,试图对每章的重点作一概述,便于学生在学习中把握重点.

(5) 为开好知识的"窗口",预留与应用技术的接口,在书中设置了"阅读材料".

(6) 在书中设置了"思考与讨论"栏目,通过设计各种问题,开拓学生的不断思维、创新与实践的空间.

本教材由江苏省淮安信息职业技术学院物理教研室老师编写,鲍正祥担任主编,周洪亮、徐磊、胡鹏担任副主编.具体分工如下:第 1 章、实验部分由周洪亮编写;第 2 章、第 4 章由鲍立峰编写;第 3 章由于正权编写;第 5 章、第 10 章由胡鹏编写;第 6 章、第 7 章由鲍正祥编写;第 8 章、第 9 章由徐磊编写.常州机电职业技术学院郝超副院长担任主审,在此谨致谢忱.

在南京大学出版社的大力支持下,本教材得以顺利出版,在此表示衷心的感谢.

尽管我们作了许多的努力,但由于水平有限,书中难免有不当或错误之处,恳请读者批评指正,以便再版时改进.

编　者

目　　录

第1章

✿ 力与运动

　　导学：在本章，我们学习描述力与运动的有关概念和定理．本章的重点是力的概念，力的合成运算，描述运动的几个物理量（位移、速度、加速度），直线运动的运动规律，牛顿定律．

　　2 000 多年前阿基米德就得出物体在水中受到浮力的结论；我国战国时代，人们就懂得使用司南指示方向；在宋代，人们将火药用于战争，可见人类很早就在认识力、利用力．同时，自然界中存在着各式各样的物体，所有这些物体都在运动，从我们日常看到的汽车奔驰、百米赛跑，到大至月球、太阳的运行，小至分子、原子的运动等都呈现着运动的形态．力与运动之间存在着密切的联系．

§1.1　力　的　概　念

1.1.1　力

　　力是用于概括自然界物体之间的作用的名词，如生活中我们经常说的风力、水力、电力、引力、推力、摩擦力．**力**是物体对物体的作用．力的符号是 F，单位是牛顿，符号 N．

　　力的定义指出了力的物质性，没有脱离物体而存在的力．也指出力的相互性，一个孤立的物体不会产生力．某物体受力，一定有另一个物体对它施加作用，也一定对施加作用的物体产生反作用，即力是不能离开施力物体和受力物体而独立存在的．如图 1.1.1，小球受到重力的作用，施力物体是地球，同时小球对地球产生向上的引力；小球还受到弹簧秤拉力作用，施力物体是弹簧秤，同时小球对弹簧产生向下的拉力．

图 1.1.1　弹簧秤拉小球

　　力是抽象的、看不见摸不着的，那么我们怎么知道是否有力存在？当我们看到球踢飞了，或看到球压扁了，就知道有力作用于球，也就是说我们是通过物体受到力的作用后，作用力产生的效果来判断力的存在．当力作用于物体上时，会使物体产生形状的改变，或者运动状态的改变，或者两者同时发生．

　　从力的性质上分，有些力是要接触才能产生的，如摩擦力、弹力；有些力不需要接触就能产生,如重力、万有引力、电场力、磁场力.这些不直接接触的物体产生力的作用也并不是无距离的瞬间就产生,而是通过"场"的传播进行的,如引力场、磁场、电场等.

从力的作用效果来分类,有压力、推力、拉力、阻力、动力等.同一种力可以产生不同的效果,同一个效果也可以来源于不同性质的力.如图1.1.2,人推小车和拉小车从性质看都是弹力,但效果不同,一个是推力,一个是拉力.

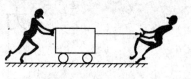

图 1.1.2 力的效果

力作用于物体上时,影响力的效果的基本要素有三个,即力的大小、方向、作用点.我们把力的大小、方向、作用点称为**力的三要素**.一个力的三要素确定了,这个力的作用效果就完全确定了.

要表达一个力,一般用**力的图示法**.方法是从力的作用点作一根带箭头的有向线段,箭头的方向表示力的方向,线段的长短表示力的大小,这样力的三要素都用这条线段表示出来了.为了表达力的大小,在图旁要注明比例.

图 1.1.3 表示力 F 的大小为 35 N,作用于点 O,方向水平向右.

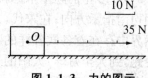

图 1.1.3 力的图示

在表达力时,同时要注明力的大小和方向.物理中还有一些类似的量,我们把像力这样的既有大小又有方向的量称为**矢量**,而只有大小没有方向的量称为**标量**,如温度、长度等.通常用加粗的符号表示矢量,如 F,或在符号上加上单箭头上标,如 $\vec{F}$.

在人们的生活中,最常见的力有三种,即重力、弹力、摩擦力.

1.1.2 重力

宇宙中任何两个物体之间都有相互吸引力,这种力叫**万有引力**.不管物体大小,大到天体,小到原子、质子,不管距离远近,万有引力都是客观存在的.万有引力是由于物体具有质量而在物体之间产生的一种相互作用力.质量分别为 M 和 m 的两个质点,相距为 r 时,它们之间的引力为

$$F = G\frac{Mm}{r^2}$$
(1.1.1)

G 为万有引力常数,$G = 6.67259 \times 10^{-11}$ N·m²·kg⁻²,1798 年,英国物理学家卡文迪许用扭秤第一次测量出万有引力常数.

在地球上,物体由于受到地球吸引而产生的力称为**重力**,重力的符号是 G,大小与物体的质量成正比,方向竖直向下.实验表明质量为 m 的物体受到的重力 G 为

$$G = mg$$
(1.1.2)

式中 g 称为重力加速度,计算中 g 取 9.8 N/kg,即 9.8 m/s².重力加速度在地球上某个点是个常数,在地球上不同地方的重力加速度略有不同,赤道地区比两极小些.

物体的每一部分都要到受到重力作用.为了研究问题方便,从效果上看,我们可以认为物体受到的重力集中作用在一点,这一点叫物体的**重心**.质量分布均匀的物体,重心的位置只跟物体的形状有关.均匀三角板的重心在三条中线的交点,均匀球的重心在球心,均匀圆饼的重心在圆心.形状不对称和质量分布不均匀的物体,重心的位置跟质量的分布情况有

关,物体的重心也可能不在物体上,如圆环.电线杆的重心靠近粗的一侧.起重机的重心,随着提升重物的质量和高度而变化,重心随重物质量增大而前移,随提升高度增大而上移.图1.1.4 表示几种常见形状物体的重心.

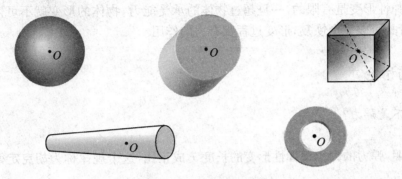

图 1.1.4　物体的重心

重心的高低和支持面的大小决定物体的稳定程度.由于重力总是竖直向下的,物体都有一个趋势使自身的重心降低以保持稳定,重心越低物体的稳定性就越好,例如赛车的底盘都做的尽可能低.

通常可以采用悬挂法找物体的重心,见图 1.1.5.

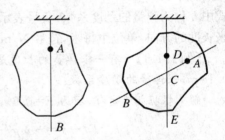

图 1.1.5　悬挂法找物体重心

1.1.3　弹力

用手捏橡皮泥、用力拉弹簧、用力压塑料瓶,它们的形状会发生变化.杂技演员在弹簧床上可以蹦得很高;不小心走进沼泽地后脚陷进去拔不出来,这是什么原因呢?

用竹竿推动圆木,竹竿就会弯曲,即竹竿的形状发生了改变,见图 1.1.6. 又如弹簧不受力时,长度不变,受到压力,就会缩短,受到拉力又会伸长,可见这些力有个共同的特点:使物体发生形状的改变.

把一块木板压弯后,放手木板又恢复原形,把弹簧拉长后也能恢复原形.这些物体称为弹性体,它们在受力时发生形变,外力消失后又恢复原状.能够恢复原来形状的形变,叫做**弹性形变**.

图 1.1.6　弹性形变

一块橡皮泥可以捏成各种形状,并且它将保持这种形状,棉线弯曲后的形状也不再复原.不能够恢复的形变,叫做**塑性形变**.

用力压弹簧,弹簧发生形变,而产生恢复力,其方向与形变的方向相反,并且外力越大,弹簧形变越大,产生的恢复力也越大,见图 1.1.7. 物体在发生形变时,会产生作用力使自身形状恢复,这个力称为**弹力**.弹力产生的条件是两个物体相互接触,并且发生形变.弹力的方向垂直于接触面,跟物体

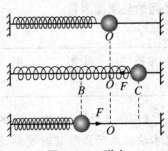

图 1.1.7　弹力

恢复形状的方向一致. 弹力的作用点是两个相互作用的物体接触点(面).

弹力是在两个相互接触的物体之间, 并且要有形变才产生, 不接触的物体不能产生弹力. 形变有时很明显, 有时不是太明显, 这时我们就要根据力的效果来判断有无弹力的存在.

物体的弹性形变是有限的, 一旦超过物体的承受能力, 物体的形变就不可恢复. 但只要有形变, 不管是否能完全恢复, 形变过程都有力的作用.

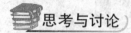 思考与讨论

浮力是不是弹力?

实验表明, 弹力的大小跟弹性形变的长度 x 成正比, 这个规律称为**胡克定律**, 用公式表示为

$$F = -kx \qquad (1.1.3)$$

式中 k 称为弹簧的劲度系数, 负号表示弹性力与形变反方向, 即弹性力总是指向要恢复它原来长度的方向, 单位牛每米, 符号 N/m. k 在弹性限度内是个常数.

【例1.1.1】 有一根弹簧的长度是 0.15 m, 在下面挂上 0.5 kg 的物体后, 长度变成了 0.18 m, 求弹簧的劲度系数.

解　根据胡克定律, 拉力 $F = 0.5 \times 9.8$ N, 弹簧形变 $x = 0.18$ m $- 0.15$ m, 弹簧的劲度系数

$$k = F/-x = -mg/-(l-l_0) = \frac{0.5 \times 9.8}{0.18 - 0.15} = 163 \text{ N/m}$$

1.1.4　摩擦力

在道路上有积雪积冰时, 汽车会打滑; 磁悬浮列车在空气中运行, 速度远高于平地上的火车; 用钉子、绳子可以牢牢将物体扣住. 这些都是因为摩擦力在作用.

彼此接触并作相对运动的两个物体, 接触面粗糙, 在接触面上产生的阻碍物体相对运动的力叫做**滑动摩擦力**, 如图 1.1.8 所示. 滑动摩擦力的方向沿着接触面与相对运动的方向相反. 实验证明, 滑动摩擦力 F 的大小与压力 F_N 成正比, 比例系数 μ 称为**动摩擦因数**, 用公式表示为

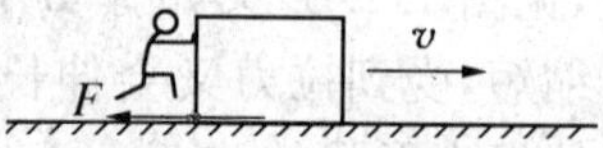

图 1.1.8　滑动摩擦力

$$F = \mu F_N \qquad (1.1.4)$$

μ 是个常数, 没有单位, 它取决于两个相互接触的物体的材质. 表 1.1.1 列出一些常见材料之间的动摩擦因数.

表 1.1.1　几种材料的动摩擦因数

材料	钢-钢	钢-钢(润滑)	木-木	木-金属	钢-冰	橡胶-路面
μ	0.25	0.07	0.30	0.20	0.02	0.7

【例1.1.2】 质量 1 kg 的木块放在桌面上, 已知木块与桌面间的动摩擦因数 $\mu = 0.3$, 求木块在桌面上滑动时受到的滑动摩擦力 F_f.

解　物体在桌面上受到的重力为 $G = mg$, 木块与桌面之间的弹力 $N = G$. 由 $F_f = \mu F_N$

直接将数值代入公式得滑动摩擦力大小 $F_f=0.3×1×9.8=29.4\,N$,方向平行于桌面,与木块运动方向相反.

当两个物体相互接触,接触面粗糙,并且有弹力作用,同时两个物体有相对运动趋势时,产生的阻碍物体相对运动趋势的力称为**静摩擦力**.静摩擦力作用于接触面,方向与物体相对运动趋势方向相反,大小在达到最大静摩擦力之前是个变量.最大静摩擦力类似滑动摩擦力,与滑动摩擦力大致相等,也与压力成正比,与摩擦因数有关.

在达到最大静摩擦力前,物体受到的静摩擦力是个不定的值,要根据物体受力和运动情况综合判断.如图1.1.9所示,当物体静止或处于平衡状态时,静摩擦力的大小随推力大小的变化而变化直到最大静摩擦力.最大静摩擦力等于使物体刚要开始运动所需的最小推力.而在图1.1.10中,物体静止,不论压力 F 大小,静摩擦力又始终等于物体的重力.

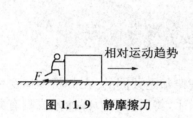
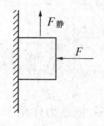

图 1.1.9　静摩擦力　　　　图 1.1.10　静摩擦力

 阅读材料

测量原子的摩擦力

早在1989年,美国 IBM 的 Donald M Eigler 就用35个氙原子拼写出了"IBM"三个字母,从此,IBM 的科学家们就不断地"摆弄"着原子,以期探索出用单个原子构建特定结构和电子元件的方法(图1.1.11).1991年 IBM 科学家演示了一个原子开关.

2008年,利用原子力显微镜(AFM),IBM 公司研究人员与德国科学家一道,首次测定出了驱动单个原子在平面上运动所需的力.他们发现,让单个钴原子在光滑的铂

图 1.1.11　原子拼成的 IBM

平面运动需要的力为210 pN(皮牛),而在铜表面仅为17 pN.这是因为铜的"粘性"没有白金大,因此能更轻松地推动钴原子.这一基础性研究成果有望为未来设计出原子尺度的设备(比如计算机芯片和小型化存储装置)提供重要信息和依据.

实验示意图(图1.1.12):棕色区域为原子力显微镜的振动尖端,黄色为钴原子,灰色为滑动材料的表面原子.螺旋线代表作用力.

道理很简单,要在纳米世界中制造特定的结构,就需要用较强的原子间相互作用让该坚固的地方坚固,而用较弱的化学键令需要移动的地方可移动.

图 1.1.12　实验示意图

在实验中,Heinrich 等人与德国雷根斯堡大学的合作者一道,用原子力显微镜的尖端推动单个钴原子.为了精确测量力的大小和方向,该尖端与一微型音叉(tuning fork,常见于石英手表中)绑定在一起.初始时,显微镜尖端与音叉每秒钟振动2万次,当尖端接触并推动钴原子之后,音叉就会像跳板一样变弯曲,振动频率也会突然发生微小减弱.通过这种变化,研究人员就能分析计算出显微镜尖端与钴原子间的相互作用力.

实际上,准确地说,单个原子不会滚动,而所谓的光滑表面实际上也并不光滑.因此,研究中钴原子会在一个个锯齿状小栅格中稍事停顿,看起来更像是在鸡蛋堆里推一颗鸭蛋.这种阻力(宏观上就是摩擦力)实际上来自于钴原子和滑动表面原子间化学键重组的能量需要,因此要推动钴原子得有外力帮助重新调整钴原子和滑动表面的结合力.当数十亿个原子相加时,这种阻力就会形成摩擦力.

§1.2　力的合成与分解

力的种类较多,但是力作用于物体时的规律却是共同的.在分析物体受力时,我们不考虑力的种类,而是从力的效果和力的三要素入手,将所有的力都抽象成具有共性的大小、方向、作用点的物理量,这时所有的力均遵循相同的运算规则.

1.2.1　力的合成

一个人用力 F 把一桶水慢慢地提起,或者两个人同时用 F_1,F_2 两个力共同把同样的一桶水慢慢地提起,那么力 F 的作用效果与 F_1,F_2 的共同作用的效果是一样的.如果几个力都作用在物体的同一点,或者它们的作用线相交于同一点,这几个力叫做**共点力**.如果力 F 与共点力 F_1,F_2 的作用效果是一样的,那么力 F 就叫做 F_1 与 F_2 的合力,F_1 与 F_2 叫做 F 的分力.求 F_1 和 F_2 的合力 F,就叫**力的合成**.

力的合成遵循平行四边形定则.如果用表示两个共点力 F_1 和 F_2 的线段为邻边作平行四边形,那么,合力 F 的大小和方向就可以用平行四边形的对角线表示出来,这叫做**力的合成的平行四边形定则**,如图 1.2.1 所示.

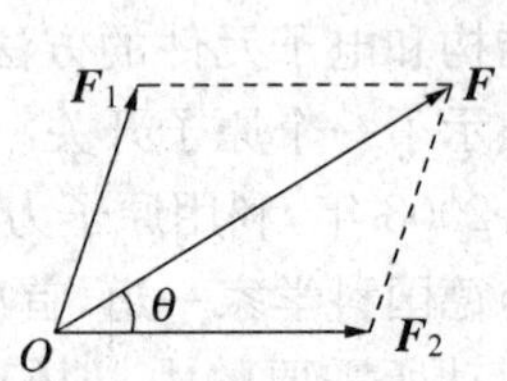

两个互成角度的力 F_1,F_2 的夹角在 $0°\sim180°$ 间变化,那么合力大小为

$$F_合 = \sqrt{F_1^2 + F_2^2 + 2F_1F_2\cos \angle F_1OF_2} \qquad (1.2.1)$$

合力方向从 O 点指向平行四边形的对角线方向.

图 1.2.1　平行四边形定则

【例 1.2.1】　力 F_1=45 N,方向竖直向上,力 F_2=60 N,方向水平向右,用作图法求解 F_1,F_2 合力 $F_合$ 的大小和方向.

解　如图 1.2.2 所示,$F_合$=75 N,方向与水平成 36.9°向右上.

【例 1.2.2】　如果两个分力 F_1,F_2,它们的夹角不定,求其合力的范围.

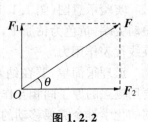

图 1.2.2

解　$F_{max} = F_1 + F_2$（两力夹角为 0°），$F_{min} = |F_1 - F_2|$（两力夹角为 180°，$F_合$ 与大的力方向一致），当夹角在 0°~180° 之间，力的大小介于 F_{min} 与 F_{max} 之间.

如果是三个以上共点力作用在物体上，又如何求它们的合力呢？如图 1.2.3，步骤是先求出任意两个力的合力 $F_{合1}$，再求出这个合力跟第三个力的合力 $F_{合2}$，直到把所有的力都合成进去，就得到这些力的总合力. 每一次合成都遵循平行四边形定则.

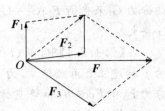

图 1.2.3　三个共点力的合成

1.2.2　力的分解

力的分解是力的合成的逆运算，如果两个力 F_1，F_2 的作用效果和一个力 F 的作用效果相同，这两个力 F_1，F_2 就叫 F 的**分力**. 求一个已知力的分力叫**力的分解**. 根据定义就可知，力的分解是力的合成的逆运算，既然分力可以用平行四边形定则求合力，同理合力也可以用平行四边形定则来分解.

力的合成结果是唯一的，力的分解结果是不是唯一的呢？因为力的合成和分解需要根据力的作用效果来进行，分力与合力是在相同作用效果的前提下才能相互替换，所以在分解某力时，其各个分力应该有实际的意义，在这个意义上讲，力的分解是唯一的.

【例 1.2.3】 放在水平面上的物体受到一个斜向上方的拉力 F，这个力与水平面成 θ 角，求力 F 的分解.

解　力 F 有水平向前拉物体和竖直向上提物体的效果，那么 F 的两个分力可以表示在为水平和竖直两个方向.

方向确定，根据平行四边形定则，力的分解就是唯一的；如图 1.2.4 所示，F 分解为竖直方向的分力 F_1，水平方向的分力 F_2，大小分别是 $F_1 = F\cos\theta$，$F_2 = F\sin\theta$.

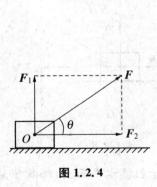

图 1.2.4

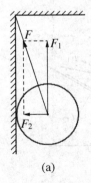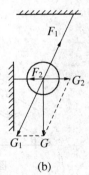

(a)　　　　　　　(b)

图 1.2.5

【例 1.2.4】（1）如图 1.2.5(a) 所示，小球挂在墙上，绳与墙的夹角为 θ，可以分解为哪两个方向的力来代替 F？（2）如图 1.2.5(b) 所示，小球受到绳拉力 F_1，F_2 和重力作用，F_1 与重力成 θ 角，如何分解重力 G？

解　（1）球靠在墙上处于静止状态，拉力 F 在竖直方向的分力 F_1 产生向上提拉小球的效果来平衡球受的重力，水平方向的分力 F_2 向左紧压墙面来平衡墙对球的弹力.

（2）重力 G 产生两个效果，一个沿 F_1 的反方向的分力 G_1 来平衡 F_1，一个沿 F_2 的反方向

的分力 G_2 来平衡 F_2；$G_1 = G/\cos\theta$，$G_2 = G\tan\theta$. 这里分力 G_1 比 G 要大.

在【例 1.2.4】中，以 O 为原点，水平方向为 x 轴、竖直方向为 y 轴建立直角坐标系，力 F 沿 x,y 方向分解为水平方向的分力 $F_x = F\cos\theta$，和竖直方向的分力 $F_y = F\sin\theta$，结果如图 1.2.6，将力沿两个互相垂直的方向进行分解，称为力的**正交分解**.

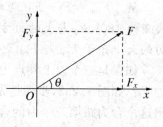

图 1.2.6 力的正交分解

1.2.3 共点力的平衡

物体保持静止或匀速直线运动(或匀速转动)称为物体处于平衡状态. 如果有多个力作用于物体，并且这些力作用于同一点，在这些共点力作用下物体保持平衡的条件是物体受到的合外力等于零，用公式表示

$$\sum_{i=1}^{n} F_i = 0 \tag{1.2.2}$$

也可以说某一个力与所有另外几个力的合力平衡.

【例 1.2.5】 当人在雪橇上沿斜坡匀速下滑时，分析将人和雪橇做为一个整体的受力情况.

解 这里将人和雪橇做为一个整体，受力分析如图 1.2.7 所示. 当雪橇匀速下滑时，处于平衡状态，雪橇受到重力 G，斜坡支持力 F_2，摩擦力 F_1 的作用，三个力的合力为零，用公式表示为 $G + F_1 + F_2 = 0$. 根据力的合成的平行四边形定则，有 $F_1 = G\sin\theta$，$F_2 = G\cos\theta$.

在使用平衡条件时，也可以不求合力，采用分量表达形式

$$\sum_{i=1}^{n} F_{x_i} = 0 \text{ 和 } \sum_{i=1}^{n} F_{y_i} = 0 \tag{1.2.3}$$

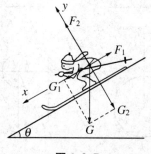

图 1.2.7

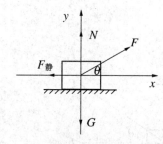

图 1.2.8

【例 1.2.6】 如图 1.2.8，重量 $G = 100$ N 的物体置于粗糙水平面上，给物体施加一个与水平方向成 $\theta = 30°$ 的拉力 F，$F = 10$ N，物体仍处于静止状态，作图求地面对物体的静摩擦力；地面对物体的支持力.

解 力的图示如图 1.2.8.

首先确立水平、竖直方向分别为坐标轴 x, y，将力 F 分解为 F_x 和 F_y 两个方向的分力，$F_x = F\cos 30°$，$F_y = F\sin 30°$，根据物体平衡的条件，在水平方向物体受到两个力的作用，F_x 和静摩擦力 $F_{静}$，两个力平平衡，$F_x = F_{静}$；在竖直方向受到三个力的作用：重力 G，物体受到

的支持力 N，F_y，且 $G=N+F_y$. 所以地面对物体的静摩擦力 $F_{静}=8.7\text{ N}$，方向水平向左，地面对物体的支持力 $N=95\text{ N}$，方向竖直向上.

§1.3 力矩 力矩的平衡

起重机上使用滑轮可以让我们能够容易吊起重物，使用扳手可以轻易扳动螺丝，使用自行车可以比行走更快，杂技演员走钢丝时使用一根长杆保持平衡，这些都是物体定轴转动和力矩的问题. 古希腊物理学家阿基米德说过"给我一个支点和一根足够长的杠杆，就能把地球撬起来"，这句话形象而精辟的阐明了力矩的意义.

图 1.3.1 阿基米德

1.3.1 力矩

物体有两种运动方式：平动和转动. 物体可以发生平动、转动或者两者同时发生. 转动效果不仅与力的大小有关，还与力的作用点位置和力的方向有关，即与力矩有关.

力矩 F 对参考点 O 的**力矩**为力 F 的作用点 A 相对于参考点 O 的位置矢量 r 与力 F 的矢量积（叉乘）

$$M=r\times F \tag{1.3.1}$$

力矩是矢量，垂直于由矢量 r 和 F 所决定的平面，指向由右手定则确定：右手的四指由 r 的方向经小于 $180°$ 的角转向 F 的方向，伸直的拇指所指的方向就是力矩 M 的方向. 力矩的大小等于以 r 和 F 为邻边的平行四边形的面积，即

$$|M|=|r|\cdot|F|\sin\angle(r,F) \tag{1.3.2}$$

力矩的单位是牛·米，符号是 N·m.

力矩的大小也可以表示为力 F 和力臂 L 的乘积

$$M=F\cdot L \tag{1.3.3}$$

力臂 L 是转动轴到力的作用线的垂直距离，注意不是转动轴到力的作用点的距离. 如果力的作用线通过转动轴，则这个力的力臂为零，因此力矩也是零.

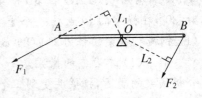

图 1.3.2 力矩

力矩对物体作用时，使物体发生转动状态的改变. 物体绕轴转动有两个不同的转向，或者是顺时针转动，或者是逆时针转动，为了区别力矩的这两种不同作用效果，常规定使物体绕逆时针方向转动的力矩为正值，使物体绕顺时针方向转动的力矩为负值. 有了这样的规定后，力矩的运算就可以用代数运算法则进行运算.

注意物体绕轴转动的两个不同转向，并不是力矩的方向，物体的转动方向与力矩的方向是两个完全不同的概念.

通过力矩的定义可知，通过改变力臂的长短，可以改变力矩的大小，以较小的力和较长的力臂获得足够的力矩是我们常用的方法. 大多数的机械结构中都离不开传动装置和转动

装置,以及力矩的传递.

1.3.2 有固定转轴物体的平衡

一个有固定转动轴的物体,在力矩的作用下,如果保持静止或匀速转动,我们称这个物体处于**转动平衡状态**.

物体转动平衡的条件是所有力对转动轴的力矩的代数为零,即

$$M_1 + M_2 + M_3 + \cdots + M_i + \cdots = 0 \tag{1.3.4}$$

或者

$$\sum_{i=1}^{n} M_i = 0 \tag{1.3.5}$$

在分析有关力矩平衡问题时也常写成 $M_逆 = M_顺$. 对有固定转动轴物体的平衡问题,其关键是计算力矩.

应用有固定转动轴物体的平衡条件解决问题的基本方法是:

(1) 明确研究对象,即绕固定转动轴的物体是哪个物体;

(2) 分析物体受力(大小和方向),画出受力分析图;

(3) 选取坐标轴、转动轴,找出各个力对转动轴的力臂和力矩(包括大小和方向);

(4) 根据平衡条件 $\sum_{i=1}^{n} M_i = 0$ 列方程求解.

1.3.3 两个平衡条件的综合应用

几个物体相互作用处于平衡状态时,往往要同时用到共点力平衡条件和力矩平衡条件,这时要找到相互间的关系,利用这些关系综合求解.

【例 1.3.1】 如图 1.3.3 所示,BO 是一根质量均匀的横梁,重量 $G_1 = 80$ N,BO 垂直于墙面,BO 的一端可绕 B 点转动,另一端用钢绳 AO 拉着,横梁保持水平,与钢绳的夹角 $\theta = 30°$,在横梁的 O 点挂一个重物 D,重量 $G_2 = 240$ N. 求:(1) 钢绳对横梁的拉力 F_1;(2) B 点对横梁的作用力的方向.

解 (1) 本题中的横梁是一个有固定转动轴 B 的物体;分析横梁的受力,横梁共受到三个力的作用:绳 AO 对 O 点拉力 F_1,横梁受到的重力 G_1,物体 D 对 O 点拉力 F_2;

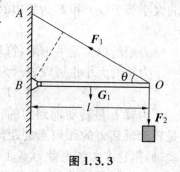

图 1.3.3

找到三个力的力臂并写出各自的力矩:F_1 的力矩 $M_1 = F_1 l \sin\theta$,G_1 的力矩 $M_2 = \frac{1}{2}G_1 l$,F_2 的力矩 $M_3 = G_2 l$.

根据据力矩平衡条件有 $F_1 l \sin\theta - \frac{1}{2}G_1 l - G_2 l = 0$,代入数据求得 $F_1 = 560$ N.

(2) 根据共点力的平衡,横梁受到 4 个力的作用,F_1,F_2,G_1 的合力向左下,所以 B 点对横梁的作用力的方向为向右上方.

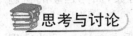

思考与讨论

我们最常用的交通工具是自行车,想一想骑自行车省力吗?

§1.4　描述运动的一些概念

自然界的万物都在周而复始、永不停息的运动中,大到宇宙、天体,小到原子、电子,物体的运动生生不息.宇宙是由物质组成的,物质是运动的基础,运动是物质的存在形式.运动变化多样,并且都有各自的规律.物体的运动是永恒的,绝对的.因为运动形式的复杂,我们必须将复杂的运动分解成简单的运动形式,当然简单的运动形式也可以合成复杂的运动.在各种运动中,机械运动最简单,机械运动中最简单的形式是匀速直线运动.

1.4.1　描述运动的一些基本概念

机械运动所研究的是物体的位置变动,而这种位置变动只有相对于特定的物体或者物体系而言才有意义.在描述物体运动时被作为标准的物体或物体系就叫做**参照物**,**参考系**则是由参照物所决定的参考坐标以及时间的系统.运动的描述取决于所选的参照物.选择不同的参照物观察同一个运动,观察的结果会有不同.

人在飞机上,若以飞机为参照物,看到飞机内的物体是静止的,看到投下的物资沿直线竖直下落;而地面上的人以地面为参照物,看到飞机在飞,投下的物资是沿曲线下落的.

参照物虽然可任意选取,但选择的原则要使运动的描述尽可能简单.比如,研究地面上物体的运动,选择地面或相对地面不动的物体做参照物要比选太阳作参照物更合适.

在研究某一问题时,对影响结果非常小的因素常忽略.物理中常建立一些模型,这是一种科学抽象,如光滑的水平面、轻弹簧、细绳、细杆等,这些模型都是把摩擦、物体的面积、体积、质量等对研究问题影响极小的因素忽略掉了,而只抓住主要矛盾.质点就是一个物理模型.**质点**就是没有形状,没有大小,只具有物体全部质量的点.

质点抓住运动的主要特征,忽略次要因素,这就是具体问题具体分析.如果在我们研究的问题中,物体的形状、大小以及物体上各部分运动的差异是次要的或不起作用的,就可以把它看做质点.比如在平直公路上运动的汽车,研究它运动的特点,汽车的大小、形状及车上各部分运动的差异是次要的,可把汽车看做质点.而研究车轮的转动,是研究汽车内部的运动,就不能把汽车看做质点.

当物体沿一条直线运动时,可取这一直线作为坐标轴,在轴上任意取一原点 O,物体所处的位置由它的位置坐标(即一个带有正负号的数值)确定.

质点从空间的一个位置运动到另一个位置,它的位置变化叫做质点在这一运动过程中的**位移**,如图 1.4.1 所示.位移的符号是 s,单位米,符号 m.位移是一个有大小和方向的物理量即矢量,是由初位置到末位置的有向线段.它的大

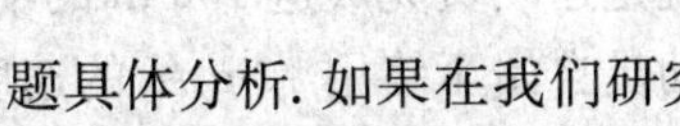

图 1.4.1　位移

小是物体初位置到末位置的直线距离. 位移只与物体运动的始末位置有关,而与运动的轨迹无关.

质点从空间的一个位置运动到另一个位置,运动轨迹的长度叫做质点在这一运动过程所通过的**路程**. 路程是没有方向的量即标量. 位移与路程是两个不同的物理量. 在直线运动中,路程是直线轨迹的长度;在曲线运动中,路程是曲线轨迹的长度.

1.4.2　匀速直线运动　速度

图 1.4.2 中是一辆汽车在平直公路上的运动情况,它的运动特点是在误差允许的范围内,前 5 s 内的位移为 100 m,第二个 5 s 内的位移为 100 m,第三个 5 s 内的位移为 100 m……并且在以后各个 5 s 内位移都相等. 这种在任意相等的时间内位移都相等的运动,叫**匀速直线运动**.

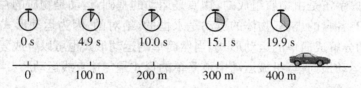

图 1.4.2　匀速直线运动

用位移-时间图像($s-t$ 图)可以表达一个运动过程(图 1.4.3). 以给出的时间和位移,以横轴为时间 t 轴,纵轴为位移 s 轴,建立坐标系,用描点法作图,可以看出几个点几乎都在过原点的一条直线上. 与一次函数 $y=kx$ 对照,s 与 t 成正比,可以写成 $s=vt$.

质点的运动快慢程度可以用统一的量——速度来衡量和进行比较.

速度是表示运动的快慢的物理量,它等于位移 s 跟发生这段位移所用时间 t 的比值,用 $v=s/t$ 表示,速度的单位是米每秒,符号为 m/s,常用单位还有 km/h,cm/s 等.

速度是既具有大小,又有方向的物理量,即矢量. 速度的方向就是物体运动的方向.

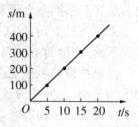

图 1.4.3　位移-时间图像

运动员 10 s 时间里跑完 100 m,那么他平均每秒跑 10 m. 这就是运动员完成这 100 m 的平均速度. 在这一过程中运动员有时快,有时慢,但它等效于运动员自始至终用 10 m/s 的速度匀速跑完全程,所以用平均速度 $\bar{v}=10$ m/s 来粗略表示其快慢程度. 求平均速度的基本关系式为

$$\bar{v}=s/t \tag{1.4.1}$$

但这个只代表这 100 m 内(或 10 s 内)的平均速度,而不代表他前 50 m 的平均速度,也不表示后 50 m 或其他某段的平均速度,更不代表每个时刻的速度.

在匀速直线运动中,$v=s/t$ 是恒定的,用一个速度可以表达这一过程中所有的时间或时刻的速度. 如果是变速直线运动,在相等的时间里位移不相等,我们只能用在某段位移的平均速度来表示.

图 1.4.4 为 v_1,v_2 两个不同速度的位移——时间图像($s-t$ 图)和速度——时间图像($v-t$ 图). 在 $s-t$ 图中,匀速直线运动用一条直线来表示,直线的斜率即为平均速度. $v-t$ 图中直线下所围面积大小即位移的大小.

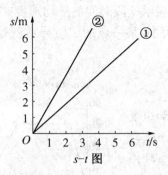 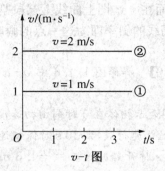

图 1.4.4　运动图像

【例 1.4.1】　一辆自行车在第一个 5 s 内的位移为 10 m，第二个 5 s 内的位移为 15 m，第三个 5 s 内的位移为 12 m，分别求出它在每个 5 s 内的平均速度以及这 15 s 内的平均速度.

解　由平均速度定义，$\bar{v}=s/t$，第一个 5 s 位移 10 m，带入公式得 $\bar{v}_1=2$ m/s，同理 $\bar{v}_2=3$ m/s，$\bar{v}_3=2.4$ m/s.

15 s 总的位移除以总的时间 15 s 就得平均速度 $\bar{v}=(15+10+12)/15=2.5$(m/s).

如果要精确地描述变速直线运动，那就必须知道某一时刻（或经过某一位置）运动的快慢程度，就要用瞬时速度.运动的物体在某一时刻（或经过某一位置）的速度叫**瞬时速度**.汽车的速度表显示的就是瞬时速度.

在直线运动中，瞬时速度的方向即物体在这一位置的运动方向，所以瞬时速度是矢量.我们把瞬时速度的大小叫**瞬时速率**，简称为速率，是标量.

1.4.3　变速直线运动　加速度

在前面，我们讨论了最简单的运动形式——匀速直线运动，在各个时刻瞬时速度都相等.现实世界中更多的是变速运动，瞬时速度在不断改变.其中最简单的变速运动是匀变速直线运动：在一条直线上运动的物体，如果在相等的时间里速度的变化相等，就称为**匀变速直线运动**.伽利略研究了从斜坡上滚下的铜球，证明是匀变速运动.如图 1.4.5 纸带记录的就是匀加速运动.

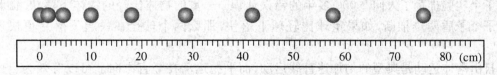

图 1.4.5　变速直线运动

做匀变速直线运动的物体速度的变化和所用时间的比值，叫做匀变速直线运动的**加速度**，用公式表达为

$$a=\frac{v_t-v_0}{t_2-t_1}=\frac{\Delta v}{\Delta t} \qquad (1.4.2)$$

描述变速直线运动也用 v-t 图和 s-t 图.在 v-t 图上某时刻对应的曲线纵坐标表示瞬时速度 v_t 的值，切线斜率表示这时的瞬时加速度 a_t 的值，一段时间内曲线所包围的面积表示

位移 s 的值. 而在 $s-t$ 图上曲线上某段割线的斜率表示这段时间的平均速度 $\bar{v}$ 的大小,曲线上一个点的切线的斜率即为这一点的瞬时速度的大小,某一点的二阶导数就是该点的加速度的大小.

【例 1.4.2】 解释图 1.4.6 中 $v-t$ 图各时间段表达的物理意义.

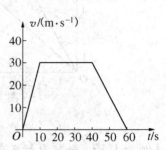

图 1.4.6 变速直线运动的 $v-t$ 图

解 该图表示物体在 0 时刻由初速度 0 开始以加速度 $a=3$ m/s² 开始加速行驶,到 10 s 时保持速度 $v=30$ m/s 匀速行驶,到 40 s 时开始减速,$a=-1.5$ m/s²,到 60 s 时停止,全程共行驶 1 350 m.

位移、速度、加速度的运算都使用平行四边形定则进行分解和合成,复杂的问题还涉及到导数和微分、积分的应用. 这三个量的运算关系总结如下:

✦ 对匀变速直线运动有

$$s=v_0 t+\frac{1}{2}at^2=\frac{v_0+v_t}{2}t, v_t=v_0+at, v_t^2-v_0^2=2as, a=(v_t-v_0)/t \tag{1.4.3}$$

✦ 如果要具体到某个时刻,就要用极限的概念.

$$s=\int_0^t v\mathrm{d}t, v_t=\frac{\mathrm{d}s}{\mathrm{d}t}=v_0+\int_0^t a\mathrm{d}t, a_t=\frac{\mathrm{d}v}{\mathrm{d}t}=\frac{\mathrm{d}^2 s}{\mathrm{d}t^2} \tag{1.4.4}$$

【例 1.4.3】 一质点沿 x 轴作变加速度直线运动,其位移与时间的关系为 $x(t)=-4t^3+8t+10$,求:(1) 质点在 $t=0,1,2$ s 时的瞬时速度、瞬时加速度.

(2) 质点在第一秒和第二秒内的位移、平均速度.

解 (1) $v(t)=x(t)'=-12t^2+8, v_{t=0}=8$ m/s,$v_{t=1}=-4$ m/s,$v_{t=2}=-40$ m/s

$$a(t)=x(t)''=-24t, a_{t=0}=0\text{ m/s}^2, a_{t=1}=-24\text{ m/s}^2, a_{t=2}=-48\text{ m/s}^2$$

(2) $s_1=\Delta x(t)=x(t)_{t=1}-x(t)_{t=0}=4$ m,$\bar{v}_1=s/t=4$ m/s

$$s_2=\Delta x(t)=x(t)_{t=2}-x(t)_{t=1}=-20\text{ m}, \bar{v}_2=s/t=-20\text{ m/s}$$

1.4.4 自由落体运动 平抛运动

我们在日常生活中见到最多的匀变速运动就是自由落体运动. 17 世纪伽利略在比萨斜塔做了个实验推翻了人们 2 000 多年的错误认识——重的物体比轻的物体下落快. 伽利略还做了个矛盾两难推断,如果重球比轻球下落快,那么两个球拴在一起下落是更快还是变慢?

自由落体运动是典型的匀加速直线运动,而平抛运动在竖直方向上可以等效为自由落体运动. 如图 1.4.7 所示,两个相同的小球,一个做**自由落体运动**——物体只在重力作用下由静止开始下落,一个做**平抛运动**——物体以一个水平方向初速度抛出,只在重力作用下做的运动. 大家可以看出一些规律:

(1) 平抛的球在水平方向是均匀向右运动的,在竖直方向上与自由落体运动相同.

(2) 平抛与自由下落的球如果同时下落,水平方向越来越远,竖直方向始终对齐,即使以不同初速度做平抛运动,球也是对齐的,并且球都是同时落地.

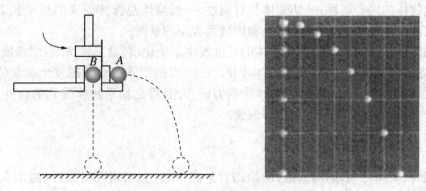

图 1.4.7　自由落体运动和平抛运动

§1.5　牛顿定律

远在 2 000 多年以前，人们已经在思索运动和力的关系，亚里士多德认为：必须有力作用在物体上，物体才能运动，没有力的作用，物体就要停下来．直到伽利略对这个问题进行新的思考．伽利略认为，在水平面上运动的物体所以会停下来，是因为受到摩擦阻力的缘故．牛顿将物体受力与运动的情况总结为三个定律，奠定了经典力学的基础．

1.5.1　牛顿第一定律

伽利略曾经做过这样的实验：让小球从一个斜面由静止滚下来，小球将滚上另一个斜面，如果没有摩擦，小球将上升到原来的高度．伽利略在可靠的实验基础上，推论如果减小第二个斜面的倾角，小球在这个斜面上达到原来的高度就要通过更长的路程，继续减小第二个斜面的倾角，使它最终成为水平面，小球就再也达不到原来的高度，而沿水平面以恒定速度继续运动下去（图 1.5.1）．

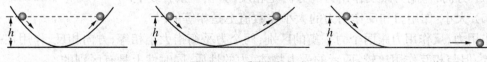

图 1.5.1　伽利略实验

伽利略的研究方法，以可靠的事实为依据，抓住主要因素，忽略次要因素，这是科学研究的一个重要思想．笛卡儿补充和完善了伽利略的论点，提出了惯性：如果没有其他原因，运动的物体将继续以同一速度沿着一条直线运动，既不会停下来，也不会偏离原来的方向．牛顿进一步指出了加速和减速的原因是什么，并指出了这个原因跟运动的关系，这就是牛顿第一定律．

一切物体总保持匀速直线运动状态或静止状态，直到有外力迫使它改变这种状态为止，称为牛顿第一定律．物体的这种保持原来的匀速直线运动或静止状态的性质叫**惯性**，所以牛顿第一定律又叫**惯性定律**．

惯性是物体的固有属性,一切物体都有惯性.一切物体总保持原来的运动状态,直到有外力迫使它改变这种状态为止.质量是物体惯性大小的量度.

物体的运动状态的改变指的是物体的速度发生了变化.包括三种情形:即速度的大小改变;速度的方向改变;或速度的大小、方向同时改变.力是物体运动状态发生改变的原因.当物体的运动状态发生改变时,说明物体受到力的作用;反之如果物体受到的合外力不等于零,一定会产生加速度而导致运动状态改变.

1.5.2 牛顿第三定律

人划船时,桨向后划,船向前进;两块磁针放在一起,会互相吸引靠近(图1.5.2).这些说明当一个物体对另一个物体施加力的作用时,这个物体同样会受到另一个物体对它的力的作用,我们把这个过程中出现的两个力分别叫做作用力和反作用力(图1.5.3).

图 1.5.2   图 1.5.3 作用力与反作用力

两个物体之间的作用力和反作用力总是大小相等,方向相反,作用在一条直线上,称为牛顿第三定律.

物体间的相互作用力有如下性质:

(1)相互性:两个物体间力的作用是相互的.施力物体和受力物体对两个力来说是互换的,分别把这两个力叫做作用力和反作用力.

(2)同时性:作用力消失,反作用力立即消失.没有作用力就没有反作用力.

(3)同一性:作用力和反作用力的性质是相同的.

(4)方向:作用力跟反作用力的方向是相反的,在一条直线上.

(5)大小:作用力和反作用力的大小在数值上是相等的.

作用力、反作用力跟两个力平衡的区别:两个力平衡指大小相等、方向相反、作用在一条直线上,但与相互作用比较,两者的受力物体、力的性质、同时性上是有区别的.

1.5.3 物体受力分析

针对物体受力的具体问题,一般按下列步骤分析.

(1)明确研究对象.

(2)隔离研究对象.将研究对象从周围物体中隔离出来,只分析研究对象受到的作用力,不考虑研究对象对别的物体的作用力;只分析外力,不分析内力.

(3)按顺序分析.先主动力后被动力,重力、电磁力、弹力、摩擦力中,弹力和摩擦力属被动力,它们的大小和方向与物体受其他力作用的情况有关.凡有接触的地方都要考虑是否有弹力,凡有弹力的地方都要考虑是否有摩擦力.

（4）防止添力和漏力．按正确的顺序分析是防止漏力的有效措施,防止添力的方法是看能否找到施力物体．

（5）利用物体的平衡条件进行受力分析．对被动力,要综合运用物体的平衡条件．在某个力不明确时,可采用假设法,就是假设这个力存在的话会有什么结果．

【例 1.5.1】　用细绳连在一起的物体 A 和 B 在水平力 F 作用下,在粗糙水平面上向右做匀速直线运动．分析 A,B 所受的力,并指出 B 所受的每一力的反作用力．

解　受力分析如图 1.5.4,物体 A 受到重力 G_A,桌面支持力 N_A,绳子拉力 F_1 和桌面对 A 的摩擦力 F_A 作用,物体 B 受到拉力 F,重力 G_B,桌面支持力 N_B,绳子拉力 F_2 和桌面对 B 的摩擦力 F_B 作用．

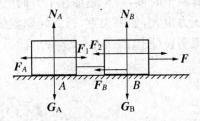
图 1.5.4

F_2 的反作用力是 B 对 A 的拉力 F_1,N_B 的反作用力是 B 对地面的压力,G_B 的反作用力是 B 对地球的吸引力,F_B 的反作用力是 B 对地面的摩擦力．

1.5.4　牛顿第二定律

加速度跟力和质量的关系可以用实验来表示．如图 1.5.5 所示,用一个小车,在连接小车的绳端分别挂一个钩码和两个钩码,看到拉力越大,小车加速度越大．

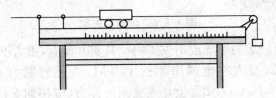

图 1.5.5　加速度实验

用同一个钩码拉两个质量不同的小车,可以看出小车质量越小加速度越大．

物体的加速度大小与所受合外力大小成正比,与物体质量成反比,方向与合外力方向相同,称为牛顿第二定律．

上面的规律可写为等式 $F=kma$,式中 k 为比例常数．在国际单位制中,力的单位是牛顿．牛顿这个单位就是根据牛顿第二定律来定义的:使质量是 1 kg 的物体产生 1 m/s² 的加速度的力为 1 N,即 1 N＝1 kg·m/s²．可见,如果都用国际单位制中的单位,就可以使 $k=1$,那么公式则简化为

$$F=ma \tag{1.5.1}$$

这就是牛顿第二定律的数学公式．

当物体受到几个力的作用时,这时 F 代表的是物体所受外力的合力．牛顿第二定律更一般的表述是:$a \propto F_合/m$ 或者 $F_合 \propto ma$．加速度的方向跟合外力的方向相同．$F_合$ 和 a 具有瞬时对应关系．只有物体受到力的作用,物体才具有加速度．力恒定不变,加速度也恒定不变．力改变,加速度也随之改变．力停止作用,加速度也随即消失．

牛顿第二定律的矢量表示式

$$F=\frac{\mathrm{d}m v}{\mathrm{d}t}=m\frac{\mathrm{d}v}{\mathrm{d}t}=ma \tag{1.5.2}$$

分量表示方法

$$F_x = \frac{\mathrm{d}mv_x}{\mathrm{d}t} = m\frac{\mathrm{d}v_x}{\mathrm{d}t} = ma_x, \quad F_y = \frac{\mathrm{d}mv_y}{\mathrm{d}t} = m\frac{\mathrm{d}v_y}{\mathrm{d}t} = ma_y. \tag{1.5.3}$$

1.5.5　牛顿定律的应用

人在地球上静止时,受到重力加速度的作用,我们能感觉到正常的重量,在航天飞行时有两个时候,一个是加速上升时感觉超重,一个是在太空中行驶时的失重. 如果超重,就感觉压力很大,如果失重,感觉轻飘飘的,轻轻用力就飞出去很远. 乘坐电梯时感觉超重和失重也很明显(图 1.5.6).

图 1.5.6　超重和失重

那么在超重和失重时重力增加或消失了吗? 其实并没有,重力不会变,变的是我们的感觉. 根据牛顿第二定律,当人在电梯中加速上升时,人受到重力 G 和弹力 F_N 的作用,$F_合 = F_N - G = ma, a > 0, F_N > G$,实际上是人受到的弹力(电梯的支持力)变了,这种感觉就是人体变重了. 同理可得到失重的原理.

【例 1.5.2】　一个原来静止的物体,质量 $m = 7\ \text{kg}$,在 14 N 的恒力作用下,求:(1) 物体 5 s 末的速度是多大? (2) 5 s 内通过的路程是多少?

解　在本题中,物体的受力情况是已知的,由物体受力可得到物体的运动情况,物体的初速度 $v_0 = 0$,在恒力的作用下产生恒定的加速度,所以它作初速度为零的匀加速直线运动,由物体的质量 m 和所受的力 F,据牛顿第二定律 $F = ma$ 求出加速度 a.

(1) 物体质量 $m = 7\ \text{kg}$,受外力 $F = 14\ \text{N}$,由 $a = F/m$ 得物体的加速度 $a = 14\ \text{N} \div 7\ \text{kg} = 2\ \text{m/s}^2$;

(2) 物体第 5 s 末的速度为 $v_t = at = 2\ \text{m/s} \times 5\ \text{s} = 10\ \text{m/s}$;

(3) 物体 5 s 内位移 $s = \frac{1}{2}at^2 = 0.5 \times 2 \times 25 = 25(\text{m})$.

【例 1.5.3】　如图 1.5.7 所示,质量为 4 kg 的物体静止于水平面上,物体与水平面间的动摩擦因数为 0.5,物体受到大小为 20 N,与水平方向成 30° 角斜向上的拉力 F 作用时沿水平面做匀加速运动,物体的加速度有多大? (g 取 10 m/s²)

解　以物体为研究对象,其受力情况如图所示,建立平面直角坐标系把 F 沿水平方向 x 和竖直方向 y 正交分解,则两坐

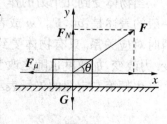

图 1.5.7

标轴上的分力分别为

$$F_x = F\cos\theta - F_\mu, F_y = F_N + F\sin\theta - G$$

物体沿水平方向加速运动,设加速度为 a,则 x 轴方向上的加速度 a_x, y 轴方向上物体没有加速度,故 $a_y = 0$,由牛顿第二定律得 $F_x = ma_x$, $F_y = 0$,所以

$$F\cos\theta - F_\mu = ma, F_N + F\sin\theta - G = 0,$$ 又有滑动摩擦力 $F_\mu = \mu F_N$.

以上三式代入数据可解得物体的加速度 $a = 0.58 \text{ m/s}^2$.

【例 1.5.3】 如图 1.5.8 所示,质量为 $2m$ 的木块 A 和质量为 m 的木块 B 与地面的摩擦均不计.在已知水平推力 F 的作用下,A、B 做加速运动,A 对 B 的作用力为多大?

解 取 A、B 整体为研究对象,其水平方向只受一个力 F 的作用.

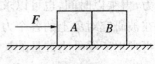

根据牛顿第二定律知:$F = (2m+m)a, a = F/3m$.

再取 B 为研究对象,其水平方向只受 A 的作用力 F_1,根据牛顿第二定律知:$F_1 = ma$,故 $F_1 = F/3$.

图 1.5.8

在分析连接体的运动过程时,一定弄清整个运动过程中物体的加速度是否相同,若不同,必须分段处理,通常先取整体为研究对象,然后再根据要求的问题取某一个物体做研究对象.

1.5.6　冲量和动量　动量守恒定律

在研究碰撞、爆炸、打击、反冲等问题时,直接用牛顿定律就发生困难.这几类问题有个共同特点是物体间作用时间都很短,作用力很大,而且作用力随时间都在不断地变化,变化过程很复杂.物理学家在研究这些问题时,引入了动量的概念,确立了动量定理和动量守恒定律.

对于一个原来静止的物体,只要作用力 F 和作用时间 t 的乘积 Ft 相同,这个物体就获得相同的速度.也就是说对一定质量的物体,力所产生的改变物体速度的效果,是由 Ft 这个物理量决定的.力 F 和力 F 的作用时间 t 的乘积 Ft 叫做力 F 的**冲量**,通常用符号 I 表示冲量.

图 1.5.9　打击

$$I = Ft(\text{常力}), I = \int_0^t F \mathrm{d}t(\text{变力}) \tag{1.5.4}$$

冲量的单位是牛·秒,符号 N·s,冲量是矢量,它的方向是由力的方向决定的,如果力的方向在作用时间内不变,冲量的方向就跟力的方向相同.

冲量是过程量.冲量是表示物体在力的作用下经历一段时间的累积的物理量,因此,力对物体有冲量作用必须具备力 F 和该力作用的时间 t 两个条件.

冲量作用在物体上的效果可以用动量来描述,物体受到冲量作用后,动量发生改变.

质量 m 和速度 v 的乘积 mv 称为物体的**动量**,符号为 P,即

$$P = mv \tag{1.5.5}$$

动量的单位是千克米每秒,符号 kg·m/s,kg·m/s=(kg·m/s²)·s=N·s,单位与冲量的单位量纲相同.动量也是矢量,动量的方向与速度方向相同.动量是瞬时量.尤其要注意的是运动方向改变时,动量改变.

冲量与动量的关系用动量定理来描述.

物体所受合外力的冲量等于物体动量的变化.

$$\Delta P=P_2-P_1=I=Ft \tag{1.5.6}$$

说明:

(1) 动量定理中的 F 指的是合外力.如果各个外力的作用时间相同,可先求所有力的合外力,再乘以时间,也可以求出各个力的冲量再按矢量运算法则求所有力的合冲量.如果作用在被研究对象上的各个力的作用时间不同,就只能先求每个外力在相应时间内的冲量,然后再求出所受外力冲量的矢量和.

$$\Delta P=F_1t_1+F_2t_2+\cdots+F_nt_n=I_1+I_2+\cdots+I_n \tag{1.5.7}$$

或者

$$\Delta P=(F_1+F_2+\cdots+F_n)t \tag{1.5.8}$$

(2) 公式中 ΔP 指的是动量的变化,不能理解为动量,它的方向与动量的方向可以相同,也可以相反,甚至可以和动量方向成任意角度,但 ΔP 一定跟合外力冲量 I 的方向相同.

(3) 动量定理既适用于恒力,也适用于变力.对于变力的情况,动量定理中的 F 应理解为变力在作用时间内的平均值.

(4) 动量是矢量,求其变化量应该运用平行四边形定则.

【例 1.5.4】 (1) 如图 1.5.10(a)所示,一个质量是 0.2 kg 的钢球,以 2 m/s 的速度水平向右运动,碰到竖硬的墙壁后被弹回,沿着同一直线以 2 m/s 的速度水平向左运动,碰撞前后钢球的动量有没有变化? 变化了多少? (2) 如图 1.5.10(b)所示,若钢球以 45°角度斜射到地面,碰撞后以 45°角被斜着弹出,速度大小仍为 2 m/s,求钢球动量变化大小和方向.

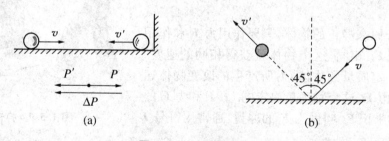

图 1.5.10 碰撞过程

解 (1) 取水平向右的方向为正方向,碰撞前钢球的速度 $v=2$ m/s,碰撞前钢球的动量为

$$P=mv=0.2\times2\ \text{kg·m/s}=0.4\ \text{kg·m/s}$$

碰撞后钢球的速度为 $v'=-2$ m/s,碰撞后钢球的动量为

$$P'=mv=-2\times0.2\ \text{kg·m/s}=-0.4\ \text{kg·m/s}$$

$\Delta P=P'-P=-0.4$ kg·m/s-0.4 kg·m/s$=-0.8$ kg·m/s,且动量变化的方向水平向左.

(2) 碰撞前后钢球不在同一直线运动,据平行四边形定则,以 P' 和 P 为邻边作平行四边

形,则 $\triangle P$ 就等于所夹对角线的长度,对角线的指向就表示的方向:

$$\Delta P = \sqrt{P'^2 + P^2} = \sqrt{0.4^2 + 0.4^2} = 0.4\sqrt{2} \ \text{kg} \cdot \text{m/s},$$动量变化的方向竖直向上.

如图 1.5.11 所示,人站在车上无论怎样用力,小车和人最终都在原地;把两个质量相等的小车静止地放在光滑的水平木板上,它们之间装有弹簧,并用细线把它们拴在一起,烧断细线,两个小车反向行驶,速度大小相等;两个速度大小相等、方向相反的相同小钢球撞击,会以相同大小的速度弹回. 这些都说明了一个问题——动量守恒.

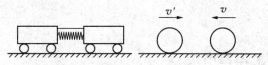

图 1.5.11 动量守恒

一个系统不受外力或者所受外力之和为 0,这个系统的总动量保持不变,这个结论称为**动量守恒定律**. 表示为下式:

$$\boldsymbol{P}_1 + \boldsymbol{P}_2 = \boldsymbol{P}_1' + \boldsymbol{P}_2' \tag{1.5.9}$$

动量守恒定理还可以如下解释:

系统相互作用前的总动量 $\sum\limits_{i=1}^{n} \boldsymbol{P}$ 等于相互作用后的总动量 $\sum\limits_{i=1}^{n} \boldsymbol{P}'$;

$\Delta \boldsymbol{P} = 0$,系统总动量增量为 0;

$\Delta \boldsymbol{P}_1 = -\Delta \boldsymbol{P}_2$,两个相互作用的物体,物体 1 的动量增量与物体 2 的动量增量大小相等、方向相反.

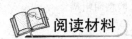 阅读材料

强 子 对 撞 机

世界的本原是什么? 宇宙间最基本的作用力是什么? 不久以后,史上最大的机械设备、一台名叫大型强子对撞机 LHC(Large Hadron Collider)的机器将为我们回答这个问题(图 1.5.12).

物理学家们发现,如果将两组粒子装进特殊的"大炮",然后以很高的速度发射出去,使之发生碰撞,很有可能会将一些粒子撞碎,从而获得更为基本的物质组成单位. 于是,开展了一系列类似的撞击实验,这些实验极大拓展了物理学的视野.

LHC 是这些"大炮"中最强大的. 它属于欧洲粒子物理研究所,埋藏在法国、瑞士边境的地下. 巨大的圆形隧道周长超过 27 km,内部装有庞大的超导磁体和各种先进的检测装置. 实验管道将维持在 $-271\,^{\circ}\mathrm{C}$ 的极低温,这时会出现奇妙的超导现象,粒子在管道中将几乎不受任何阻力,

图 1.5.12 强子对撞机示意图

因此,它们以让人惊讶的速度发射出去——光速的 99.999 999 1%.尽管这些粒子的质量非常小,但超高的速度使之带上了巨大能量.达到最大值时,每一个粒子束所包含的能量相当于一辆 400 t 的火车以每小时 192 km 速度运行时所需的能量.而如此庞大的能量都积聚在一个比质子还小的地方.一旦它们彼此相互碰撞,将发生剧烈的爆炸,这将再现宇宙大爆炸瞬间的场景.科学家们希望,这样的爆炸能抛出一种名叫希格斯子的基本粒子.此前,科学家们只是通过运算而预言了它的存在,它也是所有已知基本粒子中,唯一尚未被找到的一个了.这一理论上存在的粒子有助于揭开宇宙运行的奥妙.当然,在实验过程中,也有可能产生一个吞噬一切的黑洞,虽然机会很小.有物理学家认为这一能量足以引发产生黑洞的引力坍缩.据欧洲粒子物理研究所的官方报告称,大型强子对撞机创造的黑洞极不稳定,而且转瞬即逝.

本章小结

本章先引入力的概念、力的本质和形式;力的效果,力的三要素,然后讲述了三种常见力,即重力、弹力、摩擦力,三种力的比较见表 1.1.

表 1.1　三种力的比较

力		大　小	方　　向	作 用 点	产　生　条　件
重力		$G=mg$	竖直向下	重心	物体在地球上
弹力		$F=-kx$	与弹性形变方向相反	物体接触点(面)	物体接触,产生形变,有恢复形状的趋势
摩擦力	滑动	$F_f=\mu F_N$	与相对运动方向相反	接触面,等效为一点	有弹力,有相对运动或相对运动趋势,接触面粗糙
	静	由平衡确定,最大不超过 F_{max}	与相对运动趋势方向相反		

对物体进行受力分析时,着重把握力的合成和分解的运算方法——平行四边形定则.物体运动的平衡——处于相对静止或匀速直线运动状态时的物体,所受合外力为零,对于分析物体受力非常重要.对于力的存在与否以及力的方向的判断,往往是通过力的作用效果和反作用力以及物体平衡条件来分析的.

在运动部分,始终贯彻一个思想——物理量对时间的变化率.位移、速度、加速度之间既有联系又有差异,这几个量都属于矢量,运算要应用平行四边形定则.

牛顿三定律概括了物体机械运动的基本规律,是整个经典力学的基础.

物体系统的动量守恒定律是宇宙的一个基本规律,对于复杂的运动,使用动量定理、动量守恒定律可以极大地简化计算.

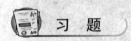

习　题

1.1.1　用力挤压装满水的塑料瓶时瓶中水会溢出,说明什么?如果换成玻璃瓶,水会不会溢出?

1.1.2 作出下列物体受力的图示,并标出施力物体、受力物体.

(1) 物体受 250 N 的重力;

(2) 用细线拴一个物体,并用 400 N 的力竖直向上提物体;

(3) 水平向左踢足球,用力大小为 1 000 N.

1.1.3 在月球上我们受到重力作用吗? 1 kg 物体受到的重力大小是多少? 月球重力加速度 g 取 1.6 m/s^2.

1.1.4 请说明不倒翁的原理.

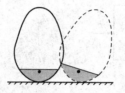

题 1.1.1 图

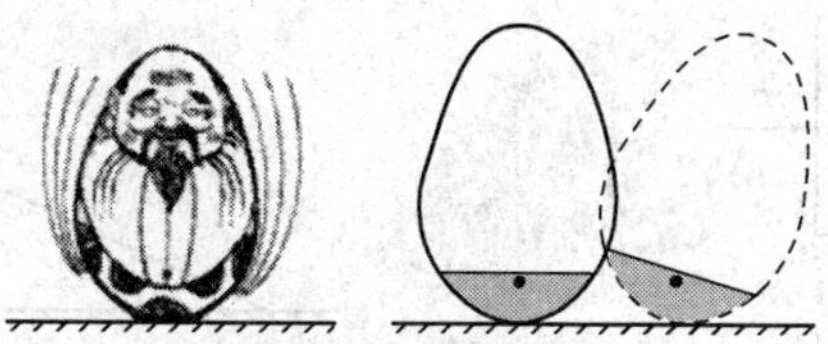

题 1.1.4 图

1.1.5 一根弹簧的劲度系数为 2×10^3 N/m,原长 0.40 m,要使它产生 200 N 的拉力,弹簧伸长多少? 如果用 1 000 N 的力拉弹簧,弹簧的长度是多少?

1.1.6 作出下列各图物体力的图示(接触面均光滑).

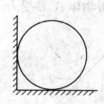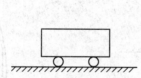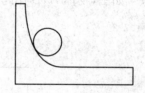

题 1.1.6 图

1.1.7 请举一两个生活中的例子,来说明静摩擦力为动力.

1.2.1 如图所示,轻绳两端固定在天花板上的 A,B 两点,在绳的交点处悬挂一重物,质量为 m,已知图中 $\alpha < \beta$,则绳 AC,BC 中的拉力分别为 T_A,T_B (　　)

A. $T_A = T_B$ B. $T_A > T_B$

C. $T_A < T_B$ D. 无法确定

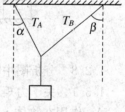

题 1.2.1 图

1.2.2 物体受三个共点力 F_1,F_2,F_3 的共同作用,这三个力的大小是下列四组中哪一组时,这三个力的合力可能为零?   (　　)

A. $F_1 = 5$ N,$F_2 = 10$ N,$F_3 = 14$ N

B. $F_1 = 11$ N,$F_2 = 25$ N,$F_3 = 40$ N

C. $F_1 = 2$ N,$F_2 = 31$ N,$F_3 = 35$ N

D. $F_1 = 100$ N,$F_2 = 75$ N,$F_3 = 24$ N

1.2.3 如图,一木块静止在水平面上,在水平方向共受三个力的作用,即 F_1,F_2 和摩擦力 F_3 的作用. 其中 $F_1 = 10$ N,$F_2 = 2$ N,若撤去力 F_1,则木块在水平方向上受到的合力为多少?

题 1.2.3 图

1.2.4　两个力,其合力的最大值是 14 N,最小值是 2 N,当这两个力互相垂直时,合力的大小是多少?

1.2.5　如图所示,滑块 A,B 被水平力 F 压紧在竖直墙上处于静止状态,已知 A 重 30 N,B 重 20 N,A,B 间的摩擦因数为 0.3,B 与墙面间的摩擦因数为 0.2,那么:(1)要使滑块 A,B 都保持平衡,力 F 至少要多大?(2)将 A 换成 C,C 重为 30 N,B,C 间动摩擦因数为 0.1,则要使滑块 B,C 保持平衡,力 F 至少要多大?

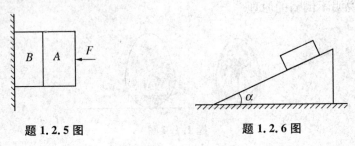

题 1.2.5 图　　　　　　　　　　题 1.2.6 图

1.2.6　质量为 5 kg 的木块放在木板上,当木板与水平方向夹角为 37°,木块恰能沿木板匀速下滑,木块与木板间的动摩擦因数多大? 当木板水平放置时,要使木块能沿木板匀速滑动,给木块施加水平拉力应多大? (sin 37°=0.6,cos 37°=0.8,g 取 10 N/kg)

1.2.7　如图,物体 A,B 用跨过滑轮的轻绳连接而静止,分析物体 A,B 受力.

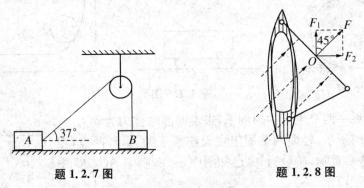

题 1.2.7 图　　　　　　　　　　题 1.2.8 图

1.2.8　分析图中帆船在水中行驶的受力情况.

1.3.1　关于力矩,下列说法正确的是　　　　　　　　　　　(　　)

A. 作用在物体上的力不为零,此力对物体的力矩一定不为零

B. 作用在物体上的力越大,此力对物体的力矩一定越大

C. 力矩是作用力与作用点到转轴的距离的乘积

D. 力矩是作用力与转轴到力的作用线的距离的乘积

1.3.2　用力缓慢拉起地面上的木棒,力 F 的方向始终向上,则在拉起的过程中,关于力 F 及它的力矩变化情况是　　　　　(　　)

A. 力变小,力矩变大

B. 力变小,力矩变小

C. 力变小,力矩不变

D. 力不变,力矩变小

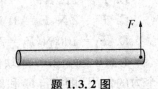

题 1.3.2 图

1.3.3 一均匀木棒 OA 可绕过 O 点的水平轴自由转动. 现有一方向不变的水平力 F 作用于该棒的 A 点,使棒从竖直位置缓慢转到偏角 $\theta(\theta<90°)$ 的某一位置. 设 M 为力 F 对转轴的力矩,则在此过程中 （　　）

A. M 不断变大,F 不断变小

B. M 不断变大,F 不断变大

C. M 不断变小,F 不断变小

D. M 不断变小,F 不断变大

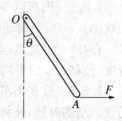

题 1.3.3 图

1.3.4 如图,一块均匀木板 MN 长 $L=15$ m,$G_1=400$ N,搁在相距 $D=8$ m 的两个支架 A,B 上,$MA=NB$,重 $G_2=600$ N 的人从 A 向 B 走去,问人走过 B 点多远时,木板会翘起来?

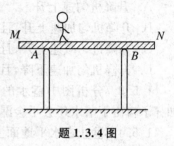

题 1.3.4 图

1.3.5 如图所示,OAB 是一弯成直角的杠杆,可绕过 O 点垂直于纸面的轴转动,杆 OA 长 0.30 m,OB 长为 0.40 m,杆的质量分布均匀,已知 OAB 的总质量为 7 kg,现在施加一个外力 F,使杆的 AB 段保持水平,则该力作用于杆上哪一点,什么方向可使 F 最小?

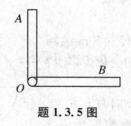

题 1.3.5 图

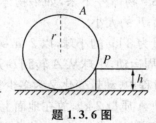

题 1.3.6 图

1.3.6 一个质量为 $m=50$ kg 的均匀圆柱体,放在台阶的旁边,台阶的高度 $h=r-\dfrac{\sqrt{2}}{2}r$,如图所示,柱体与台阶接触处(图中 P 点所示)是粗糙的,现要在图中柱体的最上方 A 处施一最小的力,使柱体刚能开始以 P 为轴向台阶上滚,求:

(1) 所加的力的大小、方向;

(2) 台阶对柱体的作用力的大小.

1.4.1 汽车匀速行驶,由甲地到乙地时速度为 v_1,由乙地返回甲地时速率 v_2,则汽车往返全程的平均速率是_____.

1.4.2 从地面上抛一物体 A,同时在空中有一物体 B 自由下落,两物体在同一高度同时到达速度 v,A 速度方向向上,则 A 物体上抛的初速度为_____,B 落地时速度_____,A 物体在空中运动时间为_____,A 上升的最大高度为_____.

1.4.3 水滴由屋顶自由下落,经过最后 2 m 所用的时间是 0.2 s,则屋顶高度为多少米?

1.4.4 从 v-t 图上解释各段图形的含义并计算各转折点的瞬时速度、加速度、各段位移.

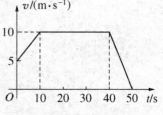

题 1.4.4 图

1.4.5　汽车以 54 km/h 的速度行驶,因故中途停车 2 min,刹车时汽车速度每秒钟均匀减小 5 m/s,而启动时的加速度为 3 m/s²,求汽车因此而耽误的时间.

1.4.6　一质点运动方程是 $x(t)=3+2t$,$y(t)=2t^2$,求出质点在 $t=0,2$ s 时的速度、加速度、位移、2 s 内平均速度、平均加速度.

1.5.1　放在小车 A 上的铁块 B,随小车由静止开始加速到匀速运动的时候,分析铁块所受到的力.

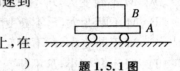

题 1.5.1 图

1.5.2　质量为 m 的物体用弹簧秤悬在升降机的顶棚上,在下列哪种情况下,弹簧秤读数最小　　　　　　（　　）

A. 升降机匀速上升

B. 升降机匀加速上升,且 $a=0.5g$

C. 升降机匀减速上升,且 $a=0.5g$

D. 升降机匀加速下降,且 $a=g/3$

1.5.3　分析图中盛水的杯子,在桌上静止时会漏水,如杯子自由下落水还会不会漏?

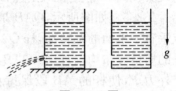

题 1.5.3 图

1.5.4　静止在水平地面上的物体的质量为 2 kg,在水平恒力 F 推动下开始运动,4 s 末它的速度达到 4 m/s,此时将 F 撤去,又经 8 s 物体停下来,如果物体与地面的动摩擦因数 μ 不变,求 μ,F 的大小.

1.5.5　质量为 3 kg 的小球,以 2 m/s 的速率绕直径 0.5 m 的圆逆时针做匀速圆周运动,小球从 A 转到 B 过程中动量的变化为多少?从 A 转到 C 的过程中,动量变化又为多少?

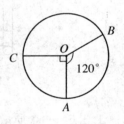

题 1.5.5 图

1.5.6　木块 A 质量 2 kg,放在地面上,以 $F=10$ N 向右上方 30° 拉动木块,A 恰好滑动,求:(1) A 与地面之间的动摩擦因数 μ_A;(2) 若改成水平向右拉木块,求木块的加速度;木块 3 s 内位移.

1.5.7　水平方向射击的大炮,炮身重 450 kg,炮弹质量 50 kg,射击速度是 450 m/s,射击后炮身后退 2 s 停下,则炮受地面的平均阻力是多大?

1.5.8　如图,木块 B 在光滑的桌面上,质量 M;子弹 A 质量 m,沿水平方向以速度 v 射入木块后,留在木块内,将劲度系数为 k 的弹簧压缩到最短,此系统从子弹开始射入到弹簧压缩到最短的整个过程中,动量是否守恒?

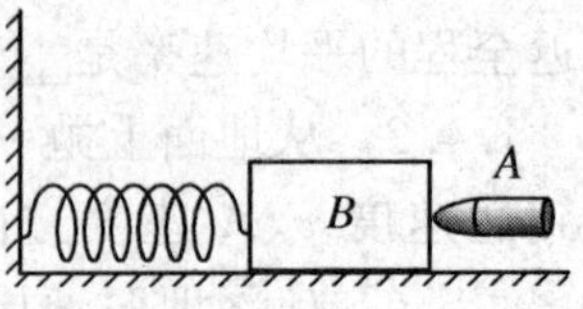

题 1.5.8 图

第2章

功和能

导学:在本章,学习功和能的有关概念和原理,重点掌握功、动能与势能的概念,动能定理,机械能守恒定律.

§2.1 功 功率

要顺利的建立功的概念,不妨观察生活中的现象.移动一个物品,我们的生活经验是既要施力,又要有位置的移动.力学中功的概念是对这一有普遍性的过程的准确定义.定义了功,其他与功相关的问题即可以——加以分析和解决.

2.1.1 功

一个物体受到力的作用,如果在力的方向上发生一段位移,这个力就对物体做了**功**.人推车前进,车在人的推力作用下发生一段位移,推力对车做了功.起重机提起货物,货物在起重机钢绳的拉力作用下发生一段位移,拉力对货物做了功.列车在机车的牵引力作用下发生一段位移,牵引力对列车做了功.力和物体在力的方向上发生的位移,是做功的两个不可缺少的因素.

如图 2.1.1 所示的是这样一个有普遍意义的物理场景:木箱在水平面上,在力 F 作用下发生一段位移 s,力 F 对木箱做了功.做功过程可作以下数学分析.

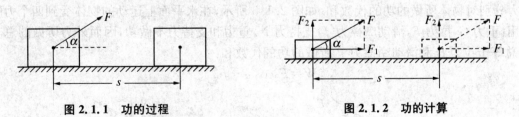

图 2.1.1 功的过程　　　　图 2.1.2 功的计算

因力 F 的方向与运动方向成某一角度,可以把力 F 分解为两个分力:跟位移方向一致的分力 F_1,跟位移方向垂直的分力 F_2.设物体在力 F 的作用下发生的位移的大小是 s,如图 2.1.2 所示.

分力 F_1 所做的功等于 $F_1 s$;分力 F_2 的方向跟位移的方向垂直,物体在 F_2 的方向上没有发生位移,F_2 所做的功等于零.因此,力 F 对物体所做的功 W 等于 $F_1 s$,$F_1 = F\cos\alpha$,所以

F 对物体所做的功为:

$$W = Fs\cos\alpha \tag{2.1.1}$$

这就是说,力对物体所做的功,等于力的大小、位移的大小、力和位移的夹角的余弦这三者的乘积.

功是一个标量. 在国际单位制中,功的单位是**焦耳**,简称焦,符号是 J. 1 J 等于 1 N 的力使物体在力的方向上发生 1 m 的位移时所做的功,可以写成

$$1\,J = 1\,N \times 1\,m = 1\,N \cdot m$$

2.1.2 正功和负功

现在我们用式(2.1.1)讨论一下功的正负问题:

(1) 当 $\alpha = \dfrac{\pi}{2}$ 时,$\cos\alpha = 0$,$W = 0$,力和位移方向垂直,表示力不做功.

(2) 当 $\alpha < \dfrac{\pi}{2}$ 时,$\cos\alpha > 0$,$W > 0$,力对物体做正功,如图 2.1.3 所示.

(3) 当 $\dfrac{\pi}{2} < \alpha \leqslant \pi$ 时,$\cos\alpha < 0$,$W < 0$,力对物体做负功,如图 2.1.4 所示.

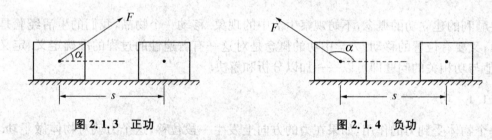

图 2.1.3 正功   图 2.1.4 负功

一个力对物体做负功,往往说成物体克服这个力做功(取绝对值). 这两种说法在意义上是等同的. 如竖直向上抛出的球,在向上运动的过程中,重力对球做了 $-6\,J$ 的功,可以说成球克服重力做了 6 J 的功.

2.1.3 合力做功

当物体在几个力的共同作用下发生一段位移 s 时,这几个力对物体所做的总功,等于各个力分别对物体所做的功的代数和. 如图 2.1.5 所示,在水平面上运动的物体受到四个力的作用:重力 G,拉力 F,滑动摩擦力 f,支持力 N. 重力和支持力不做功,因而外力所做的总功 W 总等于拉力 F 和滑动摩擦力 f 所做的功的代数和:

$$W = Fs\cos\alpha - fs.$$

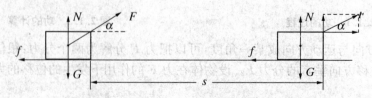

图 2.1.5 合力做功

　　加以推广至更普遍的情况,并可以证明,当物体在几个力的共同作用下发生一段位移时,这几个力对物体所做的总功,等于这几个力的合力对物体所做的功,即合外力做的总功等于各力做功之代数和,即

$$W_合 = \sum_{i=1}^{n} W_i \tag{2.1.2}$$

　　【例 2.1.1】 如图 2.1.6 所示,一个质量 $m=2$ kg 的物体,受到与水平方向成 37° 角斜向上方的拉力 $F=10$ N,在水平地面上移动的距离 $s=2$ m. 物体与地面间的动摩擦因数 $\mu=0.3$. 求:

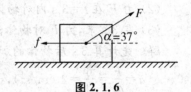

图 2.1.6

　　(1) 拉力 F 对物体所做的功.

　　(2) 摩擦力 f 对物体所做的功.

　　(3) 外力对物体所做的总功.

　　解 从题意可知,拉力做正功,摩擦力做负功,重力与支持力不做功.根据式(2.1.1)和(2.1.2),可得各力对物体做的功及合力的功分别为

　　(1) $W_F = Fs\cos\alpha = 10 \times 2 \times \cos 37° = 16$(J);

　　(2) $W_f = fs\cos 180° = -\mu mgs = -0.3 \times 2 \times 10 \times 2 = -12$(J);

　　(3) $W = W_F + W_f = 16 - 12 = 4$(J).

2.1.4 功率

　　力对不同物体做相同的功,所用的时间往往不同,也就是说,做功的快慢并不相同.一台起重机能在 60 s 内把 1 000 kg 的货物提到预定的高度,另一台起重机只用 30 s 就可以做相同的功. 第二台起重机比第一台做功快一倍.

　　在物理学中,做功的快慢用功率来表示. 功 W 跟完成这些功所用时间 t 的比值叫做**功率**. 用 P 表示功率,则有

$$P = \frac{W}{t} \tag{2.1.3}$$

　　在国际单位制中,功率的单位是瓦特,简称瓦,符号是 W. 1 W = 1 J/s. 瓦这个单位比较小,工程技术上常用千瓦(kW)作功率的单位. 1 kW = 1 000 W.

　　功率也可以用力和速度来表示,即

$$P = Fv \tag{2.1.4}$$

　　这就是说,力 F 的功率等于力 F 和物体运动速度 v 的乘积. 物体做变速运动时,上式中的 v 表示在时间 t 内的平均速度,P 表示力 F 在这段时间 t 内的平均功率. 如果时间 t 取得足够小,则上式中的 v 表示某一时刻的瞬时速度,P 表示该时刻的瞬时功率.

　　从公式 $P=Fv$ 可以看出,汽车、火车等交通工具,当发动机的输出功率 P 一定时,牵引力 F 与速度 v 成反比,要增大牵引力,就要减小速度. 所以汽车上坡的时候,司机常用换挡的办法减小速度,来得到较大的牵引力.

　　当速度 v 保持一定时,牵引力 F 与功率 P 成正比. 所以汽车上坡时,要保持速度不变,必须加大油门,增大输出功率来得到较大的牵引力.

　　保持牵引力 F 不变时,功率 P 与速度 v 成正比.起重机在竖直方向匀速吊起某一重物

时,牵引力与重物的重量相等,牵引力保持不变,发动机输出的功率越大,起吊的速度就越大.

【例2.1.2】 质量 $m=3$ kg 的物体,在水平力 $F=6$ N 的作用下,在光滑水平面上从静止开始运动,运动时间 $t=3$ s. 求:

(1) 力 F 在 $t=3$ s 内对物体所做的功;

(2) 力 F 在 $t=3$ s 内对物体做功的平均功率;

(3) 在 3 s 末,力 F 对物体做功的瞬时功率.

解 先计算 3 s 后物体的加速度,位移和瞬时速度,再计算所问各量.

$$a=\frac{F}{m}=\frac{6}{3}=2 \ (\text{m/s}^2),s=\frac{1}{2}at^2=\frac{1}{2}\times 2\times 3^2=9 \ (\text{m}),v=at=2\times 3=6(\text{m/s})$$

(1) $W=Fs=6\times 9=54(\text{J})$;

(2) $\overline{P}=\frac{W}{t}=\frac{54}{3}=18(\text{W})$;

(3) $P=Fv=6\times 6=36(\text{W})$.

思考与讨论

公式 $W=Fs\cos\alpha$ 只能用于恒力做功情况,对于变力做功或物体运动轨迹是曲线时,不能用 $W=Fs\cos\alpha$ 来计算功的大小. 如果力的方向不变,力的大小对位移按一次函数规律变化时,可用力的算术平均值(恒力)代替变力,利用功的定义式求功. 如下例:

一辆汽车质量为 800 kg,从静止开始运动,其阻力为车重的 0.05 倍. 其牵引力的大小与车前进的距离变化关系为:$F=100x+f$,f 是车所受的阻力. 当车前进 20 m 时,牵引力做的功是多少? (g 取 10 m/s^2)

可以这样分析:由于车的牵引力和位移的关系为:$F=100x+f$,成一次函数关系,故前进 20 m 过程中的牵引力做的功可看做是平均牵引力所做的功. 请你完成后面的具体计算.

§2.2　动能　动能定理

2.2.1　功和能的关系

功和能是两个联系密切的物理量.

一个物体能够对外做功,我们就说这个物体具有能量. 流动的河水能够推动水轮机做功,流动的河水具有能量. 举到高处的重物下落时能够把木桩打进地里而做功,举高的重物具有能量. 被压缩的弹簧放开时能够把物体弹开而做功,被压缩的弹簧具有能量.

物体由于运动而具有的能量叫做**动能**,物体由于被举高而具有的**能量**叫做重力势能,物体的动能与势能之和称为**机械能**.

各种不同形式的能量可以相互转化,而且在转化过程中守恒. 在这种转化过程中,功扮演着重要的角色.

举重运动员把重物举起来,对重物做了功,重物的重力势能增加,同时,运动员消耗了体内的化学能. 运动员做了多少功,就有多少化学能转化为重力势能. 被压缩的弹簧放开时把一个小球弹出去,小球的动能增加,同时,弹簧的势能减少. 弹簧对小球做了多少功,就有多少弹性势能转化为动能. 列车在机车的牵引下加速运动,列车的机械能增加,同时,机车的热机消耗了内能. 牵引力对列车做了多少功,就有多少内能转化为机械能. 起重机提升重物,重物的机械能增加,同时,起重机的电动机消耗了电能. 起重机钢绳的拉力对重物做了多少功,就有多少电能转化为机械能.

可见,做功的过程就是能量转化的过程,做了多少功,就有多少能量发生转化. 所以,功是能量转化的量度. 知道了功和能的这种关系,就可以通过做功的多少,定量地研究能量及其转化的问题了,下面我们定量地研究动能.

2.2.2 动能

物体的动能跟物体的质量和速度都有关系. 实验表明,物体的质量越大,速度越大,它的动能就越大. 怎样定量地表示动能呢?

如图 2.2.1 所示,一个物体的质量为 m,初速度为 v_1,在与运动方向相同的恒力 F 的作用下发生一段位移 s,速度增加到 v_2. 在这一过程中,力 F 所做的功 $W=Fs$.

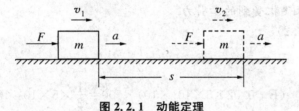

图 2.2.1 动能定理

根据牛顿第二定律 $F=ma$;
根据匀加速运动的公式 $v_2^2-v_1^2=2as$,故

$$s=\frac{v_2^2-v_1^2}{2a}$$

则有

$$W=Fs=ma\,\frac{v_2^2-v_1^2}{2a}=\frac{1}{2}mv_2^2-\frac{1}{2}mv_1^2 \tag{2.2.1}$$

从上式我们看到,力 F 做的功等于 $\frac{1}{2}mv_2^2-\frac{1}{2}mv_1^2$. 若 $v_1=0$,则力 F 做的功等于 $\frac{1}{2}mv^2$,在物理学上就用 $\frac{1}{2}mv^2$ 这个量表示物体的动能,动能用 E_k 来表示,即

$$E_k=\frac{1}{2}mv^2 \tag{2.2.2}$$

物体的**动能**等于物体质量与物体速度的二次方的乘积的一半.

动能是标量,它的单位与功的单位相同,在国际单位制中都是焦耳,符号为 J. 这是因为,$1\ kg \cdot m^2/s^2 = 1\ N \cdot m = 1\ J$.

例如,我国发射的第一颗人造地球卫星,质量为 173 kg,轨道速度为 7.2 km/s,它的动能 $E_k=\frac{1}{2}mv^2=\frac{1}{2}\times 173\times(7.2\times10^3)^2=4.48\times10^9(J)$.

2.2.3　动能定理

有了动能的定量表示,上面的(2.2.1)式可以写成

$$W = E_{k_2} - E_{k_1} \tag{2.2.3}$$

其中 E_{k_2} 表示末动能 $\frac{1}{2}mv_2^2$,E_{k_1} 表示初动能 $\frac{1}{2}mv_1^2$.

上式表示,外力所做的功等于动能的变化.当外力做正功时,末动能大于初动能,动能增加.当外力做负功时,末动能小于初动能,动能减少.

如果物体受到几个力的共同作用,则式(2.2.3)中的 W 表示各个力做功的代数和,即合外力所做的功.

合外力所做的功等于物体动能的变化,这个结论叫做**动能定理**.这里所说的外力,既可以是重力、弹力、摩擦力,也可以是任何其他的力.

式(2.2.3)是在物体受到恒力的作用,且物体做直线运动的情况下得到的.可以证明,当外力是变力或物体做曲线运动时,式(2.2.3)也是正确的.这时式中的 W 为变力所做的功.正因为动能定理适用于变力,所以它得到了广泛的应用,经常用来解决有关的力学问题.

【例 2.2.1】　一架喷气式飞机,质量 $m = 5 \times 10^3$ kg,起飞过程中从静止开始滑跑的路程为 $s = 500$ m 时,达到起飞速度 $v = 60$ m/s.在此过程中飞机受到的平均阻力是飞机重量的 0.02 倍($k = 0.02$),求飞机受到的牵引力.

解　根据式(2.2.2)

$$W = \frac{1}{2}mv^2, \quad (F - f)s = \frac{1}{2}mv^2$$

$$(F - 0.02 \times 5 \times 10^3 \times 10) \times 500 = \frac{1}{2} \times 5 \times 10^3 \times 60^2$$

$$F = 1.9 \times 10^4 \text{ N}$$

思考与讨论

对于机器以额定功率工作时,比如汽车、轮船、火车启动时,虽然它们的牵引力是变力,但是可以用公式 $W = Pt$ 来计算这类交通工具发动机做的功.

例:质量为 4 000 kg 的汽车,由静止开始以恒定的功率前进,它经 100/3 s 的时间前进 425 m,这时候它达到最大速度 15 m/s.假设汽车在前进中所受阻力不变,求阻力为多大?

可这样分析:汽车在运动过程中功率恒定,速度增加,所以牵引力不断减小,当减小到与阻力相等时车速达到最大值.已知汽车所受的阻力不变,虽然汽车的牵引力是变力,牵引力所做的功不能用功的公式直接计算.但由于汽车的功率恒定,汽车的功率可用 $P = Fv$ 求,因此汽车所做的功则可用 $W = Pt$ 进行计算.请你完成后面的计算.

§2.3　势　　能

在这一节中,我们可以看到如何用重力做功来定义重力势能的.

2.3.1　重力势能

打桩机的重锤从高处落下时可以把水泥桩打进地里,重锤具有重力势能.重力势能跟物体的质量和高度都有关系.重锤的质量越大,被举得越高,把水泥桩打进地里就越深.可见,物体的质量越大,高度越大,重力势能就越大.

怎样定量地表示重力势能呢?

把一个物体举高,要克服重力做功,同时物体的重力势能增加.一个物体从高处下落,重力做功,同时重力势能减小.可见,重力势能跟重力做功有密切联系.

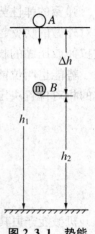

如图 2.3.1 所示,设一个质量为 m 的物体从高度为 h_1 的 A 点下落到高度为 h_2 的 B 点.重力所做的功为

$$W_G = mg\Delta h = mgh_1 - mgh_2 \qquad (2.3.1)$$

我们看到,W_G 等于 mgh 这个量的变化.在物理学中就用 mgh 这个物理量表示物体的**重力势能**.重力势能用 E_p 来表示,即

$$E_p = mgh \qquad (2.3.2)$$

重力势能是标量.它的单位也和功的单位相同,在国际单位制中都是焦耳.

图 2.3.1　势能

有了重力势能的定量表示,式(2.3.2)就可以写成

$$W_G = E_{p_1} - E_{p_2} \qquad (2.3.3)$$

其中 $E_{p_1} = mgh_1$ 表示初位置的重力势能,$E_{p_2} = mgh_2$ 表示末位置的重力势能.

当物体由高处运动到低处时,重力做正功,$W_G > 0$,$E_{p_1} > E_{p_2}$.这表示重力做正功时,重力势能减少,减少的重力势能等于重力所做的功.

当物体由低处运动到高处时,重力做负功,$W_G < 0$,$E_{p_1} < E_{p_2}$.这表示克服重力做功(重力做负功)时,重力势能增加,增加的重力势能等于克服重力所做的功.

在上面的讨论中,物体是沿着直线路径由初位置达到末位置的.可以证明:重力所做的功只跟初位置的高度 h_1 和末位置的高度 h_2 有关,跟物体运动的路径无关.只要起点和终点的位置相同,不论沿着什么路径由起点到终点,沿着直线路径也好,沿着曲线路径也好,式(2.3.3)都是正确的.

2.3.2　重力势能的相对性

我们说物体具有重力势能 mgh,这总是相对于某个水平面来说的,这个水平面的高度为零,重力势能也为零,这个水平面叫做参考平面.选择哪个水平面作为参考平面,可视研究问题的方便而定.通常选择地面作为参考平面.

选择不同的参考平面,物体的重力势能的数值是不同的,但这并不影响研究有关重力势能的问题.因为在有关的问题中,有确定意义的是重力势能的差值,这个差值并不因选择不同的参考平面而有所不同.

对选定的参考平面而言,在参考平面上方的物体,高度是正值,重力势能也是正值;在参考平面下方的物体,高度是负值,重力势能也是负值.物体具有负的重力势能,表示物体在该位置具有的重力势能比在参考平面上具有的重力势能要低.

2.3.3 弹性势能

发生弹性形变的物体,在恢复原状时能够对外界做功,因而具有能量,这种能量叫做弹性势能. 卷紧了的发条,被拉伸或压缩的弹簧,拉弯了的弓,击球时的网球拍或羽毛球拍,支撑运动员上跳的撑杆等,都具有弹性势能.

弹簧的弹性势能跟弹簧被拉伸或压缩的长度有关,被拉伸或压缩的长度越长,恢复原状时对外做的功就越多,弹簧的弹性势能就越大. 弹簧的弹性势能还跟弹簧的劲度系数有关,被拉伸或压缩的长度相同时,劲度系数大的弹簧的弹性势能大.

势能也叫**位能**,是由相互作用的物体的相对位置决定的. 重力势能是由地球和地面上物体的相对位置决定的,弹性势能是由发生弹性形变的物体各部分的相对位置决定的.

§2.4 机 械 能 守 恒

机械能守恒其实是动能、重力势能与重力做功的一种内在联系,本节具体分析这一联系.

2.4.1 机械能守恒定律

重力势能和动能之间可以发生相互转化. 物体自由下落时,高度越来越小,速度越来越大. 高度减小,表示势能减小;速度增大,表示动能增大. 这时重力势能转化为动能. 竖直向上抛出的物体,在上升过程中,速度越来越小,高度越来越大. 速度减小,表示动能减小;高度增大,表示重力势能增大. 这时动能转化为重力势能.

现在,我们以自由落体运动为例证明机械能守恒定律. 如图 2.4.1 所示,设一个质量为 m 的物体自由下落,经过高度为 h_1 的 A 点(初位置)时速度为 v_1,下落到高度为 h_2 的 B 点(末位置)时速度为 v_2. 在自由落体运动中,物体只受重力 $G=mg$ 的作用,重力做正功. 设重力所做的功为 W_G,则由动能定理可得

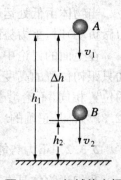

图 2.4.1 机械能守恒

$$W_G = \frac{1}{2}mv_2^2 - \frac{1}{2}mv_1^2$$

上式表示,重力所做的功等于动能的增加.

另一方面,由重力做功与重力势能的关系知道,

$$W_G = mgh_1 - mgh_2$$

上式表示,重力所做的功等于重力势能的减少.

由以上两式可得

$$\frac{1}{2}mv_2^2 - \frac{1}{2}mv_1^2 = mgh_1 - mgh_2$$

可见,在自由落体运动中,重力做了多少功,就有多少重力势能转化为等量的动能,移项后可得

$$\frac{1}{2}mv_2^2 + mgh_2 = \frac{1}{2}mv_1^2 + mgh_1 \qquad (2.4.1)$$

或者

$$E_{k_2} + E_{p_2} = E_{k_1} + E_{p_1} \tag{2.4.2}$$

上式表示,在自由落体运动中,物体动能和重力势能之和即总的机械能保持不变.上述结论不仅对自由落体运动是正确的,可以证明,在只有重力做功的情形下,不论物体做直线运动还是曲线运动,上述结论都是正确的.

所谓只有重力做功,是指:物体只受重力,不受其他的力,如自由落体运动和各种抛体运动;或者除重力外还受其他的力,但其他力不做功,如物体沿光滑斜面的运动.

在只有重力做功的情形下,物体的动能和重力势能发生相互转化,但机械能的总量保持不变.

这个结论叫做**机械能守恒定律**,它是力学中的一条重要定律,是更普遍的能量守恒定律的一种特殊情况.

不仅重力势能和动能可以相互转化,弹性势能和动能也可以相互转化.放开被压缩的弹簧,可以把跟它接触的小球弹出去,这时弹簧的弹力做功,弹簧的弹性势能转化为小球的动能.在弹性势能和动能的相互转化中,如果只有弹力做功,动能和弹性势能之和保持不变,即机械能守恒.

2.4.2　机械能守恒定律的应用

解决某些力学问题,从能量的观点来分析,应用机械能守恒定律求解,往往比较方便.应用机械能守恒定律解决力学问题,要分析物体的受力情况.在动能和重力势能的相互转化中,如果只有重力做功,就可以应用机械能守恒定律求解.

【例2.4.1】　如图 2.4.1 所示,一物体从光滑斜面顶端由静止开始下滑,斜面高 1 m,长 2 m,不计空气阻力,物体滑到斜面底端的速度是多大?

解　根据式(2.4.2)可得

$$\frac{1}{2}mv^2 = mgh$$

$$\frac{1}{2}v^2 = 10 \times 1$$

$$v = \sqrt{20} \text{ m/s}$$

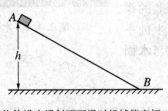

物体沿光滑斜面下滑时机械能守恒

图 2.4.1　机械能守恒

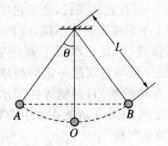

图 2.4.2　机械能守恒

【例2.4.2】　如图 2.4.2 所示,把一个小球用细绳悬挂起来,就成为一个摆,设摆长为 L,最大偏角为 θ,小球运动到最低位置时的速度是多大?

解 根据式(2.4.2)可得

$$\frac{1}{2}mv^2 = mgL(1-\cos\theta)$$

$$\frac{1}{2}v^2 = gL(1-\cos\theta)$$

$$v = \sqrt{2gL(1-\cos\theta)}$$

 阅读材料

功能关系的应用

一、伯努利方程

机电类专业的同学在专业课程中将会遇到一个非常重要的方程,即伯努利方程.伯努利方程在许多方面有着非常广泛的应用,现在我们就其中的某些方面做一些粗浅的介绍.

$\frac{1}{2}\rho v^2 + \rho gz + p =$常量,称为伯努利方程,由瑞士科学家伯努利(1700～1782)于 1738 年首先导出.它实际上是流体运动中的功能关系式,即单位体积流体的机械能的增量等于压力差所做的功.必须指出,伯努利方程右边的常量,对于不同的流管,其值不一定相同.

伯努利方程的应用于等高流管中流速与压强的关系

根据伯努利方程在水平流管中有 $\frac{1}{2}\rho v^2 + p =$常量.

故流速 v 大的地方压强 p 小,反之,流速小的地方压强大.在粗细不均匀的水平流管中,根据连续性方程,管细处流速大,管粗处流速小,所以管细处压强小,管粗处压强大.从动力学角度分析,当流体沿水平管道运动时,其质元从管粗处流向管细处将加速,使质元加速的作用力来源于压强差.水流抽气机和喷雾器就是基于这一原理制成的.下面是一些实例.

二、水翼艇

如水图 2.4.4 所示,水翼艇是一种在艇体装有水翼的高速舰艇.在通常情况下水翼艇能以 93 km/h 的速度持续航行,最高航速可达 110 km/h.水翼艇之所以速度么快,关键是能在水上飞行.它的飞行,全靠它那副特有的水翼.

水翼的上下表面水流速不同,这就在水翼的表面造成了上下的压强差,于是在水翼上就产生了一个向上的举力.当水翼艇开足马力到达一定的速度时,水翼产生的举力开始大于艇体的重力,把艇体托出水面,使艇体与水面保持一定的距离,减小了舰艇在水中的航行阻力.

图 2.4.4 水翼艇

三、水流抽气机

典型的水流抽气机的外观如图 2.4.5 所示,它的上端较粗的口径处和水龙头的出水口相接.其直下方的开口则为水流出口.在它的侧方的连通管则连接到欲抽气的容器上,使用时如图 2.4.6 所示.

图 2.4.5　外观图

图 2.4.6　使用图

图 2.4.7　管束图

　　水流抽气机和水龙头以橡皮管连接,相接处皆以管束栓紧,管束如图 2.4.7 所示.右侧的连通管亦以管束栓紧橡皮管后再连接到吸滤瓶上.当水管中的水向下流出进入水流抽气机时,因水流抽气机的内部有导流的构造,可使水流经由一较小的通道冲下,造成水流加速的效应.当水的流速加快时,在其近旁的空气分子的运动速率也会加快;由伯努利原理可知:在其侧管内靠近水流的气体压力应较其外侧的气体压力低.因此,使得侧管的气体不断地向水流处移动,而产生了抽取其他容器中气体的功能.

四、汾丘里流量计

　　如 2.4.8 所示为汾丘里流量计原理图.

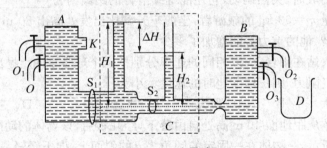

图 2.4.8　流量计

📖 本章小结

　　本章围绕着功和能的关系,在基本概念上先后介绍了功与功率、能量以及动能与势能.在基本公式上有动能定理与机械能定律.

　　在本章的学习过程中,要了解概念之间的内在联系,如用重力做功来定义重力势能.也要注意公式之间的关系,如机械能守恒定律是在只有重力做功(不研究弹性势能等其他势能)的特定条件下的动能定理的特殊情况,即特殊性与普遍性的关系.

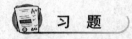 习 题

2.1.1 汽车在水平的公路上,沿直线匀速行驶,当速度为 18 m/s 时,其输出功率为 72 kW,汽车所受到的阻力是_____N.

2.1.2 用 $F=80$ N 的力在水平地面上拉一小车,使它匀速前进的距离 $s=60$ m,若拉力与水平面所成角度为 30°,求拉力所做的功.

2.1.3 起重机拉重量 $G=2\times10^4$ N 的货物,以 $a=0.5$ m/s² 的加速度,从地面提升到 $h=5$ m 的地方,求吊钩的拉力和货物所受重力及它们的合力所做的功.

2.1.4 质量为 m 的汽车,它的发动机额定功率为 P,开上一倾角为 α 的坡路,摩擦阻力是车重的 k 倍,汽车的最大速度应为_____.

2.2.1 一人坐在雪橇上,从静止开始沿着高度为 15 m 的斜坡滑下,到达底部时速度为 10 m/s,人和雪橇的总质量为 60 kg,下滑过程中克服阻力做的功等于_____J.

2.2.2 两辆汽车在同一平直路面上行驶,它们的质量之比 $m_1:m_2=1:2$,速度之比为 $v_1:v_2=2:1$;当两车急刹车后,甲车滑行的最大距离为 s_1,乙车滑行的最大距离为 s_2,设两车与路面间的动摩擦因数相等,不计空气阻力,则 $s_1:s_2=$_____.

2.2.3 质量为 $m=2$ g 的子弹,以 300 m/s 的速度射入厚度为 $s=0.1$ m 的金属板,射穿后的速度为 100 m/s,求子弹受到的平均冲力.

2.2.4 假设汽车紧急制动后所受到的阻力的大小与汽车所受重力的大小差不多,当汽车以 20 m/s 速度行驶时,突然制动,它还能继续滑行的距离约为_____m.

2.3.1 一质量 $m=60$ kg 的旅游者,坐缆车升到比出发处高出 80 m 的山头景点上,缆车对他做了多少功? 他的重力势能增加了多少?

2.4.1 一个人站在阳台上,以相同的速率分别把三个球竖直向上抛出,竖直向下抛出,水平抛出,不计空气阻力.则三球落地时的速度大小为 ( )

A. 上抛球最大   B. 下抛球最大   C. 平抛球最大   D. 三球一样大

2.4.2 一物体从距地面 40 m 高处自由落下,经几秒后,该物体的动能和势能相等?

2.4.3 如图所示,一物体在一固定的倾角为 θ 的斜面上,向下轻轻一推,它恰好匀速下滑.已知斜面长度为 L,欲使物体沿斜面底端冲上顶端,开始上滑的初速度至少为多大?

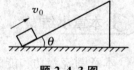

题 2.4.3 图

第 3 章

✺ 刚体定轴转动

导学：在本章，学习刚体定轴转动的有关概念和原理，重点掌握刚体和转动惯量的概念，刚体定轴转动的转动定律，刚体角动量守恒定律.

在形形色色的生产设备中，大多包含定轴转动部件，如电机上的转子、机床上的各种轮轴、飞机上的螺旋推进器、仪表上的指针等，它们的大小与形状对运动有着重要的影响. 在研究运行规律时，不能再把它们当成质点来讨论，我们可以引入刚体的概念. 本章将讨论有关刚体绕定轴转动的问题.

§3.1 刚体定轴转动的描述

为了讨论刚体定轴转动的问题，我们首先需要说明描述刚体定轴转动的几个物理量.

3.1.1 刚体的概念

当电机上的转子、机床上的各种轮轴、飞机上的螺旋推进器、仪表上的指针等物体运动时，其大小和形状都会发生一定的变化，但是在许多情况下，这种形变很小，因而可忽略不计. 为了突出问题的主要方面，简化研究工作，我们引入一个新的物理模型——**刚体**. 大小与形状始终保持不变的物体称为**刚体**. 换句话说，刚体中的任何两点间的距离均保持不变. 生产设备中的定轴转动部件，一般可近似看成为刚体.

3.1.2 刚体的基本运动形式

刚体的基本运动形式有两种：平动和转动. 刚体其他运动形式都可分解为这两种形式.

（1）平动　如果在运动过程中，组成刚体的所有点的都沿平行路径运动，或者说刚体上任意两点的连线在运动过程中始终保持平行，称为刚体的平动. 根据平动的定义，我们可以知道，刚体在平动时，其上所有点的运动状态相同，所以，可以用刚体上任一点的运动来代替整个刚体的运动.

（2）转动　如果刚体上各质点均绕同一轴（固定的轴或变化的轴）做圆周运动，称为刚体的转动. 相对于某一参考系而言，若转轴的位置固定不变，则称刚体为定轴转动. 若转轴的位置完全不固定，则称刚体在某一瞬间绕某一瞬时轴转动. 若转轴上仅某一点是固定的，则称刚体绕定点转动. 刚体定轴转动是最简单的刚体转动形式，如门的转动、时针指针的转动、花样滑冰运动员在原地的旋转等都可以看成是定轴转动. 定轴转动的共同特点是,刚体上各质点始终绕同一根轴作圆周运动. 刚体上各点到转轴的垂直线在同样的时间内所转过的角度 $\Delta\varphi$ 都相同.

3.1.3 刚体定轴转动的角速度大小、角加速度大小

角速度大小　　刚体定轴转动的快慢用角速度表示,其大小为

$$\omega = \frac{\mathrm{d}\theta}{\mathrm{d}t} \tag{3.1.1}$$

角加速度大小　　角速度变化的快慢用角加速度表示,其大小为

$$\beta = \frac{\mathrm{d}\omega}{\mathrm{d}t} = \frac{\mathrm{d}^2\theta}{\mathrm{d}t^2} \tag{3.1.2}$$

3.1.4 转动惯量

刚体定轴转动时,刚体所具有的动能称为转动动能. 如图 3.1.1 所示,设刚体以角速度 ω 绕定轴转动,则刚体上每一个质点(或称质元)都在各自的转动平面内以角速度 ω 作圆周运动,假设把刚体分割成大量的质量小块 $\Delta m_1, \Delta m_2, \Delta m_3, \cdots$ 它们跟转轴 O_1O_2 的距离分别为 $r_1, r_2, r_3, \cdots$ 则它们各自的线速度分别为 $r_1\omega, r_2\omega, r_3\omega, \cdots$ 第 i 个小块的动能是

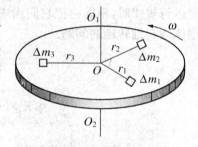

图 3.1.1 转动惯量

$$E_{k_i} = \frac{1}{2}\Delta m_i v_i^2 = \frac{1}{2}\Delta m_i r_i^2 \omega^2$$

而整个刚体的转动动能是所有小块的动能之和,即

$$E_k = \sum_{i=1}^{n} E_{k_i} = \frac{1}{2}\left(\sum_{i=1}^{n}\Delta m_i r_i^2\right)\omega^2 \tag{3.1.3}$$

对于一个具有固定转轴的刚体而言,第 i 个小块的 $\Delta m_i r_i^2$ 是确定的,因而它们的总和 $\sum_{i=1}^{n}\Delta m_i r_i^2$ 是个常量,用符号 I 来表示:

$$I = \sum_{i=1}^{n}\Delta m_i r_i^2 \tag{3.1.4}$$

此常量称为刚体对转轴的**转动惯量**,它的单位是千克二次方米,符号是 $\mathrm{kg \cdot m^2}$.

这样,转动动能表示式(3.1.3)可简写为

$$E_k = \frac{1}{2}I\omega^2 \tag{3.1.5}$$

我们把式(3.1.5)与物体的平动动能表示式 $E_k = \frac{1}{2}mv^2$ 相比较,可以看出,I 与 m 具有相似的地位与作用. 质量 m 描述了物体的平动惯量,是平动惯性的量度,转动惯量 I 描述了刚体的转动惯量,是转动惯性的量度,即 I 越大,刚体的转动状态越难改变,反之,I 越小,刚体的运动状态越易改变.

刚体的转动惯量取决于刚体各部分的质量对给定轴的分布情况,具体地说,刚体的转动

惯量与下列因素有关：① 与刚体的质量有关. 例如,绕一圆周运动的小球,其转动惯量为 mr^2,显然,质量越大,转动惯量越大. ② 在质量一定的情况下,还与质量的分布有关,也即与刚体的形状、大小和各部分的密度有关. 例如有两个质量与半径都相等的圆盘,一个中间密度大而边缘密度小,另一个中间密度小而边缘密度大,对于过圆心且垂直于圆盘的转轴来说,后者的转动惯量大. ③ 质量一定,且质量分布也一定的情况,转动惯量还与转轴的位置有关. 例如,两个相同的小球,绕同一转轴旋转,旋转半径大的转动惯量大. 所以一个刚体只有指明转轴,转动惯量才有明确意义.

转动惯量可以用实验方法测定;对于形状规则,质量分布均匀的转动刚体,其转动惯量可通过计算算出. 在计算 I 时,可分两种情况:

(1) 若刚体为分立质点的不连续结构,可用 m_i 代替 Δm_i,即

$$I = \sum_{i=1}^{n} m_i r_i^2 \tag{3.1.6}$$

(2) 若刚体为连续体,则需用积分代替求和,即

$$I = \int_V r^2 \, dm \tag{3.1.7}$$

由式(3.1.6)可看出,若刚体由几个不同的部分构成,则整个刚体的转动惯量,等于刚体各部分对同一转轴的转动惯量之和,这一性质称为转动惯量的可加性.

【例 3.1.1】 均质细棒长为 l,质量为 m,试求:(1)细棒对过其端点且与棒垂直的转轴的转动惯量.(2)细棒对过其中点且与棒垂直的转轴的转动惯量.

解 (1) 如图 3.1.2 所示,设细棒的端点与转轴的交点为原点,x 轴沿棒长方向,在细棒上 x 处取一质点,其长度为 dx. 因为细棒是均匀的,当棒长为 l 时,质量为 m,所以 dx 的质量为

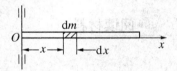

图 3.1.2

$$dm = \frac{m}{l} dx.$$

根据转动惯量的公式(3.1.7),得

$$I = \int_V x^2 \, dm = \int_0^l x^2 \cdot \frac{m}{l} \, dx = \frac{1}{3} m l^2$$

(2) 按照(1)的解题思路,可得

$$I = \int_{-\frac{l}{2}}^{\frac{l}{2}} x^2 \frac{m}{l} \, dx = \frac{1}{12} m l^2$$

由上面例题可知,同一细棒,对不同的转轴,其转动惯量不同.

表 3.1.1 给出不同形状的物体对不同转轴的转动惯量.

表 3.1.1　不同形状的物体对不同转轴的转动惯量

 薄圆盘 转轴通过中心与盘面垂直	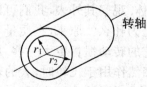 圆筒 转轴沿几何轴
$I = \dfrac{mr^2}{2}$	$I = \dfrac{m}{2}(r_1^2 + r_2^2)$

续　表

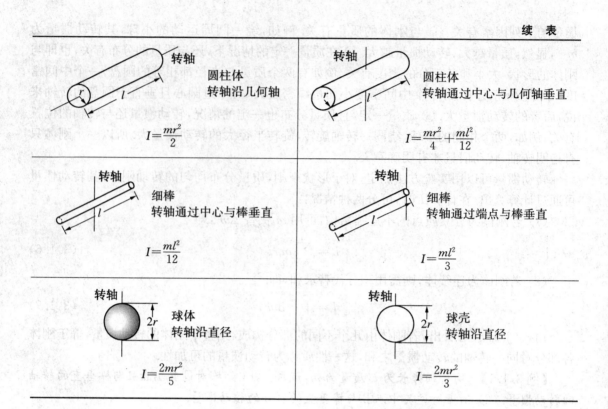

圆柱体
转轴沿几何轴

$$I=\frac{mr^2}{2}$$

圆柱体
转轴通过中心与几何轴垂直

$$I=\frac{mr^2}{4}+\frac{ml^2}{12}$$

细棒
转轴通过中心与棒垂直

$$I=\frac{ml^2}{12}$$

细棒
转轴通过端点与棒垂直

$$I=\frac{ml^2}{3}$$

球体
转轴沿直径

$$I=\frac{2mr^2}{5}$$

球壳
转轴沿直径

$$I=\frac{2mr^2}{3}$$

 阅读材料

1. 转速的测量

转速的测量是工程中经常遇到的现象,如汽车轮子的转速的测量.测量转速有两种方法:非接触式、接触式.非接触式转速计、转速表、测速仪是在被测旋转轴上贴一片铝箔作为反光体,当反光体转到光电传感器的正前方时,光电传感器发出的红外光束被反射回来,同时被光电传感器上的红外接收管接收,产生一个脉冲信号,利用这个信号的边沿触发单片机内部的高精度定时器进行计时,精度可达 $1\,\mu s$,当反光体再次转到光电传感器的正前方时,利用光反射信号的边沿停止单片机计时.这样转轴的旋转周期 t 就被精确地测量出来了,然后单片机把周期换算成转速并通过 LED 数码管显示出来.

2. 飞　轮

飞轮(见图 3.1.3)是一种常用的机械部件,它是能绕中心轴旋转的圆盘状物体.观察其外表,我们可以发现它边缘部位比中间部位厚,这是为什么?原来,在质量和半径都相同的情况,这种设计能使它的转动惯量更大一些.从转动状态变化的角度看,当外力矩突然作用于飞轮时,大的转动惯量使它的角速度变化不至于太大;当无外力矩作用时,转动惯量有维持飞轮原有转动速度的作用.由此可见,飞轮能使转动体的转动速

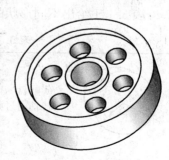

图 3.1.3　飞轮

度尽可能地平稳.

§3.2　刚体定轴转动的转动定律
刚体的角动量守恒定律

刚体定轴转动遵循着一定的规律. 下面,我们讨论刚体定轴转动的转动定律和刚体的角动量守恒定律.

3.2.1　刚体定轴转动的转动定律

转动惯量 I,外力矩 M 和角加速度 β,三者有什么关系? 在实验中发现,刚体角加速度的大小与它所受到的外力矩 M 的大小成正比,与它的转动惯量 I 成反比,即

$$\beta \propto \frac{M}{I} \text{或} M = kI\beta$$

当 M,I,β 均用国际单位制的单位时,比例系数 $k=1$,于是

$$M = I\beta \tag{3.2.1}$$

上式关系就是**刚体定轴转动定律**,简称**转动定律**,它是表述刚体转动规律的动力学方程.

【例 3.2.1】　如图 3.2.1 所示,把待测刚体安装在已知转动惯量为 I_0 的转动架上,并使待测刚体的转轴轴线与转动架的轴线相重合,线的一端绕在轮轴半径为 R 的转动架上(线与转轴垂直),线的另一端通过定滑轮悬挂质量为 m 的重物,测得 m 自静止开始下落 h 高度的时间 t,求待测刚体的转动惯量 I(忽略轴承处的摩擦、线和定滑轮的质量). 这是在实验中测转动惯量的一种方法.

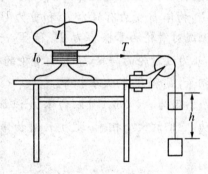

图 3.2.1

解　因为待测刚体转轴轴线与转动架的轴线相重合,所以,根据转动惯量的可加性,转动系统的总的转动惯量为 $I+I_0$. 当重物下落时,设绳子的张力为 T,对转动系统而言,其合力矩为 $T \cdot R$,应用转动定律得

$$T \cdot R = (I + I_0)\beta \tag{1}$$

对重物而言,应用牛顿第二定律,得

$$mg - T = ma \tag{2}$$

注意:(1)式中的 β 为角加速度,(2)式中的 a 为线加速度. 当转动开始时,线放出的长度 s 与转动系统转角 θ 之间的关系为 $s = R\theta$,对此式取二阶导数,得

$$a = R\beta \tag{3}$$

又根据初速度为零的匀变速运动公式

$$h = \frac{1}{2}at^2$$

得

$$a = \frac{2h}{t^2} \tag{4}$$

由式(1)(2)(3)(4),可解得

$$I = mR^2\left(\frac{gt^2}{2h}-1\right) - I_0$$

由例 2 可知,一个物体系统中有若干个物体,其中有的物体在平动,有的在转动,这时,我们可采用"隔离法"把它们分开进行分析. 把平动物体看成质点,应用牛顿第二定律写出力学方程. 对定轴转动物体,应用转动定律写出转动方程,再找出各隔离体之间的联系,写出必要的关系式,然后,把所有公式联列求解.

【例 3.2.2】 如图 3.2.2 所示,一轻绳跨过一定滑轮,绳两边分别悬有质量为 m_1 和 m_2 的物体 A 和 B,已知 $m_1 < m_2$,滑轮可看成质量均匀分布的等厚圆盘,其质量为 m,半径为 r,因而滑轮的转动惯量为 $\frac{1}{2}mr^2$. 设绳与滑轮间无相对滑动,求物体的加速度,滑轮的角加速度和绳的张力.

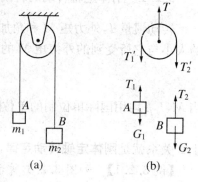

图 3.2.2

解 在该系统中,物体 A 和 B 作平动,滑轮作转动,我们用隔离法把它们分开. 物体 A 受力有拉力 T_1 和重力 G_1,物体 B 受力有拉力 T_2 和重力 G_2,滑轮受力有左右两侧绳对滑轮的摩擦拉力 T_1' 和 T_2',悬架对滑轮的拉力 T (此力过滑轮的转轴,不影响滑轮的转动),受力如图(b),由于不计绳的质量,T_1 和 T_1' 的大小相等,T_2 和 T_2' 的大小相等.

因为 $m_1 < m_2$,所以物体 A 以加速度大小 a_1 向上运动,物体 B 以加速度大小 a_2 向下运动,它们的大小相等,设为 a. 对物体 A 和 B 分别写出力学方程

$$T_1 - m_1 g = m_1 a \tag{1}$$
$$M_2 g - T_2 = m_2 a \tag{2}$$

对滑轮写出转动方程

$$T_2 r - T_1 r = I\beta \tag{3}$$

式(1)(2)中的 a 为线加速度,式(3)中的 β 为角加速度. 因为绳与滑轮间无滑动,因而有

$$a = r\beta \tag{4}$$

联列式(1)(2)(3)(4),解得:

$$a = \frac{2(m_2 - m_1)}{2m_1 + 2m_2 + m}g$$

$$\beta = \frac{2(m_2 - m_1)}{2m_1 + 2m_2 + m} \cdot \frac{g}{r}$$

$$T_1 = \frac{m_1(4m_2 + m)}{2m_1 + 2m_2 + m}g$$

$$T_2 = \frac{m_2(4m_1 + m)}{2m_1 + 2m_2 + m}g$$

由上可知,$T_1 \neq T_2$.

讨论:若滑轮的质量不计,上式结果又如何?

思考与讨论

一个生鸡蛋和一个熟鸡蛋,两者的外观完全相同,但通过使其在光滑桌面上旋转的方法,能够予以判别,试自做上述实验,并说明其原因.

3.2.2　刚体定轴转动的角动量和角动量定理

转动惯量 I 与角速度 ω 的乘积,称为绕定轴转动刚体的**角动量**,用符号 L 表示,即

$$L = I\omega \tag{3.2.2}$$

它是一个描述物体绕定轴转动的物理量,其单位是千克二次方米每秒,符号为 $kg \cdot m^2/s$.

在转动定律中,将 β 用 $\dfrac{d\omega}{dt}$ 代替,可得

$$M = I\frac{d\omega}{dt}$$

因为刚体对某一定轴的转动惯量 I 是一个恒量,上式又可写为

$$M = \frac{d(I\omega)}{dt} = \frac{dL}{dt}$$

即

$$Mdt = dL$$

设刚体在 t_1 时刻的角速度为 ω_1,在 t_2 时刻的角速度为 ω_2,则对上式两边积分,得

$$\int_{t_1}^{t_2} Mdt = \int_{t_1}^{t_2} dL = I\omega_2 - I\omega_1 \tag{3.2.3}$$

左边的积分式称为力矩 M 在 t_1 到 t_2 时间内的冲量矩.

式(3.2.3)表明:转动物体所受外力矩的冲量矩等于在这段时间内转动物体角动量的改变量,这一结论称为**角动量定理**.

3.2.3　刚体的角动量守恒定律

芭蕾舞演员在跳舞时,为了获得较快的旋转速度,先是张开双臂和腿,然后快速收拢,这时,旋转速度就明显变快,如图3.2.3所示.这实际上反映了角动量守恒这一规律.下面讨论这一问题.

如果刚体所受的合外力矩等于零,那么由式(3.2.3),可得

$$I\omega_1 = I\omega_2 \tag{3.2.4}$$

或

$$L_1 = L_2 \tag{3.2.5}$$

即当刚体所受的合外力矩等于零时,刚体的角动量保持不变,这一规律称为刚体的角动量守恒定律.

图 3.2.3　舞蹈演员在旋转

对于转动的刚体,其转动惯量一般为常量,$I\omega$ 不变,导致 ω 不变,即刚体在合外力矩等于零时,将保持匀角速度转动.但有时转动物体是可变形的,可通过内力改变它对转轴的转动惯量,这时角动量守恒仍然成立,式(3.2.4)应写成

$$I_1\omega_1 = I_2\omega_2 \tag{3.2.6}$$

即当 I 增大时,ω 就减小;I 减小时,ω 就增大.

　　舞蹈演员在旋转时,总是先张开两臂和腿旋转,然后收拢臂和腿,这样可以减小转动惯量以获得很快的旋转速度.跳水运动员在跳板上起跳时,总是向上伸直手臂,跳到空中,又收拢腿和臂,以减少转动惯量,获得较大的空翻速度,当快接近水时,又伸展身体以增大转动惯量,减小角速度,以便竖直地进入水中,见图 3.2.4.鱼雷尾部左右两螺旋桨是沿相反方向旋转的,也是防止机身发生不稳定转动.

　　对于由多个具有不同转速的物体所组成的转动系统,若合外力矩为零,其总的角动量仍守恒,即

$$\sum_{i=1}^{n} I_i\omega_i = 常量 \tag{3.2.7}$$

图 3.2.4　跳水运动员在跳水

【例 3.2.7】 如图 3.2.5 所示,A,B 两飞轮的轴杆在同一中心线上,A 轮的转动惯量 $I_A = 20\ \mathrm{kg \cdot m^2}$,$B$ 轮的转动惯量 $I_B = 40\ \mathrm{kg \cdot m^2}$,开始时 A 轮的转速 $\omega_A = 30\pi\ \mathrm{rad/s}$,$B$ 轮静止,求两轮啮合后的共同转速 ω.

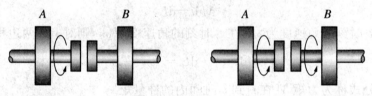

图 3.2.5

　　解　以 A 轮和 B 轮为一个系统,在啮合过程中受到外力为轴向正压力,这个力不产生力矩,因而,系统的角动量守恒,即

$$(I_A + I_B)\omega = I_A\omega_A + I_B\omega_B$$

而　　　　　　　　　　$\omega_B = 0$

所以

$$\omega = \frac{I_A\omega_A}{I_A + I_B} = \frac{20 \times 30\pi}{20 + 40} = 10\pi\ (\mathrm{rad/s})$$

　阅读材料

直升机的旋翼与尾桨

　　在有些情况下,角动量守恒也会导致危害,应设法防止.在直升机的设计中,就体现了这种思路.如图 3.2.6 所示,直升机未发动前,系统的总角动量为零,在直升机发动后,旋翼在水平面内高速转动,产生向上的升力,同时,由于旋翼转动飞机这一系统出现了一个角动量.

旋翼所产生的升力与直升机的重力通过大
致垂直于机身的直立轴,它们均不产生力
矩,故系统的角动量守恒,由于旋翼产生了
一个角动量,系统的角动量要守恒,飞机机
身必然要做与旋翼转向反向的旋转. 为了
克服这种反向旋转,设计者在机身尾部安
装了一个尾桨,尾桨的旋转在水平面内产
生一个与机身要做旋转方向相反的推力,

图 3.2.6　直升飞机

以此来平衡机身的扭转作用. 如果是双旋翼直升机则不需要尾桨. 人们在双旋翼直升机同轴
心的内外两轴上安装了一对转向相反的螺旋浆,工作时,它们转向相反,保持系统的总角动
量仍然为零,机身就不会反向旋转.

§3.3　刚体定轴转动的动能定理

下面,我们从功和能的角度讨论刚体定轴转动的问题.

3.3.1　定轴转动的动能定理

设在外力矩 M 的作用下,刚体绕定轴转动的角速度由 ω_1 变为 ω_2,在这一过程中,刚体
转过微小角位移,则由转动定律可得

$$M = I\beta = I\frac{d\omega}{dt} = I\frac{d\omega}{d\theta} \cdot \frac{d\theta}{dt} = I\omega\frac{d\omega}{d\theta}$$

两边积分得

$$\int_{\theta_1}^{\theta_2} M d\theta = I\int_{\omega_1}^{\omega_2} \omega \cdot d\omega = \frac{1}{2}I\omega_2^2 - \frac{1}{2}I\omega_1^2 \qquad (3.3.1)$$

方程左边为合外力矩对转动刚体所作的功,记为 A,即

$$A = \int_{\theta_1}^{\theta_2} M d\theta \qquad (3.3.2)$$

所以式(3.3.1)和(3.3.2)可表示为

$$A = \frac{1}{2}I\omega_2^2 - \frac{1}{2}I\omega_1^2 \qquad (3.3.3)$$

$\frac{1}{2}I\omega^2$ 称为刚体定轴转动动能.

上式表明:合外力矩对绕定轴转动的刚体所作的功等于刚体定轴转动动能的增量,这一
结论称为**刚体绕定轴转动的动能定理**,这一定理与质点的动能定理类似.

3.3.2　刚体的重力势能

刚体与地球间的相互作用势能即为刚体的重力势能. 以 h_C 表示刚体质心到零势能面的
高度,则刚体的重力势能为

$$E_p = mgh_C \tag{3.3.4}$$

3.3.3 刚体定轴转动的机械能守恒定律

若在刚体转动过程中,只有重力对刚体做功,其他非保守内力均不做功,则刚体机械能守恒,即

$$E = \frac{1}{2}I\omega^2 + mgh_C = \text{恒量} \tag{3.3.5}$$

此结论称为**机械能守恒定律**.

【例 3.3.1】 冲床利用飞轮的转动功能通过曲柄联杆机构的转动,带动冲头在工件上打孔.已知飞轮的半径为 $r = 0.2$ m,质量为 500 kg,飞轮可以看作是均匀圆盘,飞轮的正常转速是冲一次孔转速减低 20%,飞轮的转速为 180 r/min,求冲头冲一次孔做了多少功?

解 飞轮是均匀圆盘,所以其转动惯量 $I = \frac{1}{2}mr^2 = \frac{1}{2} \times 500 \times 0.2^2 = 10 (\text{kg} \cdot \text{m}^2)$.

设飞轮在冲孔前后的角速度 ω_1 和 ω_2,则

$$\omega_1 = \frac{180 \times 2\pi}{60} = 6\pi (\text{rad/s})$$

$$\omega_2 = \frac{180 \times 2\pi}{60} \times (1 - 20\%) = 4.8\pi (\text{rad/s})$$

根据刚体转动的动能定理,可得冲一次孔铁板阻力对冲头做的功为

$$A = \frac{1}{2}I\omega_2^2 - \frac{1}{2}I\omega_1^2 = \frac{1}{2} \times 10 \times (4.8\pi)^2 - \frac{1}{2} \times 10 \times (6\pi)^2$$

$$= -638.90 (\text{J})$$

即冲头冲一次孔作的功为 638.90 J.

【例 3.3.2】 如图 3.3.1 所示,一长为 l,质量为 m 的均匀细杆 OA,可绕垂直于杆一端的固定水平轴 O 在水平面内无摩擦地转动.若将细杆从水平位置由静止释放,求杆转到与竖直方向成 $\frac{\pi}{6}$ 角时的角速度.

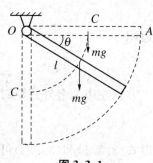

图 3.3.1

解 在细杆转动的过程中,轴上支承力不做功,只有重力做功,所以刚体的机械能守恒.取细杆的水平位置为重力势能零点,则在水平位置,刚体的动能与势能为零.设细杆转到竖直方向成 θ 角时的角速度为 ω,则其动能为 $\frac{1}{2}I\omega^2$.因为细杆是均匀的,所以细杆的中点为质心,其重力势能为 $-mg\frac{1}{2}\sin\theta$.根据刚体的机械能守恒定律有

$$\frac{1}{2}I\omega^2 - mg\frac{l}{2}\sin\theta = 0$$

上式中 $I = \frac{1}{3}ml^2$,代入数据得

$$\frac{1}{2} \times \frac{1}{3} \times ml^2\omega^2 - mg\frac{l}{2}\sin\frac{\pi}{6} = 0$$

则

$$\omega=\sqrt{\frac{38}{2l}}$$

 **阅读材料**

飞轮储能电池

现在,使用最多最广的储能电池无疑是化学电池,它的价格低廉,技术成熟,但污染严重,效率低下,充电时间长,用电时间短,使用过程中电能不易控制.飞轮储能电池则克服了化学电池的许多不足,受到人们的关注.飞轮储能电池的概念起源于 20 世纪 70 年代早期,到 90 年代由于技术的发展,以及全世界范围对污染的重视,这种新型电池得到了高速发展,并且伴随着磁轴承技术的发展,这种电池显示出更加广阔的应用前景.

飞轮储能电池系统包括三个核心部分:飞轮,电动机——发电机和电力电子变换装置.它的原理图如图 3.3.2 所示.

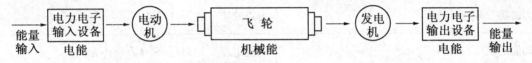

图 3.3.2　飞轮储能

从原理图中可看出,电力电子变换装置从外部输入电能驱动电动机旋转,电动机带动飞轮旋转,飞轮储存动能.当外部负载需要能量时,用飞轮带动发电机旋转,将动能转化为电能,再通过电力电子变换装置变成负载所需要的各种频率、电压等级的电能,以满足不同的需求.飞轮是整个电池装置的核心部件,它直接决定了整个装置的储能多少.它储存的能量由公式 $E=\frac{1}{2}I\omega^2$ 决定.式中 I 为飞轮的转动惯量,ω 为飞轮的旋转角速度.设计时常将电动机和发电机用一台电机来实现,输入输出变换器也合并成一个,这样就可以减少系统的大小和重量.飞轮一般都采用碳纤维制成,既轻又强,减少了整个系统的重量.为了减少能量损耗,电机和飞轮都使用磁轴承,以减少机械摩擦.将飞轮和电机放置在真空容器中,以减少空气摩擦.这样飞轮电池的净效率(输入输出)达 95% 左右.

作为一种新兴的储能方式,飞轮电池所拥有传统电池无法比拟的优点已被人们广泛认同,它非常符合未来储能技术的发展方向.目前,飞轮电池正在向小型化、低廉化的方向发展.

本章小结

刚体是一种理想物理模型.转动惯量是描述刚体转动的惯量,刚体的转动惯量取决于刚体各部分的质量对给定轴的分布情况.

转动定律 $M=I\beta$ 描述了力矩与角加速度的关系,是刚体转动中的一个重要内容.它在转动中的地位和牛顿第二定律在平动中的地位相当.刚体定轴转功与质点的平动有许多相似之处,注意分析与比较.

角动量守恒定律是刚体转动中的另一个重要内容.

刚体定轴转动具有能量,其能量可由刚体转动能和刚体的重力势能来反映.

若在刚体转动过程中,只有重力对刚体做功,其他非保守内力均不做功,则刚体机械能守恒,称为机械能守恒定律.

质点的直线运动(平动)与刚体的定轴运动(转动)的有许多类似之处,列表如下:

质点的直线运动(平动)	刚体的定轴运动(转动)
力 F,质量 m 牛顿第二定律　$F=ma$	力矩 M,转动惯量 I 转动定律　$M=I\beta$
动量 mv,冲量 $\int_{t_1}^{t_2} F\mathrm{d}t$ 动量定理 $\int_{t_1}^{t_2} F\mathrm{d}t = mv_2 - mv_1$	角动量 $I\omega$,冲量矩 $\int_{t_1}^{t_2} M\mathrm{d}t$ 角动量定理 $\int_{t_1}^{t_2} M\mathrm{d}t = I\omega_2 - I\omega_1$
动量守恒定律 $\sum_{i=1}^{n} m_i v_i = $ 恒量	角动量守恒定律 $\sum_{i=1}^{n} I_i \omega_i = $ 恒量
力的功 $W = \int F\mathrm{d}r$	力矩的功 $W = \int M\mathrm{d}\theta$
动能定理 $\int F\mathrm{d}r = \frac{1}{2}mv^2 - \frac{1}{2}mv_0^2$	动能定理 $\int M\mathrm{d}\theta = \frac{1}{2}I\omega^2 - \frac{1}{2}I\omega_0^2$

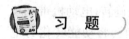 习 题

3.1.1　试分析下列运动是平动还是转动:

(1) 自行车脚蹬板的运动;

(2) 月球绕地球运行.

3.1.2　设想有一根杆子,一半是铁,一半是木头如图所示,长度截面积均相同,可分别绕 a,b,c 三轴转动,对哪个轴的转动惯量 I 最大? 为什么?

3.1.3　由高纬度地区流向低纬度地区的江河,水流夹带大量泥沙,沉积到河口外的海底,这对地球的自转会有什么影响?

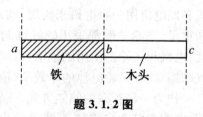

题 3.1.2 图

3.1.4　飞轮转动时,其运动方程为 $\phi(t)=at^2+bt^3-ct^4$,式中 a,b,c 都是常数,试求飞轮的角加速度.

3.1.5　将一细棒竖直放置,一水平轴垂直地通过细棒的一个端点,现将棒拉至水平位置,然后松开,试讨论细棒的角速度和角加速度变化的情况.

3.1.6　已知刚体绕定轴转动的运动方程为 $\theta = 2\pi - 5\pi \cdot t + \pi \cdot t^2$,求刚体第 6 秒末的角位置、角速度、角加速度.

3.1.7　均质棒长为 L,质量为 m,试求细棒对过其中点且与棒垂直的转轴的转动惯量.

3.2.1　处于失重状态的宇航员悬立在飞船座舱内的空中时,不触及舱壁,只要用右脚顺时针划圈,他的身体就会向左转动,而当他两臂伸直并向后划圈时,其身体又会向前空翻.

试说明其原因.

3.2.2　电动机带动一转动惯量 $I=60$ kg·m² 的系统做定轴转动,由静止经 0.5 s 后达到 120 r/min,试求电动机对系统施加的平均驱动力矩.

3.2.3　一个有固定转轴的刚体,受到两个力的作用,当这两个力的合力为零时,它们对轴的合力矩一定是零吗? 当这两个力对轴的合力矩为零时,它们的合力也一定是零吗? 举例说明.

3.2.4　两个完全相同的转轮 A 与 B,绕一公共水平轴旋转,它们的角速度为 1∶2,转动方向相反,今沿轴的方向把两者紧紧靠在一起,它们获得相同的角速度,求此时系统的总动能与原来两轮的总动能的比值.

3.2.5　跳水运动员在空间翻筋斗时,常把身体卷缩起来,能加大翻转速度;接触水面时又把身体展开,从而减少转速以利于平稳入水,请解释为什么能加大翻转速度或减少转速.

3.3.1　足球守门员要分别接住来势不同的两个球,一个球从空中飞来(无转动),另一个球沿地面滚来.设两个球的质量和前进的速度均相同.试问他要接住这两个球,所做的功是否相同? 为什么?

3.3.2　某体操运动员的质量 $m=60$ kg,身高 $h=1.6$ m,在单杠上作大回环动作时,其转动惯量可按 $I=\frac{1}{3}mh^2$ 计算,当他运动至重心位置最低时,角速度 $\omega=6$ rad/s,则此时他的转动动能是多少?

3.3.3　一刚体定轴转动的运动方程为 $\theta=10\sin 20t$,其对该轴的转动惯量为 50 kg·m²,则在 $t=0$ 时,其转动功能是多少?

3.3.4　一冲床的飞轮的转动惯量为 10 kg·m²,转速为 120 r/min,每次冲压过程中,冲压所需的能量完全由飞轮供给,若一次冲压需做功 400 J,冲压后飞轮的转速将减至多少?

3.3.5　质量为 4.4 kg,长度为 1.2 m 的均匀直杆,静止于光滑的水平面上,试求它在经受冲量为 13 N·s 的冲击力作用后的运动状态和动能.已知冲击力沿水平方面作用并与杆垂直,作用点距离直杆质心 0.46 m.

3.3.6　已知地球的质量 $m=6\times10^{24}$ kg,半径 $r=6.37\times10^6$ m,自转周期 $T=24$ h,公转轨道速度 $v=3\times10^4$ m/s.假定地球为一均匀实心球体,试求地球的自转和公转动能.

3.3.7　某冲床冲一次,其飞轮转速由 30 转每分下降到 10 转每分,飞轮的转动惯量 $I=3\times10^3$ kg·m,试求每一次飞轮对外所做的功.

第 4 章

✿ 振动和波

导学:在本章,学习振动和波的有关概念和原理,重点掌握简谐振动和简谐波概念,机械波在传播过程中发生的现象.

§4.1 简谐振动

在弹簧下端挂一个小球,拉一下小球,它就以原来的平衡位置为中心上下做往复运动.物体在平衡位置附近所做的往复运动,叫做机械振动,通常简称为振动.

振动现象在自然界中是广泛存在的.研究振动要从最简单、最基本的振动,即简谐运动着手.

4.1.1 弹簧振子

如图 4.1.1 所示,把一个有孔的小球安在弹簧的一端,弹簧的另一端固定,小球穿在光滑的水平杆上,可以在杆上滑动,小球和水平杆之间的摩擦忽略不计,弹簧的质量比小球的质量小得多,也可忽略不计.这样的系统称为**弹簧振子**,其中的小球常称为振子.

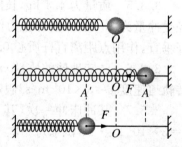

图 4.1.1 弹簧振子的振动

振子在振动过程中,所受的重力和支持力平衡,对振子的运动没有影响,使振子发生振动的只有弹簧的弹力,这个力的方向跟振子偏离平衡位置的位移方向相反,总指向平衡位置,它的作用是使振子能返回平衡位置,所以叫做**回复力**.

根据**胡克定律**,在弹簧发生弹性形变时,弹簧振子的回复力 F 跟振子偏离平衡位置的位移 x 成正比而方向相反,即

$$F = -kx \qquad (4.1.1)$$

式中的 k 是比例常数,也就是弹簧的劲度系数.

4.1.2 简谐运动的条件

物体在跟偏离平衡位置的位移大小成正比,并且总指向平衡位置的回复力的作用下的**振动**,叫做**简谐运动**,表达式为

$$F = -kx \qquad (4.1.2)$$

简谐运动是最简单、最基本的机械振动,图 4.1.2 表示了简谐运动的几个实例.

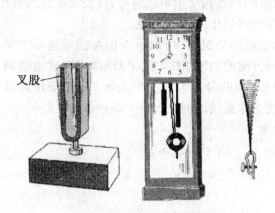

图 4.1.2 简谐振动的实例

4.1.3 振幅、周期和频率

简谐振动是周期运动,描述简谐振动的物理量有振幅、周期和频率.

振动物体离开平衡位置的最大距离,叫做振动的**振幅**,用 A 表示. 振幅是表示振动强弱的物理量.

做简谐运动的物体完成一次全振动所需要的时间,叫做振动的**周期**,用 T 表示.

单位时间内完成的全振动的次数,叫做振动的**频率**,用 f 表示.

周期和频率都是表示振动快慢的物理量. 周期越短,频率越大,表示振动越快. 它们的关系是

$$f = \frac{1}{T}, T = \frac{1}{f} \qquad (4.1.3)$$

在国际单位制中,周期的单位是秒,频率的单位是赫兹,简称赫,符号是 Hz. 1 Hz = $1 \, s^{-1}$. 1 s 内完成 n 次全振动,频率就是 n,单位是 Hz.

简谐振动的频率由振动系统本身的性质所决定. 如弹簧振子的频率由弹簧的劲度系数和振子的质量所决定,与振幅的大小无关,因此又称为振动系统的固有频率.

【例 4.1.1】 一个做简谐运动的质点,它的振幅是 4 cm,频率是 2.5 Hz. 该质点从平衡位置开始经过 0.5 s 后,位移的大小和所通过的路程分别为多大?

解 频率 $f = 2.5$ Hz,表示 1 s 内振动 2.5 次,则 0.5 s 内振动 1.25 次,所以位移大小为 4 cm,路程为 20 cm.

§4.2 单 摆

在摆角不大于 5° 的情况下,单摆的运动也是一种简谐振动. 与弹簧振子不同的是,前者的回复力是弹簧的弹力,而单摆回复力是重力的一个分力.

4.2.1 单摆

如果悬挂小球的细线的伸缩和质量可以忽略,线长又比球的直径大得多,这样的装置就叫做单摆. 单摆是实际摆的理想化的物理模型.

在研究摆球沿圆弧的运动情况时,可以不考虑与摆球运动方向垂直的力,而只考虑沿摆球运动方向的力. 如图 4.2.1 所示,当摆球运动到任一点 A 时,重力 G 沿圆弧切线方向的分力为 $G_2 = mg\sin\theta$ 是沿摆球运动方向的力,正是这个力提供了使摆球振动的回复力 $F = G_2 = mg\sin\theta$.

所以单摆的回复力为

$$F = mg\sin\theta$$

在偏角很小时,$\sin\theta = \dfrac{x}{l}$,所以

$$F = mg\sin\theta = \frac{mg}{l}x$$

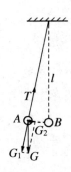

图 4.2.1 单摆

其中 l 为摆长,x 为摆球偏离平衡位置的位移,用负号表示回复力 F 与位移 x 的方向相反. 由于 m, g, l 都有一定的数值,mg/l 可以用一个常数表示,上式可以写成

$$F = -kx$$

可见,在偏角很小的情况下,单摆所受的回复力与偏离平衡位置的位移成正比而方向相反,单摆做简谐运动.

4.2.2 单摆振动的周期性

单摆的周期跟哪些因素有关呢? 荷兰物理学家惠更斯(1629~1695 年)研究了单摆的振动,发现单摆做简谐运动的周期 T 跟摆长 l 的二次方根成正比,跟重力加速度 g 的二次方根成反比,跟振幅、摆球的质量无关,并且确定了如下的单摆周期的公式

$$T = 2\pi\sqrt{\frac{l}{g}} \tag{4.2.1}$$

摆在实际中有很多应用,利用摆的等时性发明了带摆的计时器,摆的周期可以通过改变摆长来调节,计时很方便. 另外,单摆的周期和摆长容易用实验准确地测定出来,所以可利用单摆准确地测定各地的重力加速度.

【例 4.2.1】 两个摆长相同的单摆,摆球质量之比是 4:1,在不同星球振动,当甲摆振动 4 次的同时,乙摆恰振动 5 次,则甲、乙两摆所在星球重力加速度之比为多少?

解 由式(4.2.1)可得两摆的周期之比为

$$\frac{T_1}{T_2} = \frac{2\pi\sqrt{\dfrac{l}{g_1}}}{2\pi\sqrt{\dfrac{l}{g_2}}} = \frac{\dfrac{1}{4}}{\dfrac{1}{5}} = \frac{5}{4}$$

$$\frac{g_1}{g_2} = \frac{16}{25}$$

4.2.3 简谐运动的图像

做简谐运动的物体,它的振动情况也可以用图像直观地表示出来.

　　把单摆中摆球换成沙漏,沙流形成的图像画在纸上,就是振动图像.以横轴 OO' 表示时间,以纵轴表示位移,则振动图像表示了振动质点的位移随时间变化的规律,可以看出所有简谐运动的振动图像都是正弦或余弦曲线.

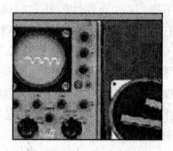

图 4.2.2　振动的应用

　　利用振动图像,可以知道振动物体的振幅和周期,可以求出任意时刻振动质点对平衡位置的位移.

　　记录振动的方法在实际中有很多应用.医院里的心电图仪如图 4.2.2 所示,监测地震的地震仪等,都是用这种方法记录振动情况的.

<h2>§4.3　阻尼振动　共振</h2>

本节从振动系统的能量守恒角度来研究振动问题.

4.3.1　简谐运动的能量

　　弹簧振子和单摆在振动过程中动能和势能不断地发生转化.在平衡位置时,动能最大,势能最小;在位移最大时,势能最大,动能为零.在任意时刻动能和势能的总和,就是振动系统的总机械能.弹簧振子和单摆是在弹力或重力的作用下发生振动的,如果不考虑摩擦和空气阻力,只有弹力或重力做功,那么振动系统的机械能守恒.振动系统的机械能跟振幅有关,振幅越大,机械能就越大.

　　对简谐运动来说,一旦供给振动系统以一定的能量,使它开始振动,由于机械能守恒,它就以一定的振幅永不停息地振动下去.简谐运动是一种理想化的振动.

4.3.2　阻尼振动

　　实际的振动系统不可避免地要受到摩擦和其他阻力,即受到阻尼的作用.系统克服阻尼的作用做功,系统的机械能就要损耗.系统的机械能随着时间逐渐减少,振动的振幅也逐渐减小,待到机械能耗尽之时,振动就停下来了.这种振幅逐渐减小的振动,叫做**阻尼振动**.图 4.3.1 是阻尼振动的振动图像.

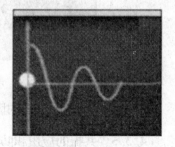

图 4.3.1　阻尼振动

　　振动系统受到的阻尼越大,振幅减小得越快,振动停下来得也越快.阻尼过大时,系统将不能发生振动.阻尼越小,振幅减小得越慢.

4.3.3　受迫振动

　　阻尼振动最终要停下来,那么怎样才能得到持续的周期性振动呢? 最简单的办法是用周期性的外力作用于振动系统,外力对系统做功,补偿系统的能量损耗,使系统持续地振动下去.这种周期性的外力叫做驱动力,物体在外界驱动力作用下的振动叫做**受迫振动**.跳板在人走过时发生的振动,机器底座在机器运转时发生的振动,都是受迫振动的实例.

　　受迫振动的频率跟什么有关呢?我们用如图 4.3.2 所示的装置研究这个问题.匀速地转动把手时,把手给弹簧振子以驱动力,使振子做受迫振动.这个驱动力的周期跟把手转动的周期是相同的.用不同的转速匀速地转动把手,可以看到,振子做受迫振动的周期总等于驱动力的周期.

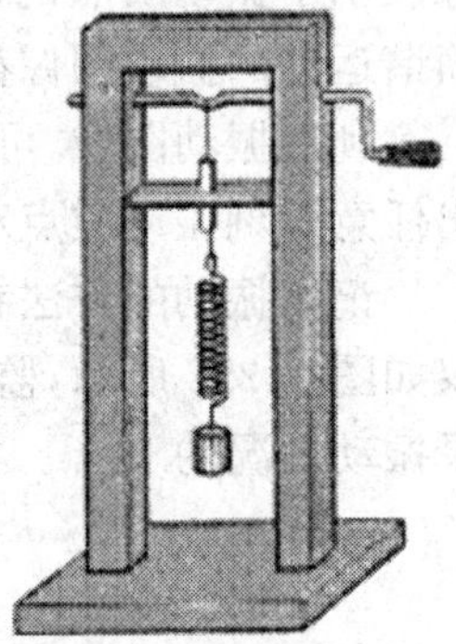

　　实验表明,物体做受迫振动时,振动稳定后的频率等于驱动力的频率,跟物体的固有频率无关.

4.3.4　共振

　　虽然物体做受迫振动的频率跟物体的固有频率无关,但是不同的受迫振动的频率,随着它接近物体的固有频率的程度不同,振动的情况也大为不同,我们来观察下面的实验.

図 4.3.2　受迫振动

　　如图 4.3.3 所示,在一根张紧的绳上挂几个摆,摆的频率决定于摆长.当某一个摆振动的时候,通过张紧的绳子给其他各摆施加驱动力,这个驱动力的频率等于此摆的频率,其余各摆做受迫振动.实验表明:固有频率跟驱动力频率相等的摆,振幅最大;固有频率跟驱动力频率相差最大的摆,振幅最小.

　　图 4.3.4 中所示的曲线表示受迫振动的振幅 A 与驱动力的频率 f 的关系.可以看出:驱动力的频率 f 等于振动物体的固有频率 f' 时,振幅最大;驱动力的频率 f 跟固有频率 f' 相差越大,振幅越小.

图 4.3.3　共振

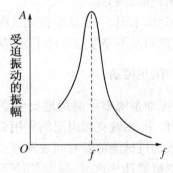

图 4.3.4　共振曲线

驱动力的频率跟物体的固有频率相等时,受迫振动的振幅最大,这种现象叫做共振.

4.3.5　共振的应用和防止

　　共振筛是利用共振现象制成的.如图 4.3.5 所示,把筛子用四根弹簧支起来,在筛架上安装一个偏心轮,就成了共振筛.偏心轮在发动机的带动下发生转动时,适当调节偏心轮的转速,可以使筛子受到的驱动力的频率接近筛子的固有频率,这时筛子发生共振,有显著的振幅,提高了筛除杂物的效率.

　　在某些情况下,共振也可能造成损害.军队或火车过桥时,整齐的步伐或车轮对铁轨接头处的撞击会对桥梁产生周期性的驱动力,如果驱动力的频率接近桥梁的固有频率,就可能使桥梁的振幅显著增大,以致使桥梁发生断裂.因此,部队过桥要用便步,以免产生周期性的驱动力.火车过桥要慢开,使驱动力的频率远小于桥梁的固有频率.

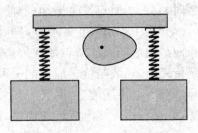

图 4.3.5　共振筛

轮船航行时,如果所受波浪冲击力的频率接近轮船左右摇摆的固有频率,可能使轮船倾覆.这时可以改变轮船的航向和速度,使波浪冲击力的频率远离轮船摇摆的固有频率.

机器运转时,零部件的运动(如活塞的运动、轮的转动)会产生周期性的驱动力,如果驱动力的频率接近机器本身或支持物的固有频率,就会发生共振,使机器或支持物受到损坏.这时要采取措施,如调节机器的转速,使驱动力的频率与机器或支持物的固有频率不一致.同样,厂房建筑物的固有频率也不能处在机器所能引起的振动频率范围之内.

总之,在需要利用共振时,应使驱动力的频率接近或等于振动物体的固有频率;在需要防止共振时,应使驱动力的频率与振动物体的固有频率不同,而且相差越大越好.

§4.4　机　械　波

把石子投到塘边的水里,会激起一圈圈起伏不平的水波向周围传播.声波传入人耳,使我们听到声音.远处发生地震,激起的地震波传来后,会引起地面的振动.水波、声波、地震波都是机械波.收音机、电视机靠无线电波传递信息,太阳能量靠光波来传播.而无线电波、光波都是电磁波.

4.4.1　波的形成与传播

如图 4.4.1 所示,取一根较长的软绳,用手握住绳的一端,拉平后向上抖动一次,可以看到在绳上形成一个凸起状态,并向另一端传去.向下抖动一次,可以看到在绳上形成一个凹下状态,并向另一端传去.持续地上下抖动,可以看到有一列凸凹相间的状态向另一端传去,在绳上形成一列波.

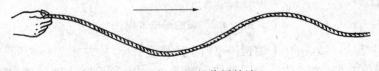

图 4.4.1　沿绳传播的波

绳上和弹簧上的波是在绳上和弹簧上传播的,水波是在水中传播的,声波通常是在空气中传播的,地震波是在地壳中传播的.绳、弹簧、水、空气、地壳等借以传播波的物质,叫做介质.机械振动在介质中传播,形成**机械波**.

介质中有机械波传播时,介质中的物质并不随波一起传播.例如,绳上或弹簧上有波传播时,它们的质点发生振动,但质点并不随波而迁移,传播的只是振动这种运动形式.

介质中本来静止的质点,随着波的传来而发生振动,这表示它获得了能量.这个能量是从波源通过前面的质点依次传来的,所以波在传播振动这种运动形式的同时,也将波源的能量传递出去.波是传递能量的一种方式.

波不但传递能量,而且可以传递信息.我们用语言进行交流,是利用声波传递信息.广播、电视利用无线电波传递信息,光缆利用光波传递信息.

为什么会在绳上形成波呢?因为绳的各部分存在相互作用,在绳的一端发生振动时,会引起相邻部分发生振动,并依次引起更远的部分发生振动.设想把绳分成图4.4.2所示许多小部分,每一小部分可以看做质点,质点之间有相互作用力.质点1在外力的作用下振动起来以后,带动质点2振动,不过质点2开始振动的时刻比质点1要迟一些.这样依次带动下去,后一个质点总比前一个迟一些开始振动,于是振动逐渐传播开去,从总体上看形成凸凹相间的波.

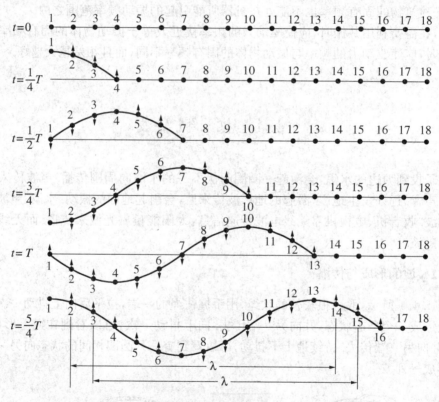

图 4.4.2　波的形成过程

波的形成和传播可以这样来模拟.一组同学排成一行,从左边第一位同学开始,周期性地下蹲和起立,第二位、第三位……同学依次做这个动作,而开始下蹲的时刻依次迟一些,另一组同学会看到凸凹相间的波向右传播.

4.4.2　横波和纵波

质点上下振动,波向右传播,两者的方向是垂直的.质点的振动方向跟波的传播方向垂直的波,叫做**横波**.如图4.4.1所示在绳上传播的波即为横波.在横波中,凸起的最高处叫做波峰,凹下的最低处叫做波谷.

　　如图 4.4.3 所示,把一根长而软的螺旋弹簧水平挂起来,手有规律地左右摇动小球,可以看到弹簧上产生密集的部分和稀疏的部分,这种密部和疏部相间地传播,在弹簧上形成一列波.我们可以把弹簧看做一列由弹力联系着的质点,使第一个质点振动起来以后,依次带动后面的各个质点左右振动起来,但后一个质点总比前一个质点迟一些开始振动,从整体上看形成疏密相间的波在弹簧上传播.质点左右振动,波向右传播,两者的方向在同一直线上.质点的振动方向跟波的传播方向在同一直线上的波,叫做**纵波**.在纵波中,质点分布最密的地方叫做密部,质点分布最疏的地方叫做疏部.

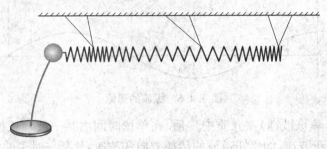

图 4.4.3　纵波的形成过程

　　发声体振动时产生的声波是纵波.例如,振动的音叉,它的叉指向一侧振动时,压缩邻近的空气,使这部分空气变密,叉指向另一侧振动时,这部分空气又变疏,这种疏密相间的状态向外传播,形成声波.声波传入人耳,使鼓膜振动,就引起声音的感觉.声波不仅能在气体中传播,也能在液体、固体中传播.

　　发生地震时,从地震源传出的地震波,既有横波,也有纵波.

4.4.3　波的描述

　　波的运动情况可以用图像来表示.用横坐标 x 表示在波的传播方向上各个质点的平衡位置,纵坐标 y 表示某一时刻各个质点偏离平衡位置的位移,并规定在横波中位移的方向向上时为正值,位移的方向向下时为负值.在纵波中位移的方向向右时为正值,位移的方向向左时为负值.在 xOy 坐标平面上,画出各个质点的平衡位置 x 与各该质点偏离平衡位置的位移 y 的各个点 (x, y),并把这些点连成曲线,就得到某一时刻的波的图像,图 4.4.4 和图 4.4.5 分别是横波与纵波的图像.

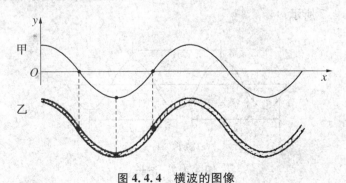

图 4.4.4　横波的图像

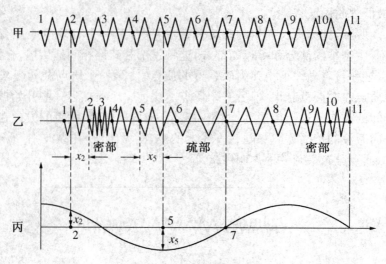

图 4.4.5 纵波的图像

波以一定的速率 v（波速）在介质中传播. 在单位时间内某一波峰或波谷（密部或疏部）向前移动的距离等于波速. 如果知道波的传播方向和波速, 从某一时刻的波的图像可以知道任一时刻波的图像. 例如, 知道在某一时刻 t 时波的图像, 使波的图像沿着波的传播方向移动一段距离 $\Delta x = v\Delta t$, 就得到时刻 $t + \Delta t$ 时波的图像如图 4.4.6 所示. 这样, 在想象中让波的图像活动起来, 就可以形成波在传播的情景.

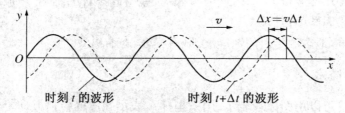

图 4.4.6 时刻 t 和时刻 $t + \Delta t$ 的波的图像

波源做简谐振动时, 介质的各个质点随着做简谐运动, 所形成的波就是简谐波. 简谐波的波形曲线是正弦曲线. 简谐波是一种最基本、最简单的波, 其他的波可看做是由若干简谐波合成的.

在波动中, 对平衡位置的位移总是相等的两个相邻质点间的距离, 叫做波长. 波长通常用 λ 表示, 如图 4.4.7 所示.

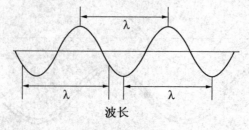

图 4.4.7 波长

在横波中,两个相邻波峰(或两个相邻波谷)之间的距离等于波长.在纵波中,两个相邻密部(或两个相邻疏部)之间的距离等于波长.

在波动中,各个质点的振动周期(或频率)是相同的,这个周期(或频率)也叫做波的周期(或频率).也就是说,经过一个周期 T,振动在介质中传播的距离等于一个波长 λ,所以波速为

$$v = \frac{\lambda}{T} \tag{4.4.1}$$

此式表示:波速等于波长和频率的乘积.这个关系虽然是从机械波得到的,但是它对于我们以后要学习的电磁波、光波也是适用的.

机械波在介质中的传播速度由介质本身的性质所决定,在不同的介质中,波速是不同的.下表 4.4.1 列出了 0℃时声波在几种介质中的传播速度.声速还跟温度有关,如 20℃时在空气中的声速为 344 m/s,比 0℃时大些.

表 4.4.1　声速

0℃时几种介质中的声速($v/\mathrm{m \cdot s^{-1}}$)			
空气	332	玻璃	5 000~6 000
水	1 450	松木	3 320
铜	3 800	软木	430~530
铁	4 900	橡胶	30~50

【例 4.4.1】　图 4.4.8 中的实线是一列简谐波在某一时刻的波形曲线.经 0.5 s 后,其波形如图中虚线所示.设该波的周期 T 大于 0.5 s.

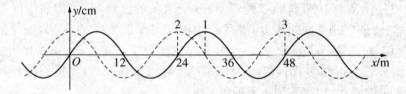

图 4.4.8

(1) 如果波是向左传播的,波速是多大? 波的周期是多大?

(2) 如果波是向右传播的,波速是多大? 波的周期是多大?

解　如波向左传播,在 0.5 s 内波经过 6 m;如向右传播,在 0.5 s 内波经过 18 m.根据质点匀速直线运动时速度、位移和时间的关系可得

(1) $v = \dfrac{s}{t} = \dfrac{6}{0.5} = 12$ m/s,$T = \dfrac{\lambda}{v} = \dfrac{24}{12} = 2$(s);

(2) $v = \dfrac{s}{t} = \dfrac{18}{0.5} = 36$ m/s,$T = \dfrac{\lambda}{v} = \dfrac{24}{36} = \dfrac{2}{3}$(s).

4.4.4　波传播过程中发生的现象

在水波槽里,水波遇到挡板会发生反射.如果把挡板换成一个大小比波长还小的障碍

物,水波会绕过障碍物继续传播如图 4.4.9 所示. 在水塘里,微风激起的水波遇到露出水面的小石、芦苇等细小的障碍物,会绕过它们继续传播,好像它们并不存在. 在波的前进方向上放一个有孔的屏,可以看到波可以绕到屏的后面继续传播.

波可以绕过障碍物继续传播,这种现象叫做波的衍射.

在什么条件下能发生衍射现象呢?

如图 4.4.10 所示,在水波槽里放两块挡板,当中留一窄缝,保持水波的波长不变,观察水波通过不同宽度的窄缝后传播的情况. 我们可以看到,在窄缝宽度跟波长相差不多的情况下,发生明显的衍射现象,水波绕到挡板后面继续传播;在窄缝宽度比波长大得多的情况下,波在挡板后面的传播就如同光线沿直线传播一样,在挡板后面留下了"阴影区".

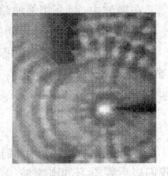

图 4.4.9 水波的衍射

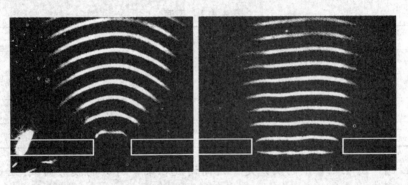

图 4.4.10 波长相同水波通过不同的窄缝

如图 4.4.11 所示,保持窄缝的宽度不变,改变水波的波长,波的传播情况有什么变化呢? 照片甲中波长是窄缝宽度的 3/10,照片乙中波长是窄缝宽度的 5/10,照片丙中波长是窄缝宽度的 7/10. 对比这三张照片可以看出,窄缝宽度跟波长相差不多时,有明显的衍射现象;窄缝宽度比波长大得越多,衍射现象越不明显. 可以预料,窄缝宽度跟波长相比非常大时,水波将沿直线传播,而观察不到衍射现象.

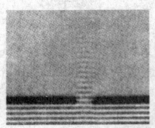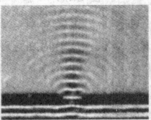

图 4.4.11 波长不同水波通过相同的窄缝

实验表明,只有缝、孔的宽度或障碍物的尺寸跟波长相差不多,或者比波长更小时,才能观察到明显的衍射现象.

不只是水波,声波也能发生衍射. 闻其声而不见其人,这是司空见惯的现象. 声波的波长在 1.7 cm 到 17 m 之间,可以跟一般障碍物的尺寸相比,所以声波能绕过障碍物,使我们听到障碍物另一侧的声音. 后面我们将会学到, 光也是一种波, 光波的波长约在 0.4～0.8 μm 的范围内, 跟一般障碍物的尺寸相比非常小, 所以在通常的情况下看不到光的衍射, 光沿直线传播.

一切波都能发生衍射, 衍射是波特有的现象.

在介质中常常有几列波同时传播, 例如把两块石子在不同的地方投入池塘的水里, 就有两列波在水面上传播. 两列波相遇时, 会不会像两个小球相碰时那样, 都改变原来的运动状态呢?

在一根水平长绳的两端分别向上抖动一下, 就分别有两个凸起状态 1 和 2 在绳上相向传播. 我们看到, 两列波相遇后, 彼此穿过, 继续传播, 波的形状和传播的情形都跟相遇前一样, 也就是说, 相遇后, 它们都保持各自的运动状态, 彼此都没有受到影响.

实验表明, 几列波相遇时能够保持各自的运动状态, 继续传播, 在它们重叠的区域里, 介质的质点同时参与这几列波引起的振动, 质点的位移等于这几列波单独传播时引起的位移矢量和.

两列水波相遇后, 也是彼此穿过, 仍然保持各自的运动状态继续传播, 就像没有跟另一列水波相遇一样如图 4.4.12 所求.

两列相同的波相遇时, 在它们重叠的区域里会发生什么现象呢?

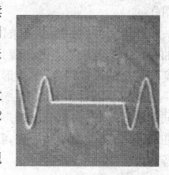

图 4.4.12 波的叠加

把两根金属丝固定在同一个振动片上, 当振动片振动时, 两根金属丝周期性地触动水面, 形成两个波源. 这两个波源的振动频率和振动步调相同, 它们发出的波是频率相同的波.

这两列波相遇后, 在它们重叠的区域会形成如图 4.4.13 所示的图样: 在振动着的水面上, 出现了一条条从两个波源中间伸展出来的相对平静的区域和激烈振动的区域, 这两种区域在水面上的位置是固定的, 而且相互隔开.

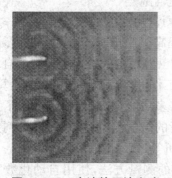

图 4.4.13 水波的干涉实验

图 4.4.14 水波的干涉图像

怎样解释上面观察到的现象呢? 用两组同心圆表示从波源发出的两列波的波面如图 4.4.14 所示, 偶数实线表示波峰, 奇数实线表示波谷. 偶数实线与奇数实线间的距离等于半个波长, 偶数实线与偶数实线、奇数实线与奇数实线之间的距离等于一个波长.

如果在某一时刻, 在水面上的某一点(如图中的 a 点)是两列波的波峰和波峰相遇, 经过半个周期,就变成波谷和波谷相遇.波峰和波峰相遇时,质点的位移最大,等于两列波的振幅之和;若在某一时刻,在水面上的某一点(如图中的 c 点)是波谷和波谷相遇时,质点的位移也是最大,也等于两列波的振幅之和.在这一点,两列波引起的振动始终是加强的,质点的振动最激烈,振动的振幅等于两列波的振幅之和.

如果在某一时刻,在水面上的某一点(如图中的 b 点)是两列波的波峰和波谷相遇,经过半个周期,就变成波谷和波峰相遇.在这一点,两列波引起的振动始终是减弱的,质点振动的振幅等于两列波的振幅之差.如果两列波的振幅相同,质点振动的振幅就等于零,水面保持平静.

可见,频率相同的两列波叠加,使某些区域的振动加强,某些区域的振动减弱,而且振动加强的区域和振动减弱的区域相互隔开.这种现象叫做**波的干涉**,所形成的图样叫做干涉图样.

产生干涉的一个必要条件是,两列波的频率必须相同.如果两列波的频率不同,相互叠加时水面上各个质点的振幅是随时间而变化的,没有振动总是加强或减弱的区域,因而不能产生稳定的干涉现象,不能形成干涉图样.

声波也能发生干涉,在操场上安装两个相同的扬声器,它们由同一个声源带动,发出相同频率的声音时,也会出现声波的干涉,即在扬声器周围出现相间的振动加强区和减弱区.在加强区,空气的振动加强,我们听到的声音强,在减弱区,空气的振动减弱,我们听到的声音弱.

一切波都能发生干涉,干涉也是波特有的现象.

 阅读材料

声速的测定实验

20 世纪以来,声学测量技术发展很快.目前声学仪器有较大发展,并具有高保真度,很宽的频率范围和动态范围,小的非线性畸变和良好的瞬态响应等.

早期测量声波和振动的仪表都是模拟式电子仪表,测量的速度和准确度受到一定的限制.60 年代初,出现了数字式仪表,直接采用数字显示,提高了测量时读数的准确度.由于计算技术和高质量、低功耗的大规模集成电路的发展,人们已能用由微处理机控制的自动测量代替逐点测量,使许多需要事后计算的声学测量和分析工作可以用微计算机实时运算.

以微处理机为中心的测量仪器,不但实现了小型化、多功能化,而且由于采用了快速傅里叶换算法,从而实现了实时分析;同时也出现了一些新的声学测量和分析方法,例如实时频谱分析、声强测量、声源鉴别、瞬态信号分析和相关分析等.

今后声学测量的任务是采用新的测量技术,提出新的测量方法,使用自动化数字式仪器,以提高测量的准确度和速度.

回顾历史,可以看到,在发展经典声学的过程中,许多研究工作是直接用人耳来听声音的.直到 20 世纪,发展了无线电电子学,才使声波的测量采用了电声换能器和电子测量仪器.高性能的测量传声器、频谱分析仪和声级记录器实现了声信号的声压级测量、频谱分析和声信号特性的自动记录;从而可以测量各种不同频率、不同强度和波形的声波,扩展了声

学的研究范围,促进了近代声学的发展. 可以期望,计算技术和大规模集成电路的发展,微计算机和微处理机在声学工作中的应用,必将促使近代声学进一步发展.

频率在 20 Hz～20 kHz 的声振动在弹性媒质中所激起的纵波称声波. 声波是一种机械波. 频率超过 20 kHz 的声波称为超声波. 声波的频率、波长、速度、相位等是声波的重要特性. 对声波特性的测量是声学技术应用的重要内容,尤其是对声速的测定,在声波探伤、定伤、测距、显示等方面都有重要的意义.

测量振幅法及相位比较法实验原理.

测量声速最简单、最有效的方法之一是利用声速 v,振动频率 f 和波长 λ 之间的基本关系,即:$v = f\lambda$.

实验时用结构相同的一对(发射器和接收器)超声压电陶瓷换能器进行声压与电压之间的转换. 利用示波器观察超声波的振幅和相位,用振幅法和相位法测定波长,由示波器直接读出频率. 所用实验仪器如图 4.4.15 所示.

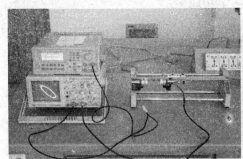

图 4.4.15　声波的测量

本章小结

振动与波部分对电磁学中电磁振荡与电磁波部分起到了铺垫作用. 因此对电子类专业更为重要.

简谐振动是最基本的振动,所有振动都可以用若干简谐振动加以合成,弹簧振子与单摆是两种具体的简谐振动. 简谐振动从运动的整体过程看是周期运动,运动中的每个位置都受到回复力的作用. 阻尼振动、受迫振动与共振可以从振动系统的能量守恒的角度来理解.

波是振动在介质中的传播,与振动的关系可以帮助我们理解波的概念. 波在传播中发生的现象主要有衍射与干涉.

习　题

4.1.1　关于简谐振动,下列说法正确的有　　　　　　　　　　　　（　　）

A. 回复力越大,速度一定越大

B. 回复力为正,速度一定为负

C. 回复力为负,加速度一定为负

D. 回复力可能是某些力的合力,也可以是某个的分力

4.1.2 弹簧振子沿直线作简谐振动,当振子连续两次经过相同位置时 （ ）

A. 加速度相同,动能相同   B. 动能相同,动量相同

C. 回复力相同,机械能和弹性势能相同   D. 加速度和位移相同,速度相同

4.2.1 测某地重力加速度时,用了一个摆长 $l=1.2$ m 的单摆,测得 50 次全振动所用时间是 110 s,求该地的重力加速度的值.

4.3.1 用扁担挑重物时,两头重物会上下振动,其驱动力是如何形成的? 如两头重物振幅越来越大,可能使扁担断掉,此时应如何处理?

4.4.1 下列关于机械波的波动过程,说法不正确的是 （ ）

A. 波动过程是质点由近向远的移动过程

B. 波动过程是能量由近向远的传播过程

C. 波动过程是振动形式在介质中的传播过程

D. 波动过程中介质中各质点的振动周期一定相同

4.4.2 关于波的衍射,下列说法中正确的是 （ ）

A. 所有波在一定条件下都能发生明显衍射

B. 波长比障碍物或孔的宽度小得多,能发生明显的衍射

C. 只有波长和障碍物或孔的宽度相当时才能发生明显的衍射

D. 只有波长比障碍物或孔的宽度大得多时才能发生明显的衍射

4.4.3 如图所示是一列向左传播的简谐波在某时刻的图像,由图像可以看出 （ ）

A. 质点 H 在该时刻的运动方向向上

B. A,G 两质点的运动方向始终相同

C. B,C 两质点的运动方向始终相反

D. 从图所示的时刻开始计时,质点 G 比质点 E 较早回到平衡位置

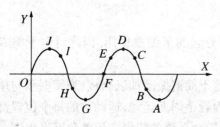

题 4.4.3 图

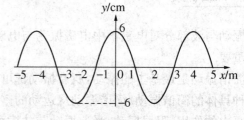

题 4.4.4 图

4.4.4 如图所示,是一单摆的振动在某介质中传播所产生的机械波在 $t=0$ 时刻的波动图像.已知波的传播方向向右,波速为 2 m/s. 问:

(1) 该波的波长和振幅?

(2) 该单摆的摆长为多少?

(3) 图中 $x=2$ m 的质点在 $t=5$ s 时相对平衡位置的位移为多少? 在 5 s 内的路程是多少?

(4) 画出 $t=3.5$ s 时的波形图.

第 5 章

✿ 恒定电流

导学：在本章，学习直流电路的规律，重点掌握全电路欧姆定律、电功、功率.

现代科学设备、生产设施、家用电器等都需要有效地使用和控制电流，这就需要掌握电路的基本知识. 这一章将进一步学习关于恒定电流（大小和方向都不随时间变化的电流）的知识和它们的应用，它是工程技术人员必须掌握的基本知识，也是学习复杂电路的基础.

§5.1 电流 欧姆定律

5.1.1 电流的形成

打开电灯开关，灯泡就会发光. 我们知道，这时有电流通过了灯丝. 那么电流是怎么形成的呢？首先要有能够自由移动的电荷——自由电荷. 金属导体中的自由电子，电解质溶液（酸、碱、盐的水溶液）中的正、负离子，都是自由电荷. 其次导体两端要有电势差（电压）. 导体两端有了电压，导体内部才会有电场.

以金属导体为例讨论电流的形成. 金属是由电子和正离子（原子核）组成的. 金属导体中的自由电子在导体中作无规则的热运动. 在没有外电场时，电子向各个方向随机运动的概率是相等的，没有沿同一个方向的定向漂移，不会形成电流. 当导体两端存在电势差时，导体内部就有场存在，这时自由电子都将受到电场力的作用. 因此，每个电子除了原来不规则的热运动之外，还要在电场的反方向上附加一个运动，即定向漂移运动. 大量电子的漂移运动则表现为电子的定向运动（电子定向漂移运动的平均速度为漂移速度，数量级为 10^{-4} m·s^{-1}，方向与电场的方向相反），这时就形成了电流. 因此，电流是由导体中的自由电荷在电场力的作用下发生定向移动形成的.

我们习惯上规定正电荷的定向移动方向为电流的方向，因而，在金属导体中自由电子移动的方向与电流的方向是相反的. 而正电荷在电场作用下从电势高处向电势低处运动，所以电流的方向是从高电势流向低电势，即在电源外部的电路中，电流的方向是从电源的正极流向负极.

用来衡量电流强弱的物理量叫做**电流强度**，简称为**电流**（I）. 如果在时间 t 内，通过导体某一横截面的电荷量为 q，则通过该截面的电流

$$I = \frac{q}{t}$$

(5.1.1)

电流是标量,它只能描述导体中通过某一横截面电流的整体特征. 在国际单位制中,电流的单位是安培,简称安,符号是 A. 电流的常用单位还有毫安(mA)和微安(μA),它们的换算关系如下:

$$1\,A = 10^3\,mA = 10^6\,\mu A$$

在电路中,方向不随时间而改变的电流叫做直流电,量值和方向都不随时间而改变的电流叫做恒定电流. 通常所说的直流电一般是指恒定电流. 本章研究的就是恒定电流.

5.1.2 欧姆定律

· 德国物理学家欧姆(Georg Simon Ohm,1787~1854 年)经过实验研究,在 1827 年得出**欧姆定律**:通过一段导体的电流 I 和导体两端的电压 U 成正比,即 $I \propto U$. 写成等式,则有

$$I = \frac{U}{R} \quad 或 \quad U = IR \tag{5.1.2}$$

式中的 R 为导体的电阻,它由导体的性质决定.

电阻的国际单位是欧姆(Ω). $1\,\Omega = 1\,V/A$,电阻的常用单位还有千欧(kΩ)和兆欧(MΩ),它们的关系如下:

$$1\,k\Omega = 10^3\,\Omega,\, 1\,M\Omega = 10^6\,\Omega$$

在工程上,欧姆定律也表示为 $I = GU$,G 称为这段导体的电导,电导的单位为西门子(S),两者的关系为:$1\,S = 1\,\Omega^{-1}$.

以电压 U 为横坐标、电流 I 为纵坐标画出的曲线,叫做该导体的伏安特性曲线. 由 $U = IR$ 可知,凡遵从欧姆定律的导体,电流与电压成正比,伏安特性曲线是一条通过坐标原点的直线,其斜率等于该电阻 R 的倒数. 具有这种特性的电学元件叫做线性元件. 其电阻叫做线性电阻. 其电流与电压的正比关系可用图 5.1.1 的 U-I 图像表示.

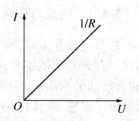

图 5.1.1 伏安特性曲线

实验证明,欧姆定律对金属或电解质溶液在相当大的电压范围内均适用.

但是有些电路中的电阻会随电流和电压变化而改变(即电流和电压不成正比),比如半导体和气体导电(如日光灯管中的汞蒸汽)等,欧姆定律就不适用,其伏安特性曲线不是直线,而是形状不同的曲线. 这些电学元件称之为非线性元件.

【例 5.1.1】 一个电阻的两端电压 $U_1 = 10$ V,测得电流 $I_1 = 5.0$ mA. 若电压 $U_2 = 15$ V,这时流过这个电阻的电流 I_2 有多大?

解　方法 1:根据欧姆定律,这个电阻

$$R = \frac{U_1}{I_1} = \frac{10}{5.0 \times 10^{-3}}\,\Omega = 2.0 \times 10^3\,\Omega$$

于是

$$I_2 = \frac{U_2}{R} = \frac{15}{2.0 \times 10^3}\,A = 7.5 \times 10^3\,A = 7.5\,A$$

方法 2:电阻不变,电流与电压成正比,所以

$$\frac{I_2}{I_1} = \frac{U_2}{U_1}$$

于是

$$I_2 = \frac{U_2}{U_1} I_1 = \frac{15}{10} \times 5.0 \text{ mA} = 7.5 \text{ mA}$$

方法 3：根据已知条件，作出这个电阻的伏安特性曲线（图 5.1.2），从特性曲线上，找出与 U_2 对应的电流 $I_2 = 7.5$ mA.

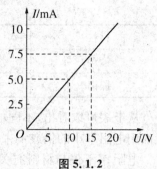

图 5.1.2

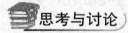

电子定向漂移运动的漂移速度是很小的（数量级为 10^{-4} m·s^{-1}），但在生活中，打开开关后，灯为什么会立刻亮呢？

§5.2 电阻定律 电阻的串、并联

随着人们生活水平的提高，耗电量较大的冰箱、空调等各种家用电器进入家庭用户后，用电量将大大地超过旧房线路的设计要求，给线路带来了安全隐患. 在线路改造中，为什么要更换较粗的铜芯电线呢？

5.2.1 电阻定律

在两端电压相同的条件下，不同导体中电流的大小如果不同，我们就说他们的导电性能有差异. 导电性能与物体能提供多少自由电子（或离子），以及对电荷定向移动的阻碍作用大小有关. 电荷在物体中做定向移动时，沿途频繁地与离子、原子相碰撞，这就是阻碍作用的由来.

衡量物体导电性能的物理量叫做电阻（R）. 电阻是导体本身的一种性质，它的大小决定于导体的材料、长度和横截面积. 实验表明：对于由一定材料制成的均匀导体，在一定温度下，它的电阻 R 跟它的长度 l 成正比，跟它的横截面积 S 成反比，这就是**电阻定律**. 写成等式表示为

$$R = \rho \frac{l}{S} \tag{5.2.1}$$

式中的比例系数 ρ 由导体的材料决定，叫做材料的**电阻率**，单位是欧姆米（$\Omega \cdot$ m）. 它是反映材料导电性能的物理量. 横截面积和长度都相同的不同材料的导体，ρ 越大，电阻越大，导电性能越差. 电阻率的倒数叫做电导率（σ），单位是 $\Omega^{-1} \cdot$ m^{-1}. σ 越大，电阻越小，导电性能越好. 表 5.2.1 列出了 20℃常温下一些材料的电阻率.

表 5.2.1 几种常用材料在 20℃时的电阻率

材料	$\rho/(\Omega \cdot$ m$)$	材料	$\rho/(\Omega \cdot$ m$)$
银	1.6×10^{-8}	镍铬	1.0×10^{-6}
铜	1.7×10^{-8}	碳	3.5×10^{-5}
铝	2.9×10^{-8}	硅	2.3×10^{-3}
钨	5.3×10^{-8}	铁	1.0×10^{-7}

材料	$\rho/(\Omega \cdot m)$	材料	$\rho/(\Omega \cdot m)$
锰铜	4.4×10^{-7}	电木	$10^{10} \sim 10^{14}$
镍铜	5.0×10^{-7}	橡胶	$10^{13} \sim 10^{16}$

从上表可以看出,不同材料的电阻率不同.纯金属的电阻率小,合金的电阻率大,导线一般都用电阻率小的铝或铜来制作,电炉、电阻器的电阻丝一般用电阻率大的合金制作.

电阻率不仅与材料有关,还与温度有关.金属材料的电阻率随温度升高而变大.利用金属的这一性质可以制造电阻温度计.铂电阻温度计的测温范围为 $-200℃ \sim 500℃$,铜电阻温度计的测温范围为 $-50℃ \sim 150℃$.有些合金如锰铜和镍铜,电阻率随温度的变化特别小,常用来制作标准电阻.有些材料的电阻率随温度升高而急剧变小(如半导体和绝缘体).

根据材料的导电性能的不同,人们将材料分为导体和绝缘体.把导电性能介于导体和绝缘体之间,且电阻率随温度的增加而减小的材料称之为半导体.在室温下,金属导体的电阻率一般约为 $10^{-8} \sim 10^{-6}$ $\Omega \cdot m$;绝缘体的电阻率约为 $10^{8} \sim 10^{18}$ $\Omega \cdot m$;半导体的电阻率约为 $10^{-5} \sim 10^{6}$ $\Omega \cdot m$.半导体的导电性能可以由外界条件所控制,如改变半导体的温度,使半导体受到光照,在半导体中加入其他微量杂质等,可以使半导体的导电性能发生显著的变化.人们利用半导体的这种特性,制成了热敏电阻、光敏电阻、晶体管等各种电子元件,并且发展成为集成电路.

5.2.2　电阻的串、并联

在用电线路中,当电源加在用电器上的电压大于用电器的额定电压,或电源流过用电器的电流大于用电器的额定电流时,怎样才能使用电器正常工作呢? 解决这些问题,可以采用串联、并联和混联的方法.

电阻的串联电路(图 5.2.1),有如下几个基本特点:

(1) 通过串联电路各电阻的电流相等,都是 I.

(2) 串联电路两端的总电压等于各电阻两端电压之和,即

$$U = U_1 + U_2 + U_3 \tag{5.2.2}$$

(3) 串联电路的等效电阻 R 等于各串联电阻之和,即

$$R = R_1 + R_2 + R_3 \tag{5.2.3}$$

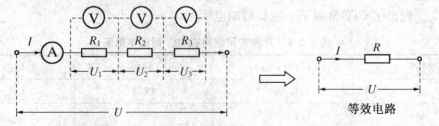

图 5.2.1　电组的串联

因此,串联的效果总是使电路电阻变大;等效电阻 R 大于串联电路中的每一个电阻,而

且随着任一串联电阻的增大(减小)而增大(减小).

由上可知,在导线连接处,如果接触面很小,或由于金属氧化等原因而降低了导电性能,那么,在连接点好像串联了一个大电阻,造成"接触不良",它是电路发生故障的原因之一,应注意防止.

由串联电路的性质可知,串联电路各电阻上的电压为

$$U_1 = IR_1 = \frac{R_1}{R}U, U_2 = IR_2 = \frac{R_2}{R}U, U_3 = IR_3 = \frac{R_3}{R}U$$

这说明串联电路中每个电阻上的电压跟它的电阻成正比,电阻的阻值越大,它从总电压中分到的电压就越大,这叫做串联电路的分压作用,起分压作用的电阻叫分压电阻. 如果电路两端的电压大于用电器的最大允许电压,用电器就不能直接接入电路使用. 我们可以在电路中串联一个适当的分压电阻,使用电器恰好得到它所能承受的电压.

上面各式,可推广到 n 个电阻串联的情况.

【例 5.2.1】 仪表能测量的最大值叫做仪表的量程,也称为满偏值. 一个量程 10 V,表头内阻 $R_1=5.0$ kΩ 的电压表,要把量程扩大到 50 V,应如何改表?

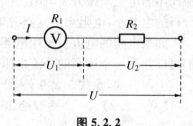

图 5.2.2

解 用改装前的电压表测量越过 10 V 的电压,电流将超过允许值,可能烧毁仪表. 可让电阻为 R_1 的电压表串联一个电阻 R_2(图 5.2.2),让它分担超过 10 V 的那部分电压.

满偏电压 $U = 50$ V 时,R_2 应承担的电压

$$U_2 = U - U_1 = (50 - 10)V = 40 \text{ V}$$

因为通过各电阻的电流相等,即

$$\frac{U_1}{U_2} = \frac{R_1}{R_2}$$

所以

$$R_2 = \frac{U_2}{U_1}R_1 = \frac{40}{10} \times 5.0 \text{ kΩ} = 20.0 \text{ kΩ}$$

改装后的电压表,当指针偏转到满刻度时,表示被测电压 U 为 50 V.

电阻并联电路(图 5.2.3)有如下几个基本特点:

(1) 各并联支路两端的电压相等,都是 U.

(2) 干路的电流(总电流) I 等于各支路电流之和,即

$$I = I_1 + I_2 + I_3 \tag{5.2.4}$$

(3) 并联电路等效电阻 R 的倒数,等于各支路电阻的倒数之和,即

$$\frac{1}{R} = \frac{1}{R_1} + \frac{1}{R_2} + \frac{1}{R_3} \tag{5.2.5}$$

因此,并联的效果,总是使电阻减小;等效电阻小于任一支路的电阻,而且随任一支路电阻的增大(减小)而增大(减小). 如果只有电阻 R_1 和 R_2 并联,则等效电阻为

$$R = \frac{R_1R_2}{R_1 + R_2} \tag{5.2.6}$$

若有 n 个相同电阻并联,那么,等效电阻是一个电阻的 $1/n$. 式 5.2.6 表明,并联电路

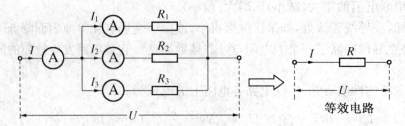

图 5.2.3　电阻的并联

的总电流分配给了各支路电阻,它们得到的电流分别是

$$I_1 = \frac{U}{R_1} = \frac{R}{R_1}I, \quad I_2 = \frac{U}{R_2} = \frac{R}{R_2}I, \quad I_3 = \frac{U}{R_3} = \frac{R}{R_3}I$$

　　由于并联电路的总电流等于各支路电流之和,因此每个支路都有一定的分流作用.起分流作用的电阻叫做分流电阻.并联电路中支路的电流与该支路的电阻成反比,电阻大的支路分得的电流小,电阻小的支路分得的电流大.

　　如果电路的电流大于用电器所能允许的最大电流,用电器就不能直接接入电路使用.我们可以并联一个适当的分流电阻,使通过用电器的电流在允许范围之内.

　　上面各式,除式 5.2.6 外,皆可推广到 n 个电阻并联的情况.

　　【例 5.2.2】　一个量程为 150 mA,表头内阻 $R_1 = 0.20\ \Omega$ 的电流表,要把它的量程扩大到 450 mA,应如何改装?

　　解　量程扩大后的满偏电流 $I = 450$ mA,超过表头允许的通过的电流 $I_1 = 150$ mA,因此,应当用一个比 R_1 小的电阻 R_2 与表头并联(图 5.2.4).流过 R_2 的电流为

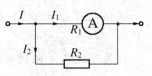

$$I_2 = I - I_1 = 450 - 150 = 300\ (\text{mA})$$

并联电路各支路电压相等,即

$$I_1 R_1 = I_2 R_2$$

图 5.2.4

所以

$$R_2 = \frac{I_1}{I_2}R_1 = \frac{150 \times 10^{-3}}{300 \times 10^{-3}} \times 0.20 = 0.10\ (\Omega)$$

　　在分析电路时,若连接用的导线的电阻很小,往往可以忽略;若不可忽略时,可以用一个电阻来等效它,比如研究远距离输电时,对输电线的电阻就是这样处理的.

　　在实际电路中,往往有串联又有并联,这种电路叫做混联电路.计算混联电路的等效电阻时,一般采用电阻逐步合并的方法,关键在于认清总电流的输入端与输出端,以及公共连接端点,这样才能分清各电阻的联接关系.

　　【例 5.2.3】　如图 5.2.5 是一个混联电路,电阻 $R_1 = 7\ \Omega$,$R_2 = 4\ \Omega$,$R_3 = 3\ \Omega$,$R_4 = 9\ \Omega$,电路两端电压 $U_{AB} = 2$ V.求电路的总电流 I.

　　解　求出电路的等效电阻,才能求出总电流,这里 A,B 是 I 的输入端和输出端,C,D 是公共的连接端点.

　　设 C,D 间的等效电阻为 R_{CD},因 R_3 和 R_4 串联后再与 R_2 并联,因此可得

$$R_{CD} = \frac{R_2(R_3 + R_4)}{R_2 + (R_3 + R_4)} = \frac{4 \times (3 + 9)}{4 + (3 + 9)} = 3\ (\Omega)$$

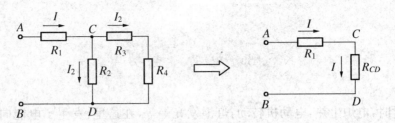

图 5.2.5

因为 R_1 和 R_{CD} 串联,所以电路的等效电阻为

$$R = R_1 + R_{CD} = 7 + 3 = 10(\Omega)$$

电路总电流为 $I = \dfrac{U_{AB}}{R} = \dfrac{20}{10} = 2(A)$.

图 5.2.6 所示的混联电路叫做惠斯通电桥(桥式电路).
把电阻 R_1, R_2, R_3, R_4 联成四边形,每个边叫做电桥的一个
臂,用灵敏电流计 Ⓖ 通过导线在 B, D 间架了一座桥,用以
比较这两点的电势.合上开关 S,当 BD 有电流 I_g 时,Ⓖ 的指
针发生偏转,则电桥不平衡;若 Ⓖ 的指针不偏转,表明 $I_g = 0$,这时称之电桥平衡.

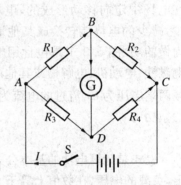

图 5.2.6　惠斯通电桥

四个电阻满足什么条件,才能使电桥平衡呢? 我们知
道,$I_g = 0$ 时,B, D 两点的电势相等,即

$$U_{AB} = U_{AD}, U_{BC} = U_{DC}$$

此时,B, D 之间相当于断路,所以通过 R_1, R_2 的电流相等,设为 I_1;通过 R_3, R_4 的电流
也相等,设为 I_2.根据欧姆定律,有

$$U_{AB} = I_1 R_1, U_{AD} = I_2 R_3$$
$$U_{BC} = I_1 R_2, U_{DC} = I_2 R_4$$

这样,可得 $I_1 R_1 = I_2 R_3, I_1 R_2 = I_2 R_4$ 两式,把这两式相除,可得到

$$\frac{R_1}{R_2} = \frac{R_3}{R_4} \tag{5.2.7}$$

这就是电桥的平衡条件.式 5.2.7 常写成下面的形式:

$$R_1 = \frac{R_3}{R_4} R_2 \tag{5.2.8}$$

已知 R_2, R_3, R_4,就可求出 R_1,因此电桥可用来测量电阻.电桥在工程量测量和自动控
制中应用极为广泛.

📚 **思考与讨论**

为了测量电路中通过某一电阻的电流,需要和电阻串联一个电流表接入电路中,那么接
入电流表后,是否会改变通过该电阻的电流,如果改变了,是变大了还是变小呢? 这种方法
适合测量通过高阻值电阻还是低阻值电阻的电流呢?

电流通过时,电炉生热,电动机转动,灯泡发光等等,在这里,发生了电能向其他形式能量的转换.那么,怎样测量有多少电能转换为其他形式的能量呢?

5.3.1　电功

能量的转换依靠做功来实现,可用功来量度.电能向其他形式能量的转换,是用电流做的功,即**电功**(W)来量度的.电流是大量电荷在电场中定向移动形成的,电场力做功的结果,使电荷的电势能减少,减少的电势能转换成其他形式的能量.因此,电功实际上是电场力做的功.图 5.3.1 是包含用电器的一段电路,用电器可以是电灯、

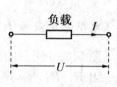

图 5.3.1　负载做功

电磁铁、电动机、电解槽或其他用电装置,习惯上称它们为负载.设负载两端电压为U,流过的电流为I,那么,在时间t内,通过负载的电荷量$q=It$,电场力所做的做功为

$$W = qU = UIt \qquad (5.3.1)$$

上式是计算电功的基本公式,在国际单位制中,电功的单位为焦耳(J).从$U=W/q$看出,负载的电压,在数值上等于 1 C 的电荷量通过负载时电流做的功,且电压越高,这个功就越大.由此可见,负载电压反映了负载把电能转换为其他形式能量的本领大小.

5.3.2　电功率

电流做功的快慢,用**电功率**(P)来表示,它是电流做的功W与完成这些功所用的时间t的比值,即

$$P = \frac{W}{t} = UI \qquad (5.3.2)$$

上式适用于各种负载,是计算电功率的基本公式.表示负载的电功率P等于负载两端的电压U和流过的电流I的乘积.功率的国际单位是瓦特,简称瓦,符号为 W.

用电器上一般都标明它的额定电压和额定功率.例如,标有"220 V　40 W"的白炽灯泡,表明接在 220 V 的电源上,功率为 40 W.电压过高,实际功率会大于额定功率,用电器有烧毁的危险;电压过低,日光灯、电风扇等用电器难以起动,不能正常工作.用电器的额定电压要与电源电压保持一致.

在生产和生活中,还采用千瓦小时(kW·h)作为计算用电器消耗电能的单位.1 kW·h$=3.6\times10^6$ J,俗称 1 度电,即功率为 1 kW 的用电器正常工作 1 h 所消耗的电能.

【例 5.3.1】 图 5.3.2 是一种电饭锅的加热、保温电路简图.开关 K 闭合时,进行加热煮饭,水煮干后,电饭锅底温度升至(103 ± 2)℃时,感热元件自动切断开关 K,电饭锅处于焖饭保温状态.已知$R_1=161$ Ω,$R_2=242$ Ω,分别求加热和保温两个阶段电路消耗的电功率.

解　加热时,开关 S 闭合,R_2 被短路,电压 U 加在 R_1,此时消耗的电功率

$$P = \frac{U^2}{R_1} = \frac{220^2}{161} = 301(\text{W})$$

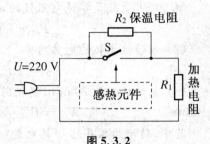

图 5.3.2

保温时,开关 S 断开,R_1 和 R_2 串联的等效电阻 $R = R_1 + R_2 = 161 + 242 = 403(\Omega)$,此时电路消耗的电功率

$$P' = \frac{U^2}{R} = \frac{220^2}{403} = 120(\text{W}).$$

电场力对电荷做功的过程,是电能转化为其它形式能量的过程.在金属导体中,除了自由电子外,还有金属正离子.电流通过电阻元件时,自由电荷在电场力的作用下做定向移动的过程中,会不断地与离子发生碰撞,把动能传给离子,使离子热运动加剧,导体的温度升高.导体热到一定程度时,还会发光.因此,在宏观上就表现为电能转化成内能.

英国物理学家焦耳(1818～1889 年)通过实验指出,电流通过导体时产生的热量,跟电流的二次方、导体的电阻和通电时间的乘积成正比,这就是**焦耳定律**.其数学表达式为

$$Q = I^2 Rt \qquad\qquad (5.3.2)$$

式中的 Q 常被叫做焦耳热或电热,单位是焦耳(J).如果用电器是纯电阻(白炽灯、电炉、电热器等),电流所做的功将全部转换成热量,应用欧姆定律 $U = IR$,则有

$$Q = W = UIt = \frac{U^2}{R} = I^2 Rt \qquad\qquad (5.3.3)$$

单位时间内电流产生的热量 $P = \dfrac{Q}{t}$,通常称为电热功率.电热功率 P 为

$$P = UI = \frac{U^2}{R} = I^2 R \qquad\qquad (5.3.4)$$

焦耳定律是设计电照明、电热设备及计算各种电气设备温升的重要依据.焦耳热也存在有害的一面.输电线及各种用电设备、仪表和电子元件,由于焦耳热,不仅白白消耗电能,还会因温升而改变性能和参数,甚至造成故障和损坏.因此,通常要采取降温措施,如用水来冷却,配用电扇或空气调节器等等.

如果电路中有电动机、电解槽等用电器时,通常叫做非纯电阻电路.这时大部分电能转化成机械能或化学能,只有一小部分转化成内能.所以,对电动机输入的电能所做的电功 W,等于它所做的机械功 W_J 跟焦耳热 Q 之和,即

$$W = W_J + Q \quad 或 \quad UIt = W_J + I^2 Rt \qquad\qquad (5.3.5)$$

电功率为

$$P = UI = P_J + I^2 R \qquad\qquad (5.3.6)$$

式(5.3.6)中 $I^2 R$ 是非纯电阻电路上的电热功率,只是总功率 $P = UI$ 中的一部分,P_J 是电能转化成机械能、化学能的功率.显然 $U \neq IR$,欧姆定律在此已不适用.因此,$W = I^2 Rt$ 与 $P = I^2 R$ 只适用于纯电阻电路,对于非纯电阻电路必须用 $W = UIt$ 和 $P = UI$ 计算.

【例 5.3.2】　图 5.3.3 中,内阻 $R = 1.00\ \Omega$ 的直流电动机,在电压 $U = 110$ V 下工作时,通过的电流 $I = 5.00$ A.求:
(1)电动机消耗的电功率 P_0;(2)电动机消耗的热功率 P_Q;
(3)电动机工作 20 min,消耗了多少电能?其中有多少电能转换为机械能,有多少电能转换为焦耳能?(4)电动机的效率 η.

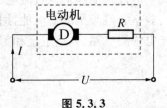

图 5.3.3

解 (1) 负载是非纯电阻性的,电功率为
$$P_0 = UI = 110 \times 5.00 = 550(\text{W})$$

(2) 电动机消耗的电热功率
$$P_Q = I^2 R = 5.00^2 \times 1.00 = 25.0(\text{W})$$

(3) 电动机工作 20 min,消耗的电能
$$W_0 = P_0 t = 550 \times 20 \times 60 = 6.60 \times 10^5 (\text{J})$$

其中,转换为焦耳热 Q 的电能
$$W_Q = P_Q t = 25.0 \times 20 \times 60 = 3.00 \times 10^4 (\text{J})$$

转换为机械能的电能
$$W = W_0 - W_Q = 6.60 \times 10^5 - 3.00 \times 10^4 = 6.30 \times 10^5 (\text{J})$$

(4) 电动机的效率为 $\eta = \dfrac{W}{W_0} = \dfrac{6.30 \times 10^5}{6.60 \times 10^5} = 0.955 = 95.5\%$.

从例题看得出,该电动机的效率很高.

思考与讨论

远距离输电必须使用高电压,这是因为用高电压输电比用低电压输电输电线上发热损失的功率要小. 这是什么道理呢?

§5.4 电源 电动势

5.4.1 电源的电动势

电源有正、负两个极,正极的电势高,负极的电势低,两极间存在电势差. 当电源与负载相连后,负电荷就在电场力的作用下,从电源的负极经过负载流向电源的正极,负极的负电荷就不断减少. 要产生恒定电流,必须使流到正极板上的负电荷重新回到负极板上去,显然,这个过程单靠静电力是办不到的,因为静电力不可能使负电荷从高电势移向低电势,因此只能依靠非静电力来实现. 这种提供非静电力的装置被称为电源,利用它产生的非静电力使负电荷从高电势移向低电势来维持两极间电压的恒定. 这一过程,电源将消耗其他形式的能来克服静电力做功,所以电源是把其他形式的能转化为电能的装置. 如发电机把机械能转化成电能,电池把化学能转化成电能,太阳能电板把太阳能转化成电能,热电偶把热能转化为电能.

电池是能够提供直流电的常用电源,类型很多,如用于手电筒和收音机的干电池,用于实验室和汽车里的蓄电池,用于电子手表和电子计算器里的银锌电池(俗称钮扣电池),用于光电检测电路、人造卫星和宇宙飞船中的硅光电池. 表5.4.1简单介绍了几种电池.

表 5.4.1　几种电池

电池	结构及主要用途
干电池	因所用的电解质呈糊状非流质而得名,以锌为负极,炭棒为正极.工程技术上可用作各种仪器、仪表和通讯设备的直流电源.
蓄电池	分酸性和碱性两类,可反复的充电和放电.常用的酸性铅蓄电池,负极是铅,正极是二氧化铅,电解液是稀硫酸.仪器、设备和电瓶车等常用蓄电池作为电源.
银锌电池	以锌为负极,氧化银为正极.重量轻,寿命长,用于电子手表、助听器、通讯设备、导弹和人造卫星等.
标准电池	常见的汞镉电池,汞为正极,镉汞为负极,能长期稳定地保持 1.018 636 V 的电动势,波动仅几微伏.标准电池不允许作为普通电池使用,在工业和实验室中作电压标准.
硅光电池	把光能直接转化为电能的半导体光电器件,体积小,重量轻,寿命长,应用于光电检测电路,常用在人造卫星、宇宙飞船中.

不同的电源,两极间电压大小不同.不接用电器时,干电池的电压约为 1.5 V,蓄电池的电压约为 2 V.由此可见,电源两极间电压的大小,是由电源本身的性质决定的.在物理学中,引用电动势来表示电源的这种特性.电源的**电动势**等于电源没有接入电路时两极间的电压.电源的电动势用符号 ε 表示,电动势的单位跟电压的单位相同,也是伏特(V).同时,电源内部也有电阻,称为内电阻(内阻),符号 r 表示.含有内阻的电源如图5.4.1所示.电源的内阻一般都很小,如干电池内阻小于 1 Ω,铅蓄电池内阻在 $5\times10^{-3}\sim1\times10^{-1}$ Ω.把电源的两端相连,形成回路,这种电路被称为短路电路.如果电源短路,根据公式 $I=\dfrac{U}{R}$,可知回路电流会很大,会烧坏电源,甚至引起火灾事故,所以应避免电源短路.

电源的电动势反映了电源把其他形式的能转化成电能的本领的大小,也表示电源在电路中做功的本领的大小.例如,铅蓄电池转化为电能的本领就比干电池大.如果已知电源做的功为 W,从电源的电路中流过的电荷量为 q 时,电源的电动势为

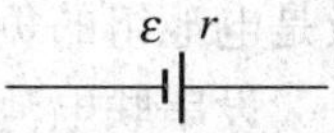

图 5.4.1

$$\varepsilon=\frac{W}{q} \tag{5.4.1}$$

电动势是标量,但它和电流一样有"方向".在电源内部,电流是由电源的负极流向正极,物理学上规定:电动势的方向是由电源的负极经电源内部到正极的方向(即电势升高的方向).

如果把电源接入电路中,那么就会有电流通过.通过电源的电流方向实际上有两种可能,一种是从电源的负极流到正极,另一种是从电源的正极流到负极.图 5.4.2(a)通过电源内部的电流从负极到正极,这种情形叫做电源放电;图 5.4.2(b)通过电源内部的电流从正极到负极,这种情形叫做电源充电.

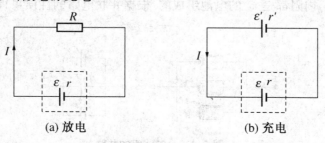

(a) 放电　　　　(b) 充电

图 5.4.2　闭合电路

在工程上,常要分析电源电动势和电源两端的电压(路端电压)的关系.路端电压 U 表示静电场力把单位正电荷从正极移到负极所做的功,其公式为

$$U = U_+ - U_- = \begin{cases} \varepsilon - Ir, \text{放电过程} \\ \varepsilon + Ir, \text{充电过程} \end{cases} \quad (5.4.2)$$

式中 Ir 为电源内阻上的电压降.上式表明放电时路端电压小于电动势,充电时路端电压大于电动势.只有当电流 $I=0$ 时,路端电压才等于电动势.

如果电源的内阻 $r=0$,路端电压总等于电动势,即电压为恒定的,与通过电源的电流无关,这种电源叫做理想电压源.那么一个有内阻的电源等效于一个理想电压源和电阻的串联,图 5.4.3 为它的等效模型.

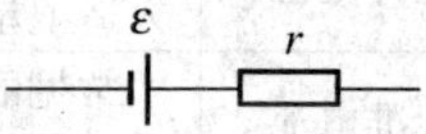

图 5.4.3 电源的模型

5.4.2 电池组

实际应用中,如在手电筒和半导体收音机里,要把几节电池连接成电池组来使用.采用这样的连接方法可以提高供电电压,使用电器正常工作.同时电压越大,通过电池的电流也越大,如果超过电池的最大电流,则电池会损坏.如果用电器的额定电流大于电池的最大电流,这又要怎么连接电池呢? 这里介绍相同电池(电动势相同、内阻也相同)组合的两种基本形式:串联电池组和并联电池组.

如果把一个电池的负极和下一个电池的正极相连,这样依次连成一串所组成的电池组称为串联电池组.如图 5.4.4 所示,第一个电池的正极就是电池组的正极,最后一个电池的负极是电池组的负极.

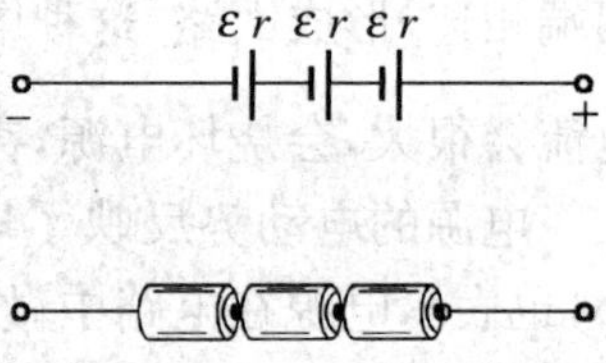

图 5.4.4 电池组的串联

设串联电池组由 n 个电动势都是 ε_0,内阻都是 r_0 的电池组成.实验测得,电池组的电动势为

$$\varepsilon = n\varepsilon_0 \quad (5.4.3)$$

由于电池的内阻也是串联的,串联电池组的内阻为

$$r = nr_0 \quad (5.4.4)$$

因为串联电池组可以增大输出电压,当用电器的额定电压高于单个电池的电动势时,可以采用串联电池组供电.但要注意,由于总电流要通过每个电池,用电器的额定电流必须小于单个电池允许通过的最大电流.

如图 5.4.5 所示,如果把所有电池的正极连接在一起,成为电池组的正极,把所有电池的负极连接在一起,成为电池组的负极而组成的电池组称为并联电池组.设并联电池组是由 n 个电动势都是 ε_0,内阻都是 r_0 的电池组成的.根据并联电路的性质可得,电池组的电动势

$$\varepsilon = \varepsilon_0 \quad (5.4.5)$$

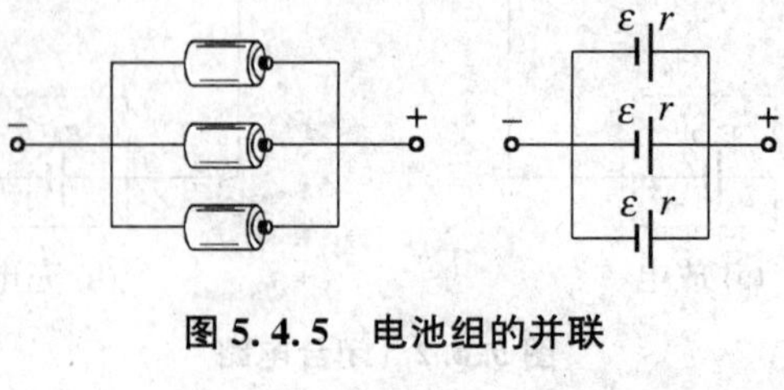

图 5.4.5 电池组的并联

由于电池的内阻也是并联的,所以并联电池组的内阻

$$r = \frac{r_0}{n} \tag{5.4.6}$$

并联电池组跟一个电池相比,电动势并未增大,但每个电池提供的电流只是总电流的 $1/n$,整个电池组可提供较强的电流. 因此,当用电器的额定电流大于单个电池允许通过的最大电流时,可采用并联电池组供电. 不同电动势的电池不能并联使用.

当用电器的额定电压大于单个电池的电动势,额定电流大于单个电池允许通过的最大电流时,可把电池串联成电池组,使用电器得到需要的额定电压,再把几个相同的串联电池组并联起来,使通过每个电池的电流小于电池的最大允许电流,组成混联电池组供电.

思考与讨论

把一盏 40 W,100 V 的小灯泡联接在一个电源上,灯泡恰好正常发光. 现将一盏 400 W,100 V 的小灯泡联接在同一个电源上时,只发出暗淡的光. 这是为什么?

§5.5　闭合电路欧姆定律　基尔霍夫定律

电源没有接入电路时,用电压表测出电源两极间的电压如果是 3 V,再把电源接入电路,用电压表测出电源两极间的电压就小于 3 V. 为什么会产生这种现象呢? 要了解它的原因,需要进一步研究包含电源在内的闭合电路.

5.5.1　闭合电路欧姆定律

把电源和负载连接成闭合回路(图 5.5.1),闭合回路由两部分组成:一是电源内部的电路,叫做内电路,内电路的电压叫做内电压,记作 U';一是电源外部的电路,叫做外电路,外电路的电压(负载上的电压)叫做外电压或路端电压,记作 U,外电路的电阻叫做外电阻,记作 R. 在闭合回路中,从电源两极测出的电压就是外电压.

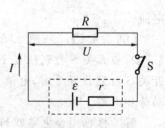

图 5.5.1　闭合电路

人们从实验中发现,随着负载的变化,U,U' 也会发生变化. 但是不管如何变化,$U+U'$ 总是一个常量,这个常量正好等于电源接入电路之前两极间的电压,即电源电动势等于闭合回路的外电压和内电压之和,即

$$\varepsilon = U + U' \tag{5.5.1}$$

在图 5.5.1 所示的闭合电路中,电流为 I,外电阻为 R,内阻为 r,虚线方框表示电源,电动势为 ε. 由欧姆定律可知,$U=IR$,$U'=Ir$,代入 $\varepsilon=U+U'$ 得 $\varepsilon=IR+Ir$,可以变形为

$$I = \frac{\varepsilon}{R + r} \tag{5.5.2}$$

上式表明,闭合电路中的电流跟电源的电动势成正比,跟内外电阻之和成反比. 这个结

论叫做**闭合电路的欧姆定律**.

将式(5.5.1)两端乘以电流 I,得到

$$\varepsilon I = UI + U'I \tag{5.5.3}$$

式中 εI 表示电源提供的电功率;UI 表示外电路上消耗的电功率,也叫做电源的输出功率;$U'I$ 是内电路上消耗的电功率.电源提供的电能一部分消耗在外电路上,还有一部分消耗在内阻上转化为内能.由闭合电路欧姆定律可以得,电源的输出功率 P 为

$$P = UI = I^2 R = \left(\frac{E}{R+r}\right)^2 R = \frac{E^2}{\dfrac{(R-r)^2}{R} + 4r}$$

分析电路时,通常认为 ε 和 r 为常量,则 P 随 R 变化的曲线如图 5.5.2 所示.当 $R = r$ 时,电源的输出功率 P 达到最大,

$$P_{\max} = \frac{\varepsilon^2}{4r} \tag{5.5.4}$$

上式表明,当负载电阻等于电源内阻时,电源的输出功率最大,这时称负载与电源匹配,在电子线路中经常用到匹配的概念.

把路端电压 $U = IR$,代入 $\varepsilon = IR + Ir$ 得

$$U = \varepsilon - Ir \tag{5.5.5}$$

由此可知路端电压跟负载的关系:

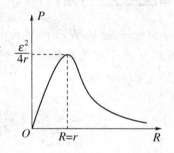

图 5.5.2　电源的输出功率

(1)当外电阻 R 增大时,电流 I 减小,路端电压 U 增大.相反,当外电阻 R 减小时,电流 I 增大,路端电压 U 减小.

(2)当外电路断开时,R 变为无穷大,电流 $I = 0$,$U = \varepsilon$,称为开路电压.开路时的路端电压等于电源的电动势.

(3)当电源两端短路时,外电阻 $R = 0$,路端电压 $U = IR = 0$,$I = \dfrac{\varepsilon}{r}$,称之为短路电流.

【例 5.4.1】　在图 5.5.3 所示电路中,$R_1 = 14.4\ \Omega$,$R_2 = 6.9\ \Omega$.当开关 S 打到位置 1 时,电流表的读数为 $I_1 = 0.2\ \text{A}$;当开关 S 打到位置 2 时,电流表的读数为 $I_2 = 0.4\ \text{A}$.求电源的电动势和内阻.

解　根据闭合电路欧姆定律,可列出方程组:

$$\begin{cases} \varepsilon = I_1 R_1 + I_1 r \\ \varepsilon = I_2 R_2 + I_2 r \end{cases}$$

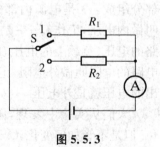

图 5.5.3

代入数据得

$$\begin{cases} \varepsilon = 0.2 \times 14.4 + 0.2r \\ \varepsilon = 0.4 \times 6.9 + 0.4r \end{cases}$$

解得

$$\varepsilon = 3.0\ \text{V}, r = 0.6\ \Omega$$

5.5.2　基尔霍夫定律

在工程或实验室中,有许多复杂电路,其电阻的连接既不是并联,又不是串联,不能把它们简化成简单电路进行计算. 为了进行这类电路的运算,人们总结出了一些有效的方法,如等效发电机原理、叠加原理、三角形与星形变换原理、基尔霍夫定律等.

这里介绍基尔霍夫(Kirchhoff)定律来解决这些复杂电路. 基尔霍夫定律包括基尔霍夫第一定律(基尔霍夫电流定律)和基尔霍夫第二定律(基尔霍夫电压定律). 为了便于讨论,先介绍几个名词.

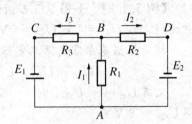

支路:电路中流过同一电流的一个分支. 如图 5.5.4 中有三条支路,分别为 ACB,ADB,AB.

节点:三个或三个以上的支路汇合在电路的某一点. 如图 5.5.4 中有两个节点,分别为 A,B.

图 5.5.4　电路中的几个名词

回路:由几条支路构成的闭合通路,其中每个节点只经过一次. 如图 5.5.4 中有三个回路,分别为 $ABDA$,$ABCA$,$ADBCA$.

恒定电流的条件告诉我们,流进一个闭合曲面的电流一定等于流出这个闭合曲面的电流. 这表明在任一节点处,流向节点的电流之和应等于流出该节点的电流之和. 即在回路中任一节点处电流的代数和等于零,这就是**基尔霍夫第一定律**(KCL). 该定律阐明的是电路中任一节点处各电流之间的关系. 基尔霍夫第一定律的数学表达式为

$$\sum_{k=1}^{n} I_k = 0 \tag{5.5.6}$$

式中 n 表示汇合于节点处的支路数. 对于图 5.5.4 中节点 B 可以写出电流方程为

$$-I_1 + I_2 + I_3 = 0$$

【例 5.4.2】　如图 5.5.5 所示,已知 $I_1 = 5$ A,$I_2 = 3$ A,$I_3 = -6$ A,$I_4 = -8$ A,求电流 I_5.

解　由基尔霍夫第一定律可得:

$$-I_1 + I_2 - I_3 + I_4 + I_5 = 0$$
$$-5 + 3 - (-6) + (-8) + I_5 = 0$$

得 $I_5 = -4$ A.

在静电场中电荷从一点出发经过任意路径再回到原来的出发点时,电势差为零. 同样,在回路中从任一点出发,沿回路循环一周,则在这个方向上的电位降之和等于电位升之和,即沿任一回路循环一周,回路中各段电压的代数和恒等于零,这就是**基尔霍夫第二定律**(KVL). 基尔霍夫第二定律的数学表达式为

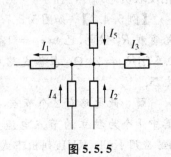

图 5.5.5

$$\sum U = 0 \tag{5.5.7}$$

因为一般回路是由电源电动势和电阻构成的,上式可改写为

$$\sum \varepsilon = \sum IR \tag{5.5.8}$$

它表示为在任一回路中电动势的代数和等于回路中电阻上电势降低的代数和. 其中, 如果电动势的指向和所选回路循环方向相同, 该电动势取正号, 相反取负号. 如果通过电阻中的电流的流向和回路循环方向相同, 该电阻上的电压降取正号, 相反取负号. 如图 5.5.4 中 $ABDA$ 回路的电压方程为: $\varepsilon_2 = R_1 I_1 + R_2 I_2$, $CBDAC$ 回路的电压方程为

$$\varepsilon_2 - \varepsilon_1 = R_2 I_2 - R_3 I_3.$$

【例 5.4.3】 如图 5.5.6 所示一闭合回路, 各支路元件是任意的. 已知: $U_{AB} = 4\text{ V}, U_{CB} = 6\text{ V}, U_{DA} = -7\text{ V}$. 试求: U_{CD}, U_{AC}.

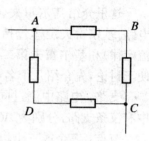

解 根据基尔霍夫第二定律可得:

$$U_{AB} + U_{BC} + U_{CD} + U_{DA} = 0.$$

又有 $U_{BC} = -U_{CB}$, 则 $4 - 6 + U_{CD} - 7 = 0$,
得 $U_{CD} = 9\text{ V}$.

同理: $U_{AB} + U_{BC} + U_{CA} = 0, U_{CA} = -U_{AC}$,
得 $U_{AC} = 4 - 6 = -2\text{ V}$.

图 5.5.6

在解决实际电路问题时, 需要根据 KCL 和 KVL 联列出电路变量的方程组, 然后求出未知量. 如果电路有 b 条支路, n 个节点, 则需要 $n-1$ 个 KCL 独立方程和 $b-(n-1)$ 个 KVL 独立方程组成方程组, 方程组中独立方程的总个数为 $(n-1) + b - (n-1) = b$. 总结成数学形式为

$$\begin{cases} (n-1) \text{ 个 KCL 方程}: \sum(\pm I) = 0 \\ b-(n-1) \text{ 个 KVL 方程组}: \sum(\pm U) = 0 \end{cases}$$

对于上式中的 ± 号, 在此进行如下的讨论:

1. U, I 本身 ± 号的问题

在分析复杂电路时, U, I 的实际方向很难预先判断出来, 这时, 常需任意规定某一方向为 U, I 的方向, 这种方向称为参考方向. 如果 U, I 为正值, 则 U, I 的实际方向与参考方向是一致的; U, I 为负值, 则 U, I 的实际方向与参考方向是相反的.

2. 方程组中 U, I 的 ± 号问题

在列 KCL 独立方程时规定: 流向某节点的电流为负, 流出该节点的电流为正; 在列 KVL 独立方程时规定: 如果回路循环方向和回路上元件的电压降方向相同时, U 取正号, 相反取负号.

【例 5.4.4】 如图 5.5.7 所示电路, 两个实际电压源并联后给负载 R_3 供电, 已知 $\varepsilon_1 = 130\text{ V}, \varepsilon_2 = 117\text{ V}, R_1 = 1\text{ }\Omega, R_2 = 0.6\text{ }\Omega, R_3 = 24\text{ }\Omega$, 求各支路电流、各元件的功率以及节点间电压.

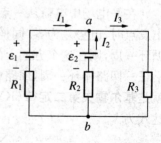

解 此电路有 2 个节点, 3 条支路, 因此可以列 3 个方程, 其中 1 个为独立的节点电流方程, 2 个为独立的回路电压方程. 应用 KCL, KVL 列出下式

图 5.5.7

$$\begin{cases} -I_1 - I_2 + I_3 = 0 \\ I_1 - 0.6 I_2 = 130 - 117 \\ 0.6 I_2 + 24 I_3 = 117 \end{cases}$$

解得 $I_1 = 10\,\text{A}, I_2 = -5\,\text{A}, I_3 = 5\,\text{A}.$

I_2 为负值,表明它的实际方向与所选参考方向相反.这个电压源实际是在充电.

 **阅读材料**

<h2 style="text-align:center">超 导 现 象</h2>

人们发现,有些物质在某一温度之下,它们的电阻率会突然减小到无法测量的程度,它们的电阻突然变为零.这种现象叫做超导现象.能够发生超导现象的物质叫做超导体.材料由正常状态转变为超导状态的温度,叫做超导材料的转变温度(或叫临界温度),用 T_c 表示.例如,铅的转变温度 $T_c = 7.0\,\text{K}$,水银的转变温度 $T_c = 4.2\,\text{K}$,铝的转变温度 $T_c = 1.2\,\text{K}$.

超导现象是 1911 年荷兰物理学家昂纳斯(1853～1926 年)首先发现的.他在测量汞的电阻与温度的关系时发现,当温度下降到 4.2 K 附近时,汞的电阻突然下降为零,这时汞处于超导状态.昂纳斯杰出的工作,使他荣获 1913 年诺贝尔物理学奖.现已发现有几十种元素,几千种合金和化合物是超导体.对超导体的研究是当今科研项目中最热门的课题之一.

长期以来,人们发现的超导体只能在低温状态下工作,这就需要许多低温设备和技术,费用昂贵,限制了超导体的应用.人们一直寻求在较高温度下具有超导电性的材料,然而到 1985 年所能达到的最高超导转变温度也不过 23 K.1986 年 4 月美国 IBM 公司的缪勒和柏诺兹博士成功地发现钡镧铜氧化物在 35 K 时出现超导现象,并因此获得 1987 年诺贝尔物理学奖.1986 年底美国发现转变温度是 40.2 K 的超导材料.1987 年 2 月中国宣布获得转变温度为 78.5 K 的超导体.在 1989 年,我国科学家发现了转变温度 $T = 130\,\text{K}$ 的超导材料.目前,各国科学家正在积极寻找室温下的超导材料.

超导在技术中的应用具有十分诱人的前景.超导体的电阻率几乎为零,在远距离输电中,如果使用超导输电线,将可避免电能的大量消耗.在大型的电磁铁和电机中,如果用超导材料做成线圈,损耗功率将大大降低,电磁铁和电机的功率就可以大大提高.各种电子器件如能实现超导化,将会大大提高它们的性能.

各国科学家在寻找超导材料的同时已在着手研究超导的应用.1987 年美国制造出超导电动机.我国继德、日之后研制成功磁悬浮列车,即在列车下部装上超导线圈,列车启动后可以悬浮在铁轨上.这样就大大减小了列车与铁轨之间的摩擦,车速可达 550 km/h.我国在上海的第一条磁悬浮铁路已经开始商业运行.

常温超导材料一旦研制成功,超导将得到广泛的应用,那将会引起工业的又一次深刻变革.

本章小结

本章我们主要讨论了导体中电流的形成,电流在电路中所遵循的基本定律;通过欧姆定律和电阻定律的比较学习阐述各物理量的本质和相互间的联系;并讨论了电路中能量转换、电流热效应、闭合电路的欧姆定律和基尔霍夫定律等.

重点理解电阻定律和欧姆定律.知道欧姆定律不仅适用于金属导体,也适用于电解液.

但是导体的电阻与这段导体的电压和流过的电流无关,是由导体的电阻率、长度和横截面积等参数决定.

1. 理解电流的热效应,掌握电路中各元件做功的求解方法.

2. 掌握电路的三种基本状态(通路、开路和短路),理解三种状态的特点.

3. 应用闭合电路的欧姆定律分析简单电路,求解电源的最大输出功率.

4. 基尔霍夫定律是电路分析的两个普遍规律,仅与元件的连接有关,而与元件性质无关. 分析时要注意方向问题.

习 题

5.1.1 产生电流的条件是什么? 在金属导体中产生恒定电流的条件是什么?

5.1.2 在图中,两条伏安特性曲线分别与 A,B 两个电阻相对应. 依次回答:(1) A,B 哪个电阻值大? (2) A,B 的电阻值各是多少?

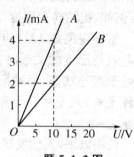

题 **5.1.2 图**

5.1.3 人体通过 50 mA 电流时,会引起呼吸器官麻痹而导致生命危险,表皮破损后的人体最小电阻约为 800 Ω,问人体允许承受的电压是多大? (国家规定,照明用电的安全电压为 36 V)

5.1.4 高压输电线掉落到地面时,由于泥土导电,在电流方向上任意两点之间有电势差(做过静电场描绘实验的会明白这个道理),人若走近,双足之间就有"跨步电压"(右图). 离落点 1 m,跨步电压可高达 700 V;离落点 10 m,跨步电压约为 12 V. 一个电阻为 5 kΩ 的人站到这个位置时,流过人体的电流各是多大?

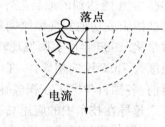

题 **5.1.4 图**

5.1.5 在地球电场作用下,大气中正离子向下移动,负离子向上移动,形成大气流. 据测量,大气电流约为 1.8 A,大气电阻约为 160 Ω. 地球电场在 20 km 高处场强为零,以此为零电势面,地球的电势是正还是负,数值多少?

5.1.6 某电流表可测量的最大电流是 10 mA. 已知一个电阻两端的电压是 8.0 V 时,通过的电流是 2 mA. 如果给这个电阻加上 50 V 的电压,能否用这个电流表测量通过这个电阻的电流?

5.2.1 一卷铝导线,长为 100 m,导线的横截面积为 1 mm^2,这卷电线的电阻是多大?

5.2.2 有一段导线,电阻是 4 Ω,把它对折起来作为一条导线用,电阻是多大? 如果把它均匀拉伸,使它的长度为原来的两倍,电阻又是多大?

5.2.3 有一条铜线长 $1\,000$ m,横截面半径为 2 mm,如果导线两端电压为 8 V,求该导线中通过的电流.

5.2.4 已知电流计的内阻 100 Ω,偏转电流 100 μA. 要把它改装成量程是 15 mA 的电流表,应并联多大的电阻? 要把它改装成量程是 15 V 的电压表,应串联多大的电阻?

5.2.5 一量程为 150 V 的电压表,内阻为 20 kΩ,把它与一高电阻串联后接到 110 V

的电路上,电压表的读数是 5 V,高电阻的阻值是多少?

5.2.6 直流电动机线圈的电阻很小,起动时电流很大,会造成不良后果.为了减小起动电流,需给它串联一个起动电阻 R,如图所示.电动机起动后才将 R 减小,如果供电电压为 220 V,电动机线圈电阻为 2.0 Ω,那么:(1)不串联起动电阻时,起动电流多大?(2)为了限制起动电流为 20 A,起动电阻应是多大?

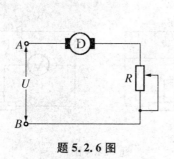

题 5.2.6 图

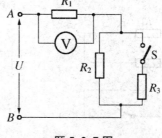

题 5.2.7 图

5.2.7 在右上图中,$R_1 = 2.0$ Ω,$R_3 = 4.0$ Ω,开关 S 断开时,测得 R_1 上的电压为 4.0 V;合上开关 S,测得 R_1 上的电压为 6.0 V,求电压 U 和电阻 R_2.

5.2.8 在两个楼道之间要安装一盏灯,使得楼上和楼下都能用开关控制这盏灯,试设计这样一条线路.

5.3.1 对于电灯、电风扇、电水壶、电冰箱这些家用电器,哪些可以用 U^2/R 来计算消耗的电功率?

5.3.2 用电器的额定电压为 6 V,额定功率为 1 W.如果电源的输出电压为 10 V,需串联一个多大的电阻才能使用电器正常工作?

5.3.3 一支金属壳电热管,额定电压 220 V,额定功率 800 W,求它的电阻和额定电流.

5.3.4 右图是一种国产调温型电热毯的电路图.220 V 的交流电压经变压器降至安全电压.工作电压为 24 V 时,电热丝功率为 60 W.那么,电热丝在 12 V,18 V 电压下工作时,消耗的功率各是多少?

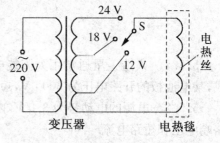

题 5.3.4 图

5.3.5 电热驱蚊器采用了新型的陶瓷电热元件(PTC),通电后会自动维持在适当温度上,使驱蚊药受热挥发.驱蚊器平均功率 5 W,它连续工作 10 小时,消耗多少度电?

5.3.6 把"110 V,100 W"灯泡和"110 V,40 W"串联在 220 V 的电路中使用行不行?如果有一个变阻器,怎样把它接入电路中,可使两个灯泡正常工作?

5.3.7 一个额定电压为 220 V、功率为 500 W 的电热器(设其阻值不变)接在 220 V 的线路上,试求:

(1)电热器的电阻;

(2)通过电热器的电流;

(3)若电路的电压降到 200 V,电热器的实际功率是多少?

5.4.1 有一个电动势为 2 V 的蓄电池,正、负极标志模糊不清.给你一节电动势为 1.5 V 的新干电池,一个"3.8 V,0.3 A"的小灯泡和一些导线,你怎样做能把蓄电池的正、负极分辨出来?

5.4.2 太阳能电池板的电动势是 0.06 mV,允许通过的最大电流是 25 μA. 求下列两种情况下应如何连接(串联或并联)电池板及电池板的个数:(1) 需要 120 V,25 μA 电源;(2) 需要 0.60 mV,25 mA 电源.

5.4.3 在图中,变阻器的活动触头可否拉到最左端?

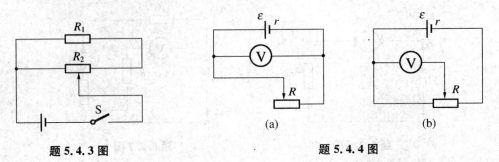

题 5.4.3 图   题 5.4.4 图

5.4.4 在右上图所示的两种电路中,电源的电动势为 ε,内阻为 r. 变阻器滑动触头从左端向右端移动时,两个伏特表读数分别是变大还是变小?

5.4.5 写出图中各段电路的电压 U_{ab} 的表达式.

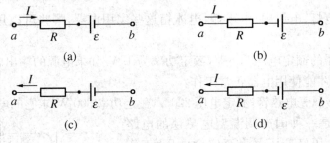

题 5.4.5 图

5.5.1 人造卫星通常用太阳能电池(如硅光电池)供电,太阳能电池由许多电池板组成,某电池板的开路电压为 600 μV,短路电流为 30 μV,求这块电池板的内阻.

5.5.2 电源的电动势为 3.0 V,内阻 0.35 Ω,外电路的电阻 1.65 Ω,求电路中的电流、路端电压和短路电流.

5.5.3 在左下图所示的电路中 $R=10$ Ω,开关 S 闭合时,电压表读数为 5.46 V;S 断开时,电压表读数为 6.0 V,求电源内阻.

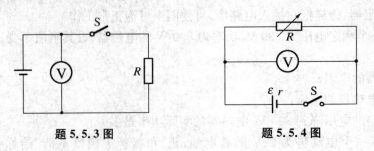

题 5.5.3 图   题 5.5.4 图

5.5.4 如右上图所示,合上开关 S,当电阻箱的电阻 $R_1=4.0$ Ω 时,测得电压 $U_1=1.6$ V;

当电阻箱的电阻 $R_2 = 7.0\,\Omega$ 时,测得电压为 $U_2 = 1.75\,V$. 求电源电动势 ε 和内阻 r 的大小.

5.5.5 有一个闭合回路,电源的电动势为 $6.0\,V$,电源内阻为 $0.5\,\Omega$,外电路电阻为 $2.5\,\Omega$,求内电路消耗的功率、电源的输出功率和电源的总功率.

5.5.6 如图所示,已知电路中 $I_1 = 1\,mA$, $I_2 = 10\,mA$, $I_3 = 2\,mA$,求电流 I_4.

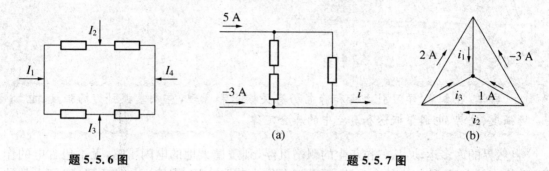

题 5.5.6 图   (a)   (b)   题 5.5.7 图

5.5.7 如右上图(a)(b)所示的电路中,试求电路中的未知电流.

5.5.8 如左下图所示,已知 $R_1 = 10\,k\Omega$, $R_2 = 20\,k\Omega$, $E_1 = 6\,V$, $E_2 = 6\,V$, $U_{AB} = -0.3\,V$,求电路的电流 I_1, I_2, I_3.

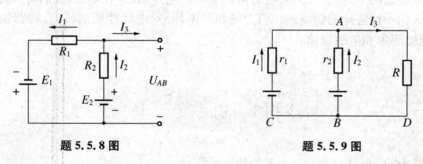

题 5.5.8 图   题 5.5.9 图

5.5.9 如右上图所示,蓄电池的电动势分别为 $\varepsilon_1 = 2.15\,V$ 和 $\varepsilon_2 = 1.9\,V$,内阻分别为 $r_1 = 0.1\,\Omega$ 和 $r_2 = 0.2\,\Omega$,负载电阻为 $R = 2\,\Omega$. 问:(1)通过负载电阻和两蓄电池的电流是多少?(2)两蓄电池的输出功率为多少?

第 6 章

✿ 静电场

导学:在本章,学习引力场和静电场有关概念和原理,重点掌握引力场强度、电场强度、电势、电通量概念和真空中的库仑定律.

自然界的许多运动,从一粒灰尘的飘荡沉浮,到震撼天地的电闪雷鸣,无不包含电的作用.动物中的电鳗、植物中的食虫草,更是把电作为获取食物、维持生命的手段.我们人类的身体也是由成万成亿个微型电池——细胞所组成.我们平常呼吸的空气,平均每立方厘米含有 100 至 500 个带电粒子——离子.现代社会中,电视、电脑、手机已成为人类生活中的一部分,人类的生活已离不开电.人类对电的认识是从静电开始的.在本章,我们将从力和能量这两个侧面,认识一种特殊的物质——引力场和静电场.对电场性质的研究,将帮助我们更深入地认识电磁现象和电磁规律.

§6.1 引 力 场

6.1.1 引力场

万有引力定律告诉我们,任何两个有质量的物体都互相吸引,引力大小和两个物体质量乘积成正比,和两个物体间距离平方成反比.相距一段距离的两个物体是如何作用的呢?是直接作用,还是通过媒介作用?两个物体发生作用需不需要时间?经过多年研究和论战,越来越多的物理学家相信物体间的引力作用是通过一种特殊的中间物质发生的,物理学家把这种特殊物质称为**引力场**.

任何物体的周围都存在着引力场,虽然引力场从物体所在之处沿各个方向伸向无穷远处,但距离越远,引力场变得越弱,所以如果距离物体太远,引力场往往小到可以忽略不计.引力场中任一点都有两个重要的参数:引力场强度和引力势.下面我们就来讨论这两个概念.

6.1.2 引力场强度

在引力场中某点,物体所受的引力 F 与它的质量 m 的比值,叫做该点的**引力场强度** (g),即

$$g = \frac{F}{m}$$

(6.1.1)

引力场强度单位是牛顿每千克.在地球表面,g 的值取 $9.8\,\text{N}\cdot\text{kg}^{-1}$.由引力场强度定义可以看出,引力场强度是矢量,引力场强度方向与物体所受的引力方向相同.在地球表面,引力场强度方向竖直向下.

6.1.3　引力势和引力势差

引力势是引力场中和能有关的一个重要参数.

我们将物体从无穷远处(或者说引力场外)转移到引力场中某点,我们所做的功 W 与物体质量 m 的比值,叫做该点的**引力势**,即

$$\varphi = \frac{W}{m} \tag{6.1.2}$$

引力势的单位是焦耳每千克($\text{J}\cdot\text{kg}^{-1}$).和引力场强度不同,引力势是标量.由引力势定义可以看出,无穷远处的引力势为零.

地球表面的引力势数值是 $-6.26\times10^{7}\,\text{J}\cdot\text{kg}^{-1}$.地球表面的引力势数值为什么是负的? 这是因为我们将物体从无穷远处转移到地球表面过程中,地球引力做正功,我们必须做负功,才能使物体在动能不增加情况下移动到地球表面.如果地球与物体间的作用力是斥力,那么引力势就是正的了.

引力场中 A,B 两点间的引力势的数值差称为引力势差 φ_{AB}.引力势差在数值上等于移动单位质量的物体所必须要做的功.

6.1.4　引力势能

自由落体运动的物体速度越来越大,动能也越来越大,这个增加的动能从何而来? 在引力场中的物体具有引力势能,动能是引力势能转化来的.引力做功和引力势能的关系:物体克服引力做了多少功(引力做了多少负功),物体就增加多少引力势能;引力对物体做了多少正功,物体就减少多少引力势能.

§6.2　电荷守恒定律　真空中的库仑定律

气候干燥的季节,化纤料子做成的裤子常吸在腿上,而在阴雨季节不会产生这种现象.塑料笔杆和头发摩擦后,能把纸屑吸起,这些都是由于摩擦起电,电荷间的相互作用引起的.

6.2.1　电荷和电荷量

自然界只有两种电荷:正电荷和负电荷.电荷之间有相互作力,异种电荷互相吸引,同种电荷互相排斥.验电器就是利用这种性质工作的.

组成物质的原子是由原子核和核外电子构成的,电子带负电,原子核里的质子带正电.通常情况下,物体所包含的正、负电荷是等量的,对外呈电中性,即不带电.如果物体包含的正、负电荷不等量,它就带电了,这往往是由于电子的转移造成的.比如,用绸布摩擦玻璃棒,玻璃棒上的一些电子跑到绸布上.绸布由于负电荷过剩,带了负电;玻璃棒由于负电荷减少

（或者说正电荷过剩），带了正电.

物体带的电荷的多少叫做**电荷量**（Q 或 q），单位是库仑（C）. 电荷量也叫做电荷.

质子和电子的电荷量，是迄今为止能够观察到的最小电荷量，这个最小电荷量叫做**基本电荷量**，记作 e，$e=1.6\times10^{-19}$ C. 正电荷用正数表示，负电荷用负数表示. 这样，质子的电荷量为 $+e$，电子的电荷量为 $-e$. 有时我们说两个物体带等量电荷，指的是它们电荷量的绝对值相等.

质子和电子是一个一个的粒子，物体带电的多少，又取决于它所包含的质子数目与电子数目的差额，所以，电荷量只能取 e 的整数倍.

6.2.2 电荷守恒定律

摩擦前的绸布和玻璃棒都不带电，它们的电荷量为零. 摩擦后，它们所带的是等量异种电荷，电荷量的代数和仍为零. 若让它们接触，又都不带电了，这种现象叫做**电荷的中和**. 人们研究各类电荷重新分配的过程后来发现：不论电荷在两个或多个物体间如何重新分配，电荷量的代数和必定保持不变. 这个结论叫做**电荷守恒定律**. 在宏观或微观过程中，从没有发现违背这个定律的情况.

【例 6.2.1】 两个完全相同的小铜球，分别带上 5.0×10^{-8} C 和 -3.0×10^{-8} C 的电荷，让它们接触后又分开，各带多少电荷？

解 两个小铜球接触后的电荷量代数和为 2.0×10^{-8} C. 根据电荷守恒定律，它们接触后再分开，电荷量代数和不变. 由于两球完全相同，所以每个球的电荷量相等，均为 1.0×10^{-8} C.

6.2.3 点电荷

人们发现，带电体之间的相互作用力，与带电体的大小和形状有关. 但是，如带电体的大小远小于它与带电体的距离时，这个带电体的电荷便可看成是集中在一个"点"上，从而可把这个带电体看成一个**点电荷**. 这种物理模型突出带电体相互作用的主要因素，既简化了问题，又使研究结果与真实情况相符.

6.2.4 真空中的库仑定律

1785 年，法国的库仑通过实验发现：真空中的两个点电荷之间的相互作用力，方向沿着它们的连线；作用力的大小与两个点电荷电荷量的乘积成正比，与它们之间的距离的二次方成反比，这叫做真空中的**库仑定律**，用公式表示为

$$F = k\frac{q_1 q_2}{r^2} = \frac{1}{4\pi\varepsilon_0} \cdot \frac{q_1 q_2}{r^2} \tag{6.2.1}$$

式（6.2.1）中 q 的单位为 C，r 的单位为 m，F 的单位为 N；比例系数 k 叫做静电力常量，实验测得 $k=9.0\times10^9$ N·m²/C²，ε_0 叫做真空电容率，$\varepsilon_0=8.85\times10^{-12}$ F/m，电荷间的这种力叫做静电力，又称为库仑力. 看得出，库仑定律与万有引力定律很相似.

式（6.2.1）适用于真空或空气中点电荷的情况. 理论计算指出，均匀带电球体可看成全部电荷集中于球心的点电荷. 应用库仑定律时，电荷量取绝对值，静电力方向根据"同种电荷互相排斥，异种电荷互相吸引"的事实来判断. 一个点电荷同时受到两个或两个以上点电荷

作用时,它受到的力,是那些点电荷的作用力的合力.

【例 6.2.2】 试比较电子和质子间的静电引力和万有引力的大小.已知电子质量是 9.1×10^{-31} kg,质子质量是 1.67×10^{-27} kg.

解 电子和质子间的静电引力 F_1 和万有引力 F_2 分别是

$$F_1 = k\frac{q_1 q_2}{r^2}, F_2 = G\frac{m_1 m_2}{r^2}$$

所以

$$\frac{F_1}{F_2} = \frac{kq_1 q_2}{Gm_1 m_2} = \frac{9.0 \times 10^9 \times 1.60 \times 10^{-19} \times 1.60 \times 10^{-19}}{6.67 \times 10^{-11} \times 9.1 \times 10^{-31} \times 1.67 \times 10^{-27}} = 2.3 \times 10^{39}$$

可见,电子和质子间的静电力是它们之间万有引力的 2.3×10^{39} 倍.在研究微观粒子间的相互作用时,万有引力一般可以忽略不计.

思考与讨论

真空中的库仑定律和万有引力定律很相似,请你说说库仑力和万有引力的异同.

§6.3 电场 电场强度

6.3.1 电场

真空中两个不接触的带电体,它们之间不需要有任何由原子、分子组成的物质作媒介,依然存在着静电力,这种力依靠什么来传递呢? 和引力场相似,电荷周围存在着一种叫做电场的特殊物质.电荷间的相互作用,是借助于它们自己的电场施加给对方的.

只要有电荷,它周围一定存在着电场.静止电荷产生的电场叫做**静电场**,产生电场的电荷叫做**场源电荷**.

电场看不见、摸不着,怎样研究它呢? 人们是从电场产生的效果入手的.电荷在电场中要受到电场的作用,这种作用叫电场力,静电力说到底就是电场力.电场力为我们提供了感测电场的手段,人们常用检验电荷来感测电场.检验电荷是电荷量很小的点电荷,它的电荷量远小于场源电荷的电荷量,因而不会使它自己的电场明显地影响待测电场.

6.3.2 电场强度

电场对放入其中的电荷有电场力的作用,这是电场的一个基本性质.

把检验电荷 q 放入点电荷 Q 产生的电场中,电荷 q 在电场中的不同点受到的电场力的大小一般是不同的,这表示各点的电场强弱不同.在距 Q 较近的点,电荷 q 受到的电场力大,表示这一点的电场强;在距 Q 较远的点,电荷 q 受到的电场力小,表示这点的电场弱,如果把带电量不同的试探电荷 q 和 q' 分别放在电场的同点 A,它们受到的电场力分别为

$$F_A = k\frac{Qq}{r_A^2}, F_A' = k\frac{Qq'}{r_A^2}$$

不难看出
$$\frac{F_A}{q} = \frac{F'_A}{q'} = k\frac{Q}{r_A^2}$$

上式说明,在电场中的同一点,比值 F/q 是恒定的;在电场中的不同点,比值 F/q 一般是不同的.这个比值由检验电荷 q 在电场中的位置所决定,跟试探电荷 q 无关,是反映电场性质的物理量.在电场中某点,检验电荷所受的电场力 F 与它的电荷量 q 的比值,叫做该点的电场强度(E),简称**场强**,即

$$E = \frac{F}{q} \tag{6.3.1}$$

电场强度的单位是牛顿每库仑(N/C).上式适用于任何电场.计算 E 的大小时,F,q 均取绝对值.电荷在不同点受到的电场力的方向一般不同.所以反映电场力性质的电场强度是矢量(E).人们规定:电场中某点的场强方向,就是放在该点的正电荷所受的电场力的方向.

知道了电场中某点的场强 E,根据上式可计算点电荷 q 在这一点受到的电场力大小 F(计算时 q 取绝对值),即

$$F = qE \tag{6.3.2}$$

当 q 为正电荷时,F 与 E 同向;当 q 为负电荷时,F 与 E 反向.也就是说,在电场中某点,正电荷受力与场强方向相同,负电荷受力方向与场强方向相反.

6.3.3　点电荷的场强

如果电场是由单个点电荷 Q 产生的,那么由库仑定律和场强定义很容易得到场强的大小公式:

$$E = k\frac{Q}{r^2} \tag{6.3.3}$$

利用(6.3.3)式求某一点的场强大小时,Q 取绝对值;而场强方向,则与放在这一点的正电荷受力方向相同.具体地说,当 Q 为正电荷时,电场中各点的场强方向背离 Q 而去;当 Q 为负电荷时,电场中各点的场强方向指向 Q.

式(6.3.3)是根据库仑定律得到的,只适用于真空或空气中点电荷产生的电场.若电场由两个以上的点电荷共同形成,由于场强是矢量,电场中任一点的场强是各个场源电荷在这一点产生的场强矢量的合成,遵循平行四边形法则.式(6.3.3)还表明,电场中任一点的场强,与这一点在电场中的位置有关,而跟这一点是否有电荷无关.

【**例 6.3.1**】　在与场源电荷 Q 相距 $r=30$ cm 的 P 点,电荷量 $q=-1.0\times10^{-10}$ C 的点电荷受到的电场力 $F=1.0\times10^{-6}$ N,方向指向 Q.

(1)求 P 点的场强;

(2)Q 为何种电荷,其电荷量是多少?

解　(1)P 点的场强大小
$$E = \frac{F}{q} = \frac{1.0\times10^{-6}}{|-1.0\times10^{-10}|} = 1.0\times10^4 \, (\text{N/C})$$

场强方向与放在 P 点的正电荷受力方向相同,即背离 Q.

(2)Q 应是正电荷.$Q = \frac{Er^2}{k} = \frac{1.0\times10^4\times(0.30)^2}{9.0\times10^9} = 1.0\times10^{-7} \, (\text{C})$.

6.3.4　电场线

要了解电场中场强的分布情况,依靠逐点计算场强大小和确定它的方向,是很麻烦的.下面介绍的直观地描绘电场的方法,这是法拉第首先想出来的.

我们可以在电场中作出一系列曲线,使曲线上每一点的切线方向与该点的场强方向一致,这些曲线叫做**电场线**.图 6.3.1 和图 6.3.2 画出了几种电场的电场线.

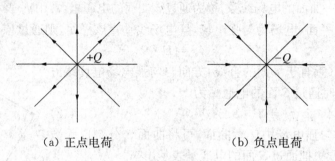

（a）正点电荷　　　　　　　　　　（b）负点电荷

图 6.3.1

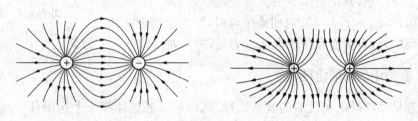

图 6.3.2

电场线是人为画出来的,但不是想怎么画就怎么画,应当让它们反映电场的实际情况.从所给的电场线看出,在静电场中,正电荷和负电荷分别是电场线起始和终止的地方,电场线不形成闭合曲线;任何两条电场线都不相交.

电场线不但能表示电场的方向,还能表示电场的强弱.我们想象在某一点,有一个与该点场强 E 相垂直的平面,让通过它的电场线数目与该平面面积的比值(即通过单位面积的电场线数目)等于 E,这样,电场强的地方电场线密,电场弱的地方电场线疏.上面所给的电场线图就是按这照这种规则画出来的.

6.3.5　匀强电场

如果电场中的某一区域里,各点场强的大小及方向都相同,这一区域就叫做**匀强电场**.两块面积很大,彼此平行又靠得很近的金属板,分别带上等量异种电荷,就在两板间形成了匀强电场(除两板边缘附近外).匀强电场的电场线是疏密均匀、互相平行直线,见图 6.3.3.

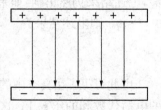

图 6.3.3　匀强电场电场线

§6.4 静电场高斯定理

6.4.1 电通量

通过电场中某一曲面的电场线数,称为通过该曲面的**电通量**,常用 ϕ_e 表示,单位为 Vm.

如果曲面 S 为平面,电场为匀强电场,且电场线垂直该平面,则通过该面的电通量为

$$\phi_e = E \cdot S \tag{6.4.1}$$

如果平面法线(垂直于平面的直线)方向与匀强电场电场线方向成 θ 角,如图. 这时通过 S 面的电通量为

$$\phi_e = E \cdot S \cos\theta \tag{6.4.2}$$

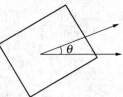

如果 S 面为非匀强电场中任意曲面,可将曲面 S 分割成无数面元,用微积分的方法把通过 S 面的电通量表示出来.

电通量为一标量,其正负由 θ 角决定. 当 $\theta < \pi/2$ 时,$\phi_e > 0$;$\theta = \pi/2$ 时,$\phi_e = 0$;$\theta > \pi/2$ 时,$\phi_e < 0$. 当曲面闭合时,数学上规定法线方向垂直于曲面向外,自曲面穿出的电通量为正;进入曲面的电通量为负.

图 6.4.1 电通量

6.4.2 真空中的高斯定理

高斯定理是反映静电场性质的基本定理. 我们可以通过计算一个包围任一点电荷的闭合曲面的电通量来引入它. 为简化讨论,设一正点电荷在一半径为 r 的球的球心. 由于场强始终垂直于球面,所以通过该球面的电通量可等效于匀强电场垂直穿过平面的情形,等效匀强电场的场强为 $\frac{1}{4\pi\varepsilon_0} \cdot \frac{q}{r^2}$,等效平面的面积为 $4\pi r^2$,这样根据

$$\phi_e = E \cdot S = \frac{1}{4\pi\varepsilon_0} \cdot \frac{q}{r^2} \cdot 4\pi r^2$$

$$\phi_e = \frac{q}{\varepsilon_0} \tag{6.4.3}$$

由此可见,通过此球面的电通量,与球面的半径无关,只与点电荷的电量 q 和真空电容率 ε_0 有关,可以证明,如果电荷不在球心处,或闭合曲面不为球面,而是任意形状的闭合曲面,上述结果仍然正确. 如果闭合曲面内包围的不只是一个点电荷,而是一个点电荷系 q_1,$q_2,\cdots,q_n$,则上述结果为

$$\phi_e = \frac{1}{\varepsilon_0} \sum_{i=1}^{n} q_i \tag{6.4.4}$$

由此可见:在真空中的静电场内,通过任一闭合曲面的电通量,等于该闭合曲面所包围的电荷代数和的 $1/\varepsilon_0$ 倍,这一规律称为真空中的**高斯定理**. 上式中所涉及的闭合曲面,称为高斯面.

为正确理解高斯定理,须注意以下几点:

(1) 通过闭合曲面的电通量,只与闭合曲面内的电荷量有关,与闭合曲面内的电荷分布以及与闭合曲面外的电荷无关.

（2）闭合曲面上任一总的场强 **E**，是空间所有电荷（包括闭合曲面内、外的电荷）激发的，即闭合曲面上的场强是总场强，不能理解为闭合曲面上的场强仅仅是由闭合曲面内的电荷所激发.

（3）闭合曲面内电荷的代数和为零，只说明通过闭合曲面的电通量为零，并不意味着闭合曲面上各点的场强也一定为零.

高斯定理反映了静电场的一个基本性质，即静电场是有源场，电场的源头是在电场中有电荷存在的那些点上. 此外，高斯定理不仅对静电场适用，对变化的电场也适用，它是电磁场理论的基本方程之一.

利用高斯定理可以计算电荷具有某种对称分布的一些带电体的电场分布.

【例6.4.1】 应用高斯定理计算无限大均匀带电平面外任一点的电场强度.

解 如图6.4.2所示，设均匀带电的无限大平面的电荷面密度（即单位面积上的电荷量）为 σ. 求面外任一点 P 的场强.

由于电荷均匀分布在无限大平面上，所以电场分布对该平面对称. 即在平面两侧距平面等远处的场强大小相等. 场强的方向垂直于带电平面.

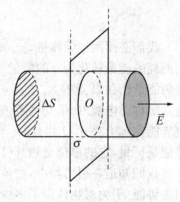

图6.4.2

取一闭合圆柱面为高斯面，圆柱的轴线与平面正交，截面为 ΔS，它把圆柱面分为相同的两个部分，所讨论的 P 点位于圆柱面的一个底面上. 显然，通过圆柱面侧面的电通量为零. 通过整个高斯面的电通量就等于通过两底面的电通量，即

$$\phi_e = E \cdot \Delta S + E \cdot \Delta S = 2E \cdot \Delta S$$

由高斯定理得

$$2E \cdot \Delta S = \frac{1}{\varepsilon_0}\sigma\Delta S$$

所以 $E = \dfrac{\sigma}{2\varepsilon_0}$.

可见，均匀无限大带电平面的电场是均匀电场. 在平面两侧各点的场强数值相同，与所研究的点到平面的距离无关. 场强的大小仅由平面的电荷密度 σ 决定. 当 $\sigma > 0$ 时 E 的方向垂直平面向外；当 $\sigma < 0$ 时，E 的方向垂直并指向平面.

利用上式和场强叠加原理，可以得到两个无限大均匀带电平面之间的场强为 σ/ε_0，在两板之外，合场强为零.

§6.5 电势能 电势

6.5.1 电势能

悬挂于丝线的带正电 q 的小球，放入正电荷 Q 产生的电场中，q 从位置 B 偏移到位置

A,如图 6.5.1(a)所示,电场力对 q 做了功.电场有做功的本领,表明它具有能量,这是电场的又一重要性质.

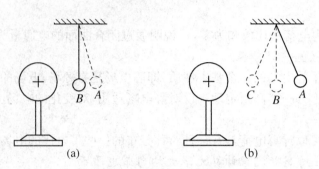

图 6.5.1　电势能演示

我们必须用绝缘棒推动小球,才能使 q 克服电场力做功回到 B,如图 6.5.1(b)所示,我们消耗的能量转化为 q 的能量.把 q 进一步推到 C,要消耗更多的能量,所以 q 在 C 点所具有的能量比在 B 点的大.电荷 q 在电场中具有的这种与位置有关的能量,叫做**电势能**(E_p),通常简称为**电能**.如果 Q 不存在,q 就不受电场力作用,它的移动也就与电场力无关.可见,电势能实际上是 q,Q 共有的.不过,为方便起见,通常说成为 q 在 Q 的电场中的电势能.电势能是标量,它的单位是焦耳(J).

我们知道在引力场中,物体克服引力做了多少功(引力做了多少负功),物体就增加多少引力势能;引力对物体做了多少正功,物体就减少多少引力势能.电场力做功与电势能变化的关系,与此十分相似:即电荷克服电场力做了多少功(电场力做了多少负功),电荷就增加多少电势能;电场力对电荷做了多少正功,电荷就减少多少电势能.这种情况可用下式表达:

$$W_{AB} = E_{pA} - E_{pB}$$

式中的 W_{AB} 是点电荷从电势能为 E_{pA} 的 A 点,移到电势能为 E_{pB} 的 B 点时,电场力做的功.在场强为 E 的匀强电场中(图6.5.2),A,B 两点的连线平行于电场线,距离为 d;B,C 两点的连线垂直于电场线.若正电荷 q 在电场力 F 的作用下从 A 移到 B,电场力做功为

$$W_{AB} = Fd = qEd$$

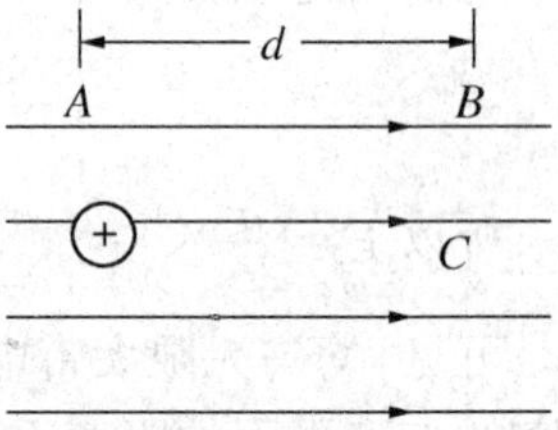

图 6.5.2　电势能的变化

这是正功,q 的电势能减少了 qEd,减少的电势能往往转换为 q 的动能.反之,若 q 从 B 移到 A,电场力做功

$$W_{BA} = Fd\cos 180° = -qEd$$

这是负功,即 q 克服电场力做功,电势能增加了 qEd,这个过程,可以由 q 消耗本身的动能来实现,也可以由外力(如化学作用等)做功来实现,这时,其他形式的能量转换为电能.如果 q 沿直线 BC 从 B 移到 C,由于电场力方向与电荷移动方向垂直,电场力不做功,q 的电势能就不会变化.

与物体重力势能的取值相似,要先规定某处为零势能点(或面),才能确定电荷在其他点的电势能数值.比如,在图 6.5.2 中,若以 B 为零电势能点,$E_{pB}=0$;根据电场力做功和电势能的关系式,q 在 A 点的电势能 $E_{P_A} = W_{AB} = qEd$.

6.5.2　电势

在图 6.5.2 中,以 B 点为零电势能点,电荷 q 在 A 点的电势能与电荷量的比值 qEd/q $=Ed$,这个比值是一个常量,与电荷量无关,只取决于电场本身,以及 A 相对于 B 的位置. 知道了 A 点的这个比值,不同的电荷在 A 点的电势能都能方便地求出. 同一个正电荷,在比值大(Ed 大)的地方电势能大,在比值小(Ed 小)的地方电势能小. 在非匀强电场中也有类似情况. 于是,我们把这个比值叫做电势(φ). 点电荷在电场中某点所具有的电势能 E_p,与它的电荷量 q 的比值,叫做该点的电势,即

$$\varphi = \frac{E_p}{q} \tag{6.5.1}$$

电势是标量,单位是伏特(V).电荷量为 $1\,C$ 的正电荷在电场中某一点具有 $1\,J$ 的电势能,这一点的电势就是 $1\,V$,即 $1\,V=1\,J/C$. 只有当零电势点(或面)选定之后,各点的电势才有确定的值,犹如测量地势高低必须有一个公共起点一样. 零电势点的选取是任意的,在同一问题中,零电势点和零电势能点的选取必须一致. 不作说明选取无穷远处为零电势点. 在实用中,常选取大地或仪器的公共地线的电势为零.

6.5.3　电势差

电场中任意两点的电势之差,叫做这两点的**电势差**(U),它就是人们常说的电压. 两个确定点之间的电势差,不因零电势点选择的不同而不同,因而更具有实际意义.

设电场中 A,B 两点的电势分别为 φ_A 和 φ_B(图 6.5.3)那么这两点的电势差

$$U_{AB} = \varphi_A - \varphi_B \tag{6.5.2}$$

若以 B 为零电势点,$\varphi_B = 0$,则有 $U_{AB}=\varphi_A$,可见,A 点的电势,数值上等于它与零电势点的电势差. 现在把电荷 q 从 A 移到 B,由于

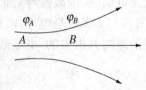

图 6.5.3　电势差

$$\varphi_A = \frac{E_{pA}}{q}, \varphi_B = \frac{E_{pB}}{q}$$

因此有

$$W_{AB} = q(\varphi_A - \varphi_B) = qU_{AB} \tag{6.5.3}$$

式(6.5.3)表明:电荷从电场中的一点移到另一点时,电场力所做的功,等于电荷的电荷量与这两点间电势差的乘积.

式(6.5.3)是一个很有用的公式,它告诉我们,知道了两个点电势差,电荷从一点移到另一点电场力做的功就能方便地求出,不必考虑电荷移动时的具体路径,也不考虑是恒力做功(在匀强电场中)还是变力做功(在非匀强电场中).

由式(6.5.3)还可看出:当 $W_{AB}>0$ 时,若 $q>0$ 则 $\varphi_A>\varphi_B$;若 $q<0$,则 $\varphi_A<\varphi_B$ 说是说:当电场力做正功时,正电荷总是从电势高的地方移向电势低的地方;负电荷总是从电势低的地方移向电势高的地方. 反之,只要正、负电荷这样移动,电场力一定做正功.

【例 6.5.1】　在图 6.5.2 中,设 $E=5.0\times10^3\,N/C, d=20\,cm$,求:(1) $q=1.0\times10^{-6}\,C$ 的点电荷从 A 移到 B 时电场力做的功 W_{AB},电势差 U_{AB};(2) $q'=-2.0\times10^{-6}\,C$ 的点电荷

从 A 移到 B 时电场力做的功 W'_{AB};(3) U_{BA};(4) U_{BC}.

解   (1) $W_{AB}=qEd=1.0\times10^{-6}\times5.0\times10^{3}\times2.0\times10^{-2}=1.0\times10^{-4}$(J)

$$U_{AB}=\frac{W_{AB}}{q}=\frac{1.0\times10^{-4}}{1.0\times10^{-6}}=1.0\times10^{2}\text{(V)}$$

(2) $W'_{AB}=q'U_{AB}=(-2.0\times10^{-6})\times1.0\times10^{2}=-2.0\times10^{-1}$(J).

(3) $U_{BA}=\varphi_B-\varphi_A=-(\varphi_A-\varphi_B)=-U_{AB}$.

(4) 电荷从 B 移到 C 时,电场力不做功.则 $U_{BC}=0$,即 B 点与 C 点电势相等,即 $\varphi_B=\varphi_C$.

§6.6   等势面   电势差与场强的关系

6.6.1   等势面

我们在上一节[例 6.5.1]中看到,电场中一些不同的点可以具有相同的电势.电势相同的点连成的面,叫做等势面,它们形象地反映了电场中电势的分布情况.

同一等势面上任意两点的电势差为零,在等势面上移动电荷时,电场力不做功,这表明电场力方向与电荷移动的路径相垂直.电场的方向总是沿场线切线方向的,可见电场线与等势面是相互垂直的.因而,匀强电场的等势面是垂直于电场线的一系列平面(图 6.6.1 实线是电场线,虚线是等势面),单个点电荷的电场中,等势面是以点电荷为球心的一系列球面(图 6.6.2 实线是电场线,虚线是等势面).这些等势面是按每相邻两个等势面的电势差都相同的原则画出来的.电场线较密的地方,等势面也较密,可见等势面也能反映电场的强弱.

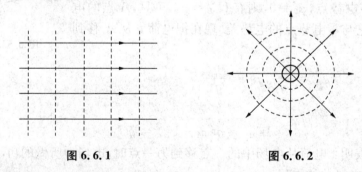

图 6.6.1   图 6.6.2

6.6.2   电势差与场强的关系

电势差与场强从不同侧面反映电场的性质,它们一定有某种联系.在匀强电场中,如正电荷沿电场线方向由 A 移到 B,则电场力做功 $W=qU$;另一方面,$W=qEd$,可得

$$U=Ed$$

$$E=\frac{U}{d}$$

即在匀强电场中,沿场强方向的两点间的电势差,等于场强与两点间距离的乘积.

只要沿场强方向的两点距离及它们间的电势差是已知的,这个匀强电场的场强就可以求出. 从这看出,场强的单位还可取伏特每米(V/m),它与牛顿每库仑(N/C)是一致的.

如果正电荷沿电场线方向移动,电场力做正功. 正电荷是沿电势降低的方向移动的,因此沿电场线方向,电势是逐点降低的.

电势差的测量比场强的测量容易得多. 实用中往往是通过测量电势差来了解场强的. 比如,许多电子仪器中电极形状、大小和位置配置,都需要经过实验,测绘出等势面,由此了解电极产生的电场分布,找出合适的设计方案.

【例6.6.1】 两块平行的带等量异种电荷的金属极板,相距 $d=10$ mm,极板间电压 $U=10$ V,求极板间电场的场强 E.

解 极板间的电场是匀强电场. 根据公式,有

$$E = \frac{U}{d} = \frac{10}{1.0 \times 10^{-2}} = 1.0 \times 10^3 (\text{V})$$

E 的方向从正极板指向负极板.

§6.7 静电场中的导体

6.7.1 静电感应

金属原子最外层的电子受原子核的引力较小,很容易摆脱原子核的束缚,在金属的原子之间做无规则的热运动,这种电子叫做自由电子. 失去外层电子的原子变成带正电的离子,它们在平衡位置附近做无规则的热运动. 像金属这样含有较多自由电子的物体,叫做导体.

取一对有绝缘座的金属导体 A 和 B,让它们相互接触. 当带电体 C 移近时,附着在导体两端的金属箔张开了[图6.7.1(a)],表明这端带电了. 离带电体最近的一端叫近端,离带电体最远的一端叫远端. 实验表明,近端带的是与带电体异种的电荷,远端带的是与带电体同种的电荷. 本来不带电的导体为什么带电了呢? 原来,在带电体 C 的电场力作用下,导体中的一些自由电子做定向移动到达近端,而远端多出了一些带正电的离子,所以两端出现了等量异种电荷,这种现象叫做**静电感应**,所出现的电荷叫做感应电荷. 把带电体 C 移走,近端的负电荷向远端移动,并和正电荷中和,静电感应现象消失了. 如果先把 A,B 分开,再移走带电体 C,导体 A,B 就带了等量异种电荷[图6.7.1(b)]. 这种利用静电感应使导体带电的方式,叫做感应起电.

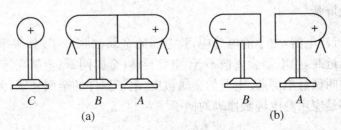

(a)   (b)

图6.7.1 静电感应和感应起电

在图6.7.1中,如果站在地上的人用手摸一下导体(A 或 B),再把带电体 C 移走,导体

就带负电. 这是因为, 手与导体接触时, 导体、人和大地成为整体, 导体是近端, 大地是远端, 放手后把带电体移走, 导体带的是负电.

6.7.2 等势体

我们进一步分析静电感应发生的过程. 把导体放入场强为 E_0 的匀强电场中, 感应电荷产生附加电场的场强 E', 其方向与外电场 E_0 的方向相反, 它削弱了导体内部的电场. 在 E' 小于 E_0 的时候, 自由电子的定向移动不会停止, 导体两端的感应电荷将继续增加, 这使 E' 继续增大. 直至 E' 和 E_0 在导体内的合场强 E 的大小等于零为止. 这时, 自由电子不再做定向移动. 静电感应有一个发生过程, 不过这个过程所需时间极为短暂.

导体中的电荷没有定向移动的状态, 叫做静电平衡状态, 处于这种状态下的导体, 内部场强处处为零.

处在静电平衡状态下的导体内部, 不可能有未被中和的电荷, 因为未被中和的电荷附近的场强不可能处处为零. 可见, 此时导体的电荷只能分布在导体的外表面, 这一点可用实验来验证. 让空腔导体带电, 用验电球接触空腔内表面的不同部位, 每次用验电器检查, 验电球上均无电荷; 验电球与空腔外表面接触, 则可检查出有电荷.

带电体外表面的电荷分布, 跟表面的曲率有关: 曲率越大的地方, 电荷越密集. 如果导体有尖端, 则尖端处电荷密度特别大, 电场很强, 可以导致附近的空气电离, 这时气体分子分离成正、负离子, 它们在电场中移动, 形成尖端放电. 据古书记载, 我国在公元 3 年已观察到金属矛的尖端放电. 避雷针利用尖端放电来避免建筑物遭雷击; 高压设备中的电极制成光滑的球形, 则是为了防止尖端放电引起的漏电, 以保持高电压.

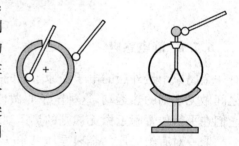

图 6.7.2 电荷分布实验

导体处于静电平衡状态时, 在整个导体内部和表面上, 任意两点之间都不可能存在电势差, 否则自由电子会从低电势点向高电势点做定向移动, 所以, 这时整个导体是**等势体**, 导体表面是等势面.

地球是个大导体, 它上面增减一些电荷对其电势的影响很小, 因此它的电势比较稳定, 一般选它的电势为零. 电子仪器中的金属底板, 通过导线接地, 也就与大地成为等势体, 其他部位的电势就容易测量了.

6.7.3 静电屏蔽

把带电体靠近验电器, 由于静电感应, 验电器的金属箔张开了. 如果事先用金属网罩住验电器, 带电体靠近时, 验电器金属箔不开. 空腔导体(金属网罩、金属壳等)能隔离外电场对空腔内的影响, 这叫做**静电屏蔽**. 电缆的金属包皮, 电子器件的金属外罩, 无线电工厂金属网围成的屏蔽室, 都是应用静电屏蔽原理的例子.

 阅读材料

1. 黑白激光打印机的工作原理

静电在喷涂、除尘、复印、植绒等许多方面都有应用.下面我们介绍目前应用较为广泛的静电复印原理.

激光打印机快速、高效,文本打印效果很好,如今,彩色激光打印机的图像输出效果已接近完美.下面我们介绍黑白激光打印机的工作原理.

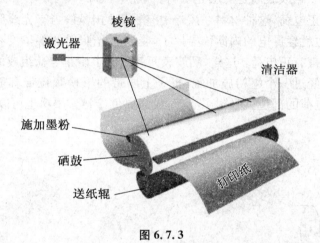

图 6.7.3

当计算机通过电缆向打印机发送数据时,打印机首先将接收到的数据暂存在缓存中,当接收到一段完整的数据后,再发送给打印机的处理器,处理器将这些数据组织成可以驱动打印引擎动作的类似数据表的信号组,对于激光打印机而言,这个信号组就是驱动激光头工作的一组脉冲信号.

激光打印机的核心技术就是所谓的电子成像技术,这种技术融合了影像学与电子学的原理和技术以生成图像,核心部件是一个可以感光的硒鼓.激光发射器所发射的激光照射在一个棱柱形反射镜上,随着反射镜的转动,光线从硒鼓的一端到另一端依次扫过(中途有各种聚焦透镜,使扫描到硒鼓表面的光点非常小),硒鼓以 1/300 英寸或 1/600 英寸的步幅转动,扫描又在接下来的一行进行.硒鼓是一只表面涂覆了有机材料的圆筒,预先带有电荷,当有光线照射时,受到照射的部位会发生电阻的变化.计算机所发送来的数据信号控制着激光的发射,扫描在硒鼓表面的光线不断变化,有的地方受到照射,电阻变小,电荷消失,也有的地方没有光线射到,仍保留有电荷,最终,硒鼓表面就形成了由电荷组成的潜影.

墨粉是一种带电荷的细微塑料颗粒,其电荷与硒鼓表面的电荷极性相反,当带有电荷的硒鼓表面经过涂墨辊时,有电荷的部位就吸附了墨粉颗粒,潜影就变成了真正的影像.硒鼓转动的同时,另一组传动系统将打印纸送进来,经过一组电极,打印纸带上了与硒鼓表面极性相同但强得多的电荷,随后纸张经过带有墨粉的硒鼓,硒鼓表面的墨粉被吸引到打印纸上,图像就在纸张表面形成了.此时,墨粉和打印机仅仅是靠电荷的引力结合在一起,在打印纸被送出打印机之前,经过高温加热,塑料质的墨粉被熔化,在冷却过程中固着在纸张表面.

　　将墨粉传给打印纸之后,硒鼓表面继续旋转,经过一个清洁器,将剩余的墨粉去掉,以便进入下一个打印循环.

　　我们以在一张纸上打印字母 A 的过程为例来具体说明上述过程:首先,打印机接收到计算机打印数据以后,经自己的运算芯片运算,然后向激光头发送一组脉冲信号,例如,右图中用灰线标出的那一行的信号就类似如图 6.7.4 所示.

图 6.7.4

　　由脉冲信号操纵,激光束在扫描过硒鼓表面时有时发光,有时不发光.硒鼓表面是一层光敏材料,经电极作用预先带上了正电荷,这种材料在黑暗中有很高的电阻,当有光线照射时,电阻会急剧下降,表面的电荷也就经导电的内筒传导掉了,受到激光照射的部位没有电荷,而没有受到激光照射的部位仍带有正电荷,这样,硒鼓表面就形成了由正电荷组成的文字潜影.

　　随后硒鼓表面经过一个墨粉施加辊,辊子上所带的墨粉颗粒带有负电荷,由于静电吸引,硒鼓上带有正电荷的部位就吸附了墨粉,成为黑色(当然,墨粉也可以是其他颜色的).

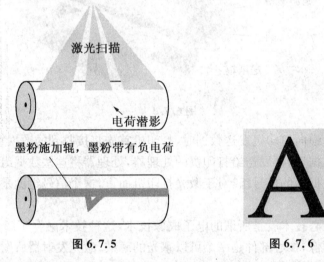

图 6.7.5　　　　　　　　　图 6.7.6

　　送纸系统将打印纸送进来从硒鼓表面经过,纸张经电极作用带上了很强的正电荷,这样,硒鼓上的墨粉就被吸附到纸张上:经加热墨粉在纸张表面固着,打印完成.

2. 静电的危害及防范

静电也有许多危害,常见的主要有以下几种:

(1) 高压静电放电造成电击(如雷击),危及人身安全.

(2) 在多易燃易爆品或粉尘、油雾的生产场所极易引起爆炸和火灾.

(3) 电子工业:吸附灰尘,造成集成电路和半导体元件的污染,大大降低成品率.

(4) 胶片和塑料工业:使胶片或薄膜收卷不齐;胶片、CD 塑盘沾染灰尘,影响品质.

(5) 造纸印刷工业:纸张收卷不齐,套印不准,吸污严重,甚至纸张黏结,影响生产.

(6) 纺织工业:造成绒丝飘动、缠花断头、纱线纠结等危害.

静电的危害有目共睹,现在日常生活中和工业生产中越来越多的已经开始实施各种程度的防静电措施和工程.

如何防范静电呢？我们以现代新型防雷技术来说明电危害的防范.

雷击灾害是一种自然灾害,人们通过积极防雷,可减少雷害的发生.防雷保护对象主要有：人、建(构)筑物和设备.随着信息时代的到来,高科技的迅猛发展,先进的测量、保护、监控电信和计算机等微电子产品的日益广泛使用,雷击灾害出现了新的情况,即出现频繁,波击面扩大.现代防雷要进行全方位综合防雷,才能更有效地减少雷害所带来的损失.

一、现代防雷技术措施

现代防雷的主要任务是全方位堵截雷电的任何入口.因此,提出了现代综合防雷的技术措施,它包含：接闪、分流、等电位连接、屏蔽、合理布线、接地.

1. 接闪

指通过接闪器,把闪电电流传导入地,保护建筑物不受雷击,它是防直击雷的主力军.

2. 分流

分流是把从室外来的导线(包括电力电源线、电话线、信号线或者这类电缆的金属外套等)都要并联一种避雷器至接地,把循导线传入的过电压在避雷器处经避雷器分流入地.

3. 等电位连接

等电位连接是防雷措施中极为关键的一项.因为雷电流的峰值非常大,其流过之处都立即升至很高的电位(相对大地而言),因此对于周围尚处于大地电位的金属物、设备或人会产生旁侧闪络放电,又使后者的电位骤然升高,因而要有较完善的等电位连接.

4. 屏蔽

用金属网、箔、壳、管等导体把需要保护的对象包围起来,把闪电的脉冲电磁场从空间入侵的通道阻隔起来,且都必须妥善接地.

5. 合理布线

根据建筑物的具体结构,要求均匀对称合理地布设引下线,把雷电波引入大地.

6. 接地

接地实际上也是泄放雷电流.现代的建筑物大都利用基础作接地体,并构成周圈式接地带,雷电流分散入地.至于接地电阻值,近来许多防雷专家都认为,接地电阻值的大小并不是很重要的,最重要是要求等电位连接和合理的引下线布设,以最快地疏导雷电流.

二、现代新型综合防雷

现代的防雷工程技术已进入一个新时期,要考虑闪电的各种物理特性和作用而实行三维空间的综合防护措施.以往的防雷主要是强电系统,是一维或是二维空间的防御,而现在的防雷则转向弱电系统,防雷工程技术面临着一个大转折,包括观念上、方法上的转变.

1. 防直击雷

在建(构)筑物顶安装常规避雷针、避雷带仍是防直击雷的最好方法.要求合理安置布局.

2. 防感应过电压

由于空中云层间闪电形成的感应电磁波及静电侵入使得长距离(>20 m)送电线路、信号传输线路、计算机网络线路、电话线等产生感应过电压,从而造成设备损坏.因而在这类线路上安装避雷器是很有必要的.

(1) 在电源供电线路上采用二级以上保护方式,高压线和 380 V,220 V 电源线都安装电源避雷器.

（2）电话总机中继线和架空分机线、计算机线路分别安装电话避雷器和信号避雷器.

（3）卫星天线、无线电台发射天线等安装天馈线避雷器.

（4）闭路安全监视系统在摄像机头至信号接收处理器两端、在信号接收处理器至监视器两端分别安装馈线避雷器或信号避雷器.

3. 防反击过电压

建筑物中大部分为电子机电设备和通信设备,因此接地网应按均压等电位的原理来设计,工作、保护、屏蔽、建筑物防雷接地应共用一组接地极的联合接地方式,以防止由于雷击而产生的地电位的抬升所引起的过电压.这里有一点必须提出来,这样做的缺点是很难避免的,即对于计算机等的工作会产生一定的干扰.这在当前的防雷工作中是一道最难处理的问题.若计算机等的接地与建筑物防雷接地分开,则容易产生反击过电压;若共用一组接地极的联合接地方式,又会产生干扰.这要求在具体实施过程中通过经验和实践来决定采用那一种接地方式.

防直击雷、防感应过电压和防反击过电压的三维综合防雷,是一种新型的综合防雷措施.具体实施过程中要根据实际需要、因地制宜,以达到最佳防雷效果.

本章小结

本章介绍了引力场和静电场的相关知识.重点介绍了静电场的有关知识,分别从静电场与物质、静电场与力、静电场与能量三个方面讨论了静电场.静电场是一种特殊的物质,它对置入电场中的电荷有力的作用,真空中两个点电荷间的作用力可由库仑定律求得.电场中的导体会产生静电感应现象,而电介质在电场中会被极化.场强 E 是反映电场强弱的物理量.电势 φ 是反映静电场能的性质的物理量,放入电场中的电荷具有电势能,更进一步,电场本身就具有能量,它并不依赖于电荷的存在.

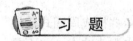 习 题

6.1.1 引力场强度是如何定义的?

6.1.2 潮汐是由于地球、月球、太阳的位置变化引起的,潮汐的高度由地球、月球、太阳的位置所决定,下面两图能解释这个问题.如黑点 P 表示 1 kg 的水,则 P 受到地球、月球、太阳三个力的共同作用.(1)在两个图中画出 P 受力的图示;(2)哪个图中产生的潮汐比较高?为什么?

6.1.3 火星的质量是 6.4219×10^{23} kg,试计算距离火星 1.2×10^4 km 处 P 点的引力场强.(万有引力恒量 $G = 6.67259 \times 10^{-11}$ N·m²·kg⁻²)

6.2.1 把长约 25 cm 的聚丙烯捆扎成束细丝,一手捏住它的上端,另一手从上往下一捋,细丝像风吹的头发似地飘拂起来.做一做,并解释这种现象.

6.2.2 用带负电的橡胶棒靠近用细绳悬挂着的一小块泡沫塑料,若塑料被吸引,能断定它一定带正电吗?若塑料被排斥,能断定它一定带负电吗?

6.2.3 "电荷量不相等的两个点电荷,它们相互作用的库仑力的大小也不相等",这种说法对吗,为什么?

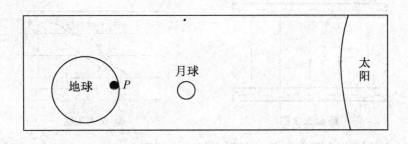

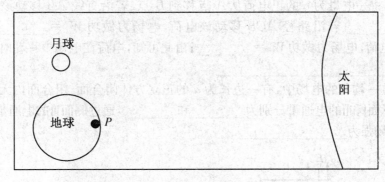

题 6.1.2 图

6.2.4　"库仑"是个极大的电荷量单位,一般不可能使一个通常的物体带上 1 C 的电荷. 但是,为了得到 1 C 电荷量大小的概念,试计算电荷量为 1 C 的两个异种电荷相距 1 m 时的吸引力;再算算,两旁得有几台拖拉机才能把这两个点电荷拉住. 国产普通拖拉机的额定牵引力大约为 2.5×10^3 N.

6.2.5　真空中有两个点电荷,它们相距 5.0×10^{-2} m 时,相互排斥力为 1.6 N;它们相距 0.10 m 时,相互排斥力多大?

6.2.6　在氢原子中,原子核内有一个质子,核外只有一个电子,它们之间的距离 $r = 5.3 \times 10^{-11}$ m,约为它们本半径的 10^5 倍,可把它们看成点电荷. 求氢原子核与电子之间的库仑力.

6.2.7　两个正点电荷的电荷量分别为 $2q$ 和 q,相距为 L,第三个正点电荷 q' 放在何处时所受的合力为零?

6.3.1　地球拥有大量电荷,它们通常在地球表面上产生一个竖直方向的电场,电子在此电场中受一个向上的力. 请问:地球表面的场强方向如何,地球带何种电荷?

6.3.2　有两个相距 $r = 10$ cm 的点电荷,$Q_1 = 5.0 \times 10^{-8}$ C, $Q_2 = -5.0 \times 10^{-8}$ C,求它们连线中点的场强,以及 $q = -2.0 \times 10^{-12}$ C 的点电荷在该点受的电场力.

6.3.3　匀强电场中有一质量 $m = 1.6 \times 10^{-10}$ kg 的小油滴,当场强 $E = 5.0 \times 10^5$ N/C 时,油滴静止不动,如图所示. 问这个油滴带何种电荷,电荷量是多少?

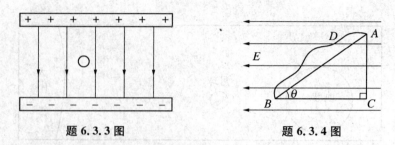

题 6.3.3 图   题 6.3.4 图

6.3.4 如图所示,在场强为 E 的匀强电场中有相距为 l 的 A,B 两点,连线 AB 与电场线的夹角为 θ,将一电量为 q 的正电荷从 A 点移到 B 点. 若沿直线 AB 移动该电荷,电场力做功 $W_1 =$ _____;若沿路径 ACB 移动该电荷,电场力做功 $W_2 =$ _____;若沿曲线 ADB 移动该电荷,电场力做功 $W_3 =$ _____;由此可知,电荷在电场中移动时,电场力做功的特点是_____.

6.4.1 在一均匀的电场中,有一边长为 a 的正立方体闭合面,闭合面内无电荷,如图所示,则通过上下面Ⅰ和Ⅱ的电通量分别为_____ 和_____,通过侧面Ⅲ的电通量为_____;Ⅲ面上任一点的场强为_____.

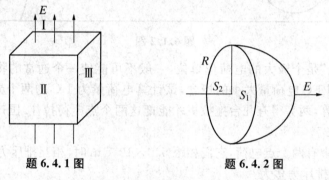

题 6.4.1 图   题 6.4.2 图

6.4.2 在均匀电场 E 中,有一半径为 R 的半球面 S_1,如图所示. 半球面的对称轴与 E 平行. 则通过 S_1 的电通量为_____,通过平面 S_2 的电通量为_____,通过 S_1、S_2 构成的封闭曲面的电通量为_____.

6.5.1 把两个异种电荷的距离增大一些,它们的电势能是增加还是减少?

6.5.2 图中的两个用丝绳拴着的金属小球,球 A 带正电 q_1,球 B 带负电 q_2,球 A 带电量大于球 B 带电量的绝对值.(1)它们相互吸引而接近时,电荷的电势能是增加还是减少?(2)它们接触后又分开时,电荷的电势能是增加还是减少.

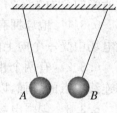

题 6.5.2 图

6.5.3 AB 是一条电场线上的两点,正电荷从 A 移到 B,电场力做正功,回答:(1)A,B 的电势哪一点高?(2)负电荷从 A 移到 B,其电势能是增加还是减少?

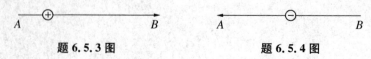

题 6.5.3 图   题 6.5.4 图

6.5.4 如图所示,A,B 两点的电势差 $U_{AB} = -200\,\text{V}$,将一点电荷 q 逆着电场线方向从

A 移到 B,电场力做功 $W_{AB}=-1.2\times10^{-5}$ J. 移动的是何种电荷,它的电荷量是多少?

6.5.5 地球上平均每年发生雷电次数约 1.6×10^{7} 次,通常一次闪电里两点电势差为 100 MV,通过的电荷量约 30 C,问一年雷电释放的能量相当于多少吨标准燃料? 标准燃料的燃烧值为 2.9×10^{7} J/kg.

6.6.1 如图所示,在 $E=3.0\times10^{2}$ V/m 的匀强电场中有 A,B,C 三点,它们是一个等边三角形的三个顶点,AB 长为 4 cm,并与电场线平行,求电势差 U_{AB},U_{AC}.

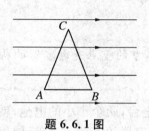
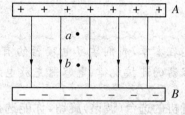

题 6.6.1 图　　　　　　　　题 6.6.2 图

6.6.2 如图所示匀强电场,场强大小为 2.0×10^{5} V/m,A,B 两极板相距 1.0 cm,a 点距 A 板 0.20 cm,b 点距 B 板 0.30 cm,求电势差 U_{AB},U_{Aa},U_{Bb},U_{ab}.

6.6.3 两块相距 2.0 cm 的带等量异种电荷的平行金属板,两板间电压为 9.0×10^{2} V. 在两板间与两板等距离的一点有粒尘埃,它带电 -1.6×10^{-7} C.(1)求带电尘埃受到的电场力;(2)求尘埃移到正极板时电场力做了多少功.

6.7.1 给你一块丝绸和一根玻璃棒,你怎样让装在绝缘架上的本来不带电的两个金属小球带上等量异种电荷? 你所用的方法是否要求这两个球完全一样?

6.7.2 利用被毛皮摩擦过的带负电的橡胶棒,你怎样让两个金属小球都带正电?

第 7 章

🏵 电容器　电容　电介质

导学:在本章,我们学习电容器的有关知识.本章的重点是电容器的构造、电容概念、电容器的连接规律、电容器充放电规律.

转动收音机的选台(调谐)旋钮,你能选择不同的电台,两个小小的电池,就能让照相机发出一道"闪电",在这里起重要作用的,是一种叫做电容器的元件,它广泛使用在电工和电器设备中.

§7.1　电容器　电容

7.1.1　电容器

两块彼此靠近又互相绝缘的导体,就构成了一个**电容器**.平行板电容器是一种最简单的电容器.

把平行板电容器的两个极板分别与电源的正、负极相接,可以对电容器充电.充电后,两极板带上等量异种电荷+Q 和−Q,Q 叫做电容器的电荷量;电容器两极板的电势差 U,叫做电容器的电压.由此可见,电容器可以储存电荷.

充过电的电容器失去电荷,叫做电容器的放电.用导线把刚脱离了电源的电容器两极板连接,往往可以看到放电火花.利用放电火花的热能甚至可以熔焊金属,这叫做"电容焊".这些热能是由电能转换来的.照相机的闪光灯电路中,充过电的电容器通过线圈放电,在另一个线圈中感应出持续时间很短的高电压,触发闪光灯管发光.

7.1.2　电容

实验指出,对某一电容器来说,它的电荷量 Q 增加(或减少)时,它的电压 U 也随之升高(或降低),但是比值 Q/U 是一个常量,对不同的电容器,这个比值一般不同;在 U 相同的条件下,比值越大的电容器所带的电荷越多.因此,这个比值反映了电容器储存电荷能力的大小,我们把它叫做电容器的电容(C).

电容器的电荷量 Q 与它的电压 U 之比,叫做电容器的**电容**,即

$$C = \frac{Q}{U}$$

(7.1.1)

电容的单位是法拉(F),1 F＝1 C/V.法拉是一个很大的单位,常用的电容器的电容,没有超过 1 F 的,所以常用微法(μF)和皮法(pF)作单位,它们的关系是:

$$1\ F = 10^6\ \mu F = 10^{12}\ pF$$

7.1.3　电容器的额定电压

电容器对两极上的电压都有一个最大值规定,这是电容器正常工作时的电压,称为**额定电压**,它是电容器的重要参数之一.普通无极性电容的标称耐压值有:63,100,160,250,400,600,1 000 V 等,有极性电容的耐压值相对要比无极性电容的耐压要低,一般的标称耐压值有:4,6.3,10,16,25,35,50,63,80,100,220,400 V 等.

7.1.4　平行板电容器的电容

式(7.1.1)提供了量度电容的一种通用的方法.事实上,电容是由电容器本身结构所决定的,与其是否带电无关.比如,对于真空的平行板电容器,其电容 C_0 与极板的正对面积 S 成正比,与极板间的距离 d 成反比即

$$C_0 = \frac{S}{4\pi kd}\ 或\ C_0 = \frac{\varepsilon_0 S}{d} \tag{7.1.2}$$

式中的 k 是静电力常量,ε_0 是真空电容率,$\varepsilon_0 = 8.854\ 2 \times 10^{-12}$ F/m.两极板间充满空气的平行板电容器(称为空气电容器)的电容,也可用此式计算.

【例 7.1.1】　一空气电容器,极板正对面积为 S,极板间距为 d,合上开关 K 对电容器进行充电,与电源保持连接.这时把极板距离缩短一半,电容器的电荷量有什么变化?

解　电容器与电源保持连接,当极板距离改变时,电压不变,而电容发生变化.电容器原来的电容 $C_0 = \dfrac{S}{4\pi kd}$ 极板距离缩短一半,电容 $C = \dfrac{S}{4\pi k\dfrac{d}{2}} = 2C_0$.

设电容器原来的电荷量为 Q_0,U 为电源电压,极板距离缩短后,电容器的电荷量

$$Q = CU = 2C_0 U = 2Q_0$$

7.1.5　电容率

为了得到电容较大容器,可以增大它的两极板正对面积,尽量缩短两极板的距离,但这终归是有限度的,有没有简单有效的办法呢? 人们发现,往电容器极板间插入玻璃、云母、纸张等电介质(绝缘体),电容器的电容比原来的增大了,不同的电介质对电容的影响不同,这种性质可用相对电容率(ε_r)来表征.均匀充满某种电介质的电容器,其电容 C 与它内部为真空时的电容 C_0 之比,叫做这种电介质的**相对电容率**,即

$$\varepsilon_r = \frac{C}{C_0} \tag{7.1.3}$$

ε_r 是一个纯数,真空的 $\varepsilon_r = 1$;其他电介质的电容率都大于 1.我们令

$$\varepsilon = \varepsilon_0 \varepsilon_r$$

则 ε 称为**电容率**.

表 7.1.1　几种电介质的相对电容率 ε_r

电介质	电容率	电介质	电容率
空气	1.000 6≈1	硬橡胶	4
煤油	2~4	瓷	6
纯水	81	云母	6~8
石蜡	2	玻璃	4~7

根据公式,均匀充满同一介质的平行板电容器的电容,可由下式求得

$$C = \varepsilon_r C_0 = \frac{\varepsilon_r S}{4\pi k d} \qquad (7.1.4)$$

从上式看出 S,d,ε_r 的改变,都将引起电容的变化. 在工程技术中,通过测量这种变化,可以进行压力、液位、厚度、流量、浓度等多种测量和实现生产自动控制. 在电容器极板间装上液态电介质,电容器的倾斜情况不同,其电容也会变化,据此制成的电子水准仪,比气泡水准仪精确多了. 某些材料的电容率随温度变化很灵敏,用它们制造的电容温度计,能精确测量 $0.1 \sim 300$ K 的低温.

在电子仪器中,某些排列着的元件或连接的导线之间,无形中构成了电容器,叫做分布电容. 分布电容虽然很小(几个 pF),但有时会严重干扰仪器的正常工作,因此,人们采取各种措施来减少分布电容,比如不让导线互相平行,等等.

【例 7.1.2】　一个电容为 C_0 的空气电容器,充电后与电源脱离,此时电荷量为 Q,电压 U_0. 当极板间充满某种电介质时,测得电压 $U = U_0/3$,求这种电介质的相对电容率 ε_r (这是测定电容率的一种方法).

解　电容器与电源脱离,电荷量保持为 Q,设充满电介质时电容为 C,根据式(7.1.1)和式(7.1.3),有

$$C_0 = \frac{Q}{U_0}, C = \frac{Q}{U}$$

于是 $\varepsilon_r = \dfrac{C}{C_0} = \dfrac{\dfrac{Q}{U}}{\dfrac{Q}{U_0}} = \dfrac{U_0}{U} = 3.$

§7.2　电容器的连接

在维修电子电路过程中,有时会碰到这样的的问题,手上现有的电容容值太小或者额定电压不够,这时可采用并联或串联电容的方法.

7.2.1　电容器的串联

将电容器如图 7.2.1 连接即为串联,可将该部分电路等效为一个电容器. 显然,各电容器上电压和电路两端总电压关系是

$$U = U_1 + U_2 + U_3$$

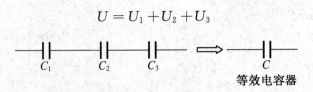

图 7.2.1 电容器的串联

根据电量守恒和电容两极板总是带等量异种电荷特点,应有

$$Q = Q_1 = Q_2 = Q_3$$

等效的串联电容和各分电容有什么关系呢?

由 $C = \dfrac{Q}{U}$,得 $\dfrac{1}{C} = \dfrac{U}{Q} = \dfrac{U_1 + U_2 + U_3}{Q} = \dfrac{1}{C_1} + \dfrac{1}{C_2} + \dfrac{1}{C_3}.$

这样得到串联电路中总电容与分电容的关系

$$\frac{1}{C} = \frac{1}{C_1} + \frac{1}{C_2} + \frac{1}{C_3} \tag{7.2.1}$$

7.2.2 电容器的并联

将电容器按图 7.2.2 连接即为并联,可将该部分电路等效为一个电容器.

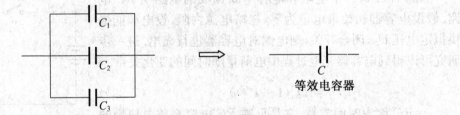

图 7.2.2 电容器的并联

显然,总电量和各电容上电量的关系是

$$Q = Q_1 + Q_2 + Q_3$$

电压关系:

$$U = U_1 = U_2 = U_3$$

等效的并联电容和各支路电容有什么关系呢?

由 $C = \dfrac{Q}{U} = \dfrac{Q_1 + Q_2 + Q_3}{U} = C_1 + C_2 + C_3. \tag{7.2.2}$

【例 7.2.1】 现有三只电容器,电容分别为 2 nF,5 nF 和 7 nF,试计算:

(1) 将三只电容串联,总电容是多少?

(2) 将三只电容并联,总电容是多少?

解 (1) 三只电容串联,根据

$$\frac{1}{C} = \frac{1}{C_1} + \frac{1}{C_2} + \frac{1}{C_3}$$

代入计算得 $C = 0.843$ nF.

(2) 三只电容并联,根据

$$C = C_1 + C_2 + C_3$$

代入得 $C=14\ \text{nF}$.

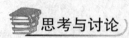思考与讨论

在生产实践中需要用到串联(或并联)电容器时,是不是只要考虑电容器的容值就可以了? 还要考虑电容器的什么参数?

§7.3 电容器的充电和放电过程

我们已经知道,电容器的最基本功能是储存电荷,在充电和放电过程中能实现一些特殊的电路功能. 那么,电容器充电和放电过程中电容器所带的电荷量随时间变化关系是怎样的呢? 下面我们讨论电容器在充电放电过程中电荷量、电压、电流随时间的变化关系.

7.3.1 电容器的充电过程

如图 7.3.1,一个电阻和电容串联构成的电路叫 RC 电路. 假设电容器初始带电量为零,忽略电源内阻,设电源能提供恒定电压 U_s,闭合开关,则电源对电容器进行充电. 进一步研究可以得到电容器充电过程中电荷量随时间的变化关系:

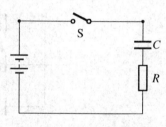

$$q = Q_\text{m}(1 - e^{-\frac{t}{RC}}) \qquad (7.3.1)$$

$\tau = RC$ 称为**时间常数**,它是反映 RC 电容充放电快慢的物理量. 显然,τ 越大,电容充电越慢. Q_m 是电荷量最大值.

图 7.3.1 电容器的充电

因为 $Q = CU$,代入上式得

$$u = U_\text{m}(1 - e^{-\frac{t}{RC}}) \qquad (7.3.2)$$

这就是电容器充电过程中电压随时间的变化关系. U_m 为电压最值.

由 $i = \dfrac{\text{d}q}{\text{d}t}$,将此式代入电量随时间变化关系式可得:

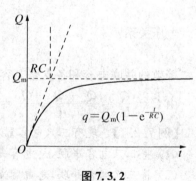

$$i = \frac{Q_\text{m}}{RC} e^{-\frac{t}{RC}}, i = I_\text{m} e^{-\frac{t}{RC}} \qquad (7.3.3)$$

此式即为电容器充电过程中电流随时间的变化关系. I_m 为电流最大值.

图 7.3.2

7.3.2 电容器的放电过程

如图 7.3.3 所示,假设电容器初带电量为 Q_0,将单刀双掷开关投到电阻端,则电容器通过电阻放电. 进一步研究可得电容器放电过程中电荷量随时间的变化关系:

$$q = Q_0 e^{-\frac{t}{RC}} \qquad (7.3.4)$$

因为 $Q = CU$，所以 $Cu = CU_0 e^{-\frac{t}{RC}}$，得

$$u = U_0 e^{-\frac{t}{RC}}. \qquad (7.3.5)$$

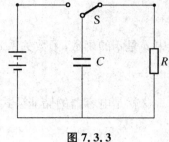

图 7.3.3

这就是电容器放电过程中电压随时间的变化关系. U_0 为电容器初始电压.

将 $i = -\dfrac{\mathrm{d}q}{\mathrm{d}t}$ 代入电量公式可得到电容器放电过程中电流随时间的变化关系

$$i = \frac{Q_0}{RC} e^{-\frac{t}{RC}}$$

即

$$i = I_0 e^{-\frac{t}{RC}} \qquad (7.3.6)$$

I_0 为初始电流.

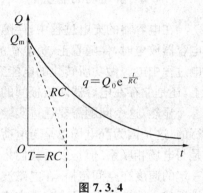

图 7.3.4

【例 7.3.1】　一电容初始带电量 $1\ \mu\text{C}$，现在将其接入 RC 电路进行放电，试计算当 $T = 2RC$ 时，该电容器还带多少电荷量？

解　由式(7.3.4)得

$$q = Q_0 e^{-\frac{t}{RC}}$$

将 $T = 2RC$ 代入，得 $q = Q_0 e^{-2}$.

将 $Q_0 = 1\ \mu\text{C}$ 代入，得 $q = e^{-2}\ \mu\text{C}$.

§7.4　电容器的能量　静电场的能量

7.4.1　电容器的能量

用导线将充电的电容器两极板短路(充电量比较大时这样做有危险)，就可以看到放电火花，并发出声音，这说明充电后的电容具有能量.

电容器储存的能量是从哪里来的？充电过程实质上是电源逐步把正电荷从电容器的负极板移到正极板. 由于正、负两极板间有电势差，所以电源需要克服电场力做功，正是电源所做的这部分功以电能的形式储存在电容器中. 放电时，这部分能量又释放了出来.

现在通过计算电源在充电过程中所做的功来推导电容器的储能公式. 设在充电过程中的某一瞬时，电容器两极板的带电荷量分别为 $+q$ 和 $-q$，而极板间的电势差为 u. 应该注意的是，因为尚未达到终态，所以这里的 q 和 u 都是变量，并不等于 Q 和 U. 这时再把 $\mathrm{d}q$ 的电荷从电势低的负极板移到电势高的正极板，电源需克服电场力做功，即

$$\mathrm{d}A = u\,\mathrm{d}q$$

若继续充电，则电源继续做功. 这部分功不断转化为电能储存在电容器内. 因此，将上式对整个充电过程取积分就可求得电容器所储存的电能的总量，即

$$W = A = \int_0^Q u \mathrm{d}q$$

式中 u 是 q 的函数,函数关系 $q = Cu$,代入上式,即得

$$W = \int_0^Q \frac{q}{C} \mathrm{d}q = \frac{1}{2} \cdot \frac{Q^2}{C}$$

这就是电容器的储能公式.利用关系式 $Q = CU$,以上结果还可以写成

$$W = \frac{1}{2} QU \text{ 或 } W = \frac{1}{2} CU^2 \tag{7.4.1}$$

7.4.2 静电场的能量

在电容器的充电过程中,伴随着正、负电荷的积累,在两极板间逐渐建立起一个电场;在电容器放电时,伴随着正、负电荷的中和,这个电场又随着消失.这样就产生了一个问题:充电过程中电源做功所转化的电能究竟是储存在哪里的? 是伴随着电荷储存在电容器的极板上,还是储存在电容器两极板间的电场内?

显然,这个问题需要通过实验来回答.然而,在静电场的情况下这样的实验是不可能进行的.这是因为静电场总是与电荷同时存在的,所以我们无法分辨电能是与电荷相联系,还是与电场相联系.但是以后我们将会看到,随时间迅速变化的电场和磁场将形成电磁波,以一定的速度在空间传播.在电磁波中,电场可以脱离电荷而传播到远处.电磁波携带能量,已被近代无线电技术所证实.事实说明,电能储存在电场中.

既然电能储存在电场中,那么最好把上面得到的储能公式用描述电场的物理量来表示.下面,我们通过平行板电容器的特例来完成这一工作.

设平行板电容器的极板面积为 S,极板间的距离为 d,两极板间为真空,则其电容为

$$C = \varepsilon_0 \frac{S}{d}$$

两极板间的电势差可用场强表示为

$$U = Ed$$

将以上两式代入电容储能公式,即得

$$W = \frac{1}{2} CU^2 = \frac{1}{2} \varepsilon_0 E^2 Sd = \frac{1}{2} \varepsilon_0 E^2 V \tag{7.4.2}$$

式中 $V = Sd$ 是存在于两极板间电场的空间体积.在平行板电容器内,电场是均匀的,电能也是均匀分布的,所以,单位体积内的电能,即**场能密度**为

$$w_e = \frac{W}{V} = \frac{1}{2} \varepsilon_0 E^2 \tag{7.4.3}$$

上式虽然是通过平行板电容器内均匀电场这个特例推导出来的,但却是普遍成立的.只不过在非均匀电场中,场能密度 w_e 是随着场强 E 逐点变化的.对任意电场,总场能是场能密度的体积分.

【例 7.4.1】 一真空平行板电容器正对面积是 $5\,\mathrm{m}^2$,两板间距离 $0.1\,\mathrm{m}$,充电后板间电压为 $30\,\mathrm{V}$,求平行板电容器内所具有的电场能.(真空电容率 $\varepsilon_0 = 8.854\,2 \times 10^{-12}\,\mathrm{F/m}$)

解 由式(7.4.2)知

$$W = \frac{1}{2} \varepsilon_0 E^2 V$$

因为 $E = \dfrac{U}{d}, V = dS$，故代入得

$$W = \frac{1}{2}\varepsilon_0 \frac{U^2}{d^2}dS = \frac{1}{2}\varepsilon_0 \frac{U^2}{d}S \approx 2 \times 10^{-7}(\text{J})$$

 阅读材料

电容传感器

用电测法测量非电学量时，首先必须将被测的非电学量转换为电学量而后输入之. 通常把非电学量变换成电学量的元件称为变换器；根据不同非电学量的特点设计成的有关转换装置称为传感器，而被测的力学量（如位移、力、速度等）转换成电容变化的传感器称为电容传感器.

从能量转换的角度而言，电容变换器为无源变换器，需要将所测的力学量转换成电压或电流后进行放大和处理. 力学量中的线位移、角位移、间隔、距离、厚度、拉伸、压缩、膨胀、变形等无不与长度有着密切联系的量；这些量又都是通过长度或者长度比值进行测量的量，而其测量方法的相互关系也很密切. 另外，在有些条件下，这些力学量变化相当缓慢，而且变化范围极小，如果要求测量极小距离或位移时要有较高的分辨率，其他传感器很难做到实现高分辨率要求，在精密测量中所普遍使用的差动变压器传感器的分辨率仅达到 $1 \sim 5 \ \mu m$ 数量级；而有一种电容测微仪，他的分辨率为 $0.01 \ \mu m$，比前者提高了两个数量级，最大量程为 $(100 \pm 5)\mu m$，因此他在精密小位移测量中受到青睐.

对于上述这些力学量，尤其是缓慢变化或微小量的测量，一般来说采用电容式传感器进行检测比较适宜，主要是这类传感器具有以下突出优点：

(1) 测量范围大，其相对变化率可超过 100%；

(2) 灵敏度高，如用比率变压器电桥测量，相对变化量可达 $10 \sim 7$ 数量级；

(3) 动态响应快，因其可动质量小，固有频率高，高频特性既适宜动态测量，也可静态测量；

(4) 稳定性好，由于电容器极板多为金属材料，极板间衬物多为无机材料，如空气、玻璃、陶瓷、石英等，因此可以在高温、低温强磁场、强辐射下长期工作，尤其是解决高温高压环境下的检测难题.

油液的污染形式通常是金属磨粒、氧化物、油泥、结碳、水分、沉淀物、燃油以及氢、氯、热、电、空气等造成的污染. 油液污染后其物理或化学性能都会发生变化，根据介电常数的变化，便可综合测定在用油的总体污染程度和质量. 下面介绍两种测量污染的传感器.

FW－C1 型电容式润滑油实时在线监测传感器.

本传感器采用电容式测量方法，可以在线准确测定润滑油的污染程度，包括氧化程度、含水量和其他机械化学杂质污染度，从而精确测定润滑油质量，判定是否需要更换润滑油，即可节约油料，又能预测设备故障，是设备润滑油管理中改变传统的按期换油，实现按质换油的关键部件. 本传感器采用螺纹连接，体积小，重量轻，结构可靠，是理想的在线润滑油检测传感器，可普遍应用于各类大型动力机械、轴承、齿轮箱、泵机和汽轮机的润滑油检测质量实时检测中. 该传感器还可与控制室中的二次仪表或控制器相连，实现数据存储，积算、传输和控制功能.

FWS-CⅡ型在线电容式水分检测传感器.

本传感器采用电容式测量方法,在线检测各种工作机械的液压、润滑系统介质的含水率,特别是外部水容易渗入机械内部的轧钢机、造纸机、汽轮机、船舶机械.监视循环油系统是否存在泄漏,如水冷却器等.监视工作机械的密封元件是否损坏,引起外部水渗入.监视环境空气湿度对润滑液压系统油品品质和含水率的影响,从而精确测定润滑油质量,预测设备故障,是设备润滑油管理中的关键部件.本传感器采用螺纹连接,体积小、重量轻、结构可靠、测量精度高、工作稳定,具有较强的抗电磁干扰性能.封闭型不锈钢制外壳具有很好的防水防尘性能.可直接安装于工厂现场液压润滑管道上,是理想的在线水分检测传感器.该传感器还可与控制室中的二次仪表或控制器相连,从而实现连续、实时的检测各种低水分油品的含水率.普遍应用于大中型机械联动机组的液压、润滑循环系统.例如,高线轧机和板带轧机润滑油系统、板带轧机和棒线轧机液压传动系统、汽轮发电机组润滑系统、造纸机组润滑系统、船舶机械润滑系统、燃料油库.

📖 本章小结

本章分别从电容器的构造、反映电容器储存电荷本领的物理量电容、电容器的连接、电容器的充放电规律、电容器的储能几个方面讨论了电容器的有关知识.两块平行的金属板构成最简单的电容器;电容器最基本的功能是充电和放电,电容器充放电时的电荷量和电压按指数规律增大(或减小);串联电容器电路中各电容器所带电荷量相同,并联电容器电路中各电容器电压相同,所以可能通过并联相同电容来增加等效电容容量;通过对电容器储能的研究可以得到静电场储能的一般规律;电容是电子线路中最基本的电子元件,利用电容器的充放电规律可以实现许多电路功能.

📄 习　题

7.1.1　验证一下"法拉是一个很大的单位":极板距离为 1 cm 的空气平行板电容器,要具有 1 F 的电容,极板的正对面积应该多大?

7.1.2　电容为 5.0×10^3 pF 的空气平行板电容器,极板间的距离为 1.0 cm,电荷量为 6.0×10^{-7} C.(1) 求电容器的电压;(2) 求两极板间的场强;(3) 若电压或电荷量发生变化,这个电容器的电容有无变化?

7.1.3　使用电容器时,电压不能超过规定的耐压值,否则电介质可能被击穿(失去绝缘性能),导致电容器的损坏.使电介质击穿的场强叫做击穿场强,空气的击穿场强约为 3.6×10^6 V/m.今有一空气平行板电容器,极板间距离为 1.5 cm,求允许加在电容器上的最大的电压值.

7.1.4　根据平行板电容器电容计算公式 7.1.2 设计测量微小位移的传感器.

7.2.1　试比较串(并)联电阻和串(并)联电容的规律,请解释它们为什么会有这样的差异?

7.2.2　如图所示,三只电容的容值都是 2 200 μF.(1) 试计算从 X 到 Y 间的电容;(2)如 X 到 Y 两端点加上 20 V 电压,计算总电容的所带电荷量.

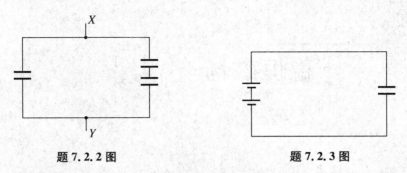

题 7.2.2 图　　　　　　　　　　题 7.2.3 图

7.2.3　如图所示,电源电压 12 V,电容器的电容为 100 μF.(1) 计算电容器的所带电荷量;(2) 如将电源断开,将 100 μF 电容与另一电容为 300 μF 的电容并联,则两个电容器上所带电荷量和电压分别是多少呢?

7.3.1　一电容初始带电量 2 μC,现在将其接入 RC 电路进行放电,试计算当 $T=RC$ 时,该电容器还带多少电荷量?

7.3.2　图(a)所示电路可用来研究电容器的充放电.先把单刀双掷开关掷向 S_1 端,电容器充完电后,再把单刀双掷开关掷向 S_2,电流随时间的变化关系如图(b)所示.(1) 计算电容器的最大充电荷量;(2) 选取一些时间(电流)值进行计算,将图中两坐标轴参数标上;(3) 将另一只 470 μF 的电容和原来的电容串联,将开关拨向 S_1 端,最终,两只电容器上所带电荷量各是多少?

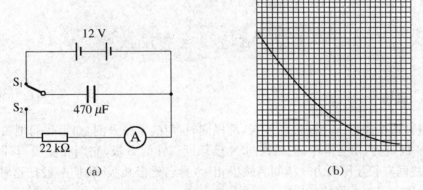

题 7.3.2 图

7.4.1　对一只 4.7 μF 的平行板电容器充电,充电后两极板间电压是 18 V,试计算电容器的储能.

7.4.2　真空平行板电容器所围成的长方体体积是 0.8 m^3,两板间距离 0.1 m,充电后板间电压为 30 V,求平行板电容器内场能密度和所具有的电场能.(真空电容率 $\varepsilon_0=8.854\ 2\times10^{-12}$ F/m)

第8章

稳恒磁场

导学:本章阐述稳恒磁场的基本概念和定理.重点是磁感应强度,恒定电流激发磁场的规律和性质,电流或运动电荷在外磁场中受到的力——安培力和洛仑兹力.

早在春秋战国时期(约公元前 300 年),我国就发现了"磁石"(Fe_3O_4)的指向性;东汉时期,我国制成世界上最早的磁性指南工具——司南勺;北宋时代(公元 11 世纪),沈括在《梦溪笔谈》中就明确记载了指南针的制造方法和应用;19 世纪,奥斯特发现电流对小磁针的作用(1819 年),安培发现磁铁对载流导线或载流线圈的作用(1820 年)之后,人们开始认识到电现象与磁现象的联系.随着研究的深入,电磁理论迅速发展起来,并在生产技术和科学实验中得到广泛的应用.

§8.1 磁场 磁感应强度

8.1.1 磁场

磁体具有两个磁极——N 极和 S 极,两极同时存在,不可分割.如果我们把磁铁 N 极靠近磁针的 N 极,它们相互排斥;把磁铁的 N 极靠近磁针的 S 极,它们相互吸引(图 8.1.1).可见,磁极之间有相互作用力——同名磁极相斥,异名磁极相吸,我们一般把这种力称之为磁力.那么,磁力是怎么形成的呢?

图 8.1.1 磁体的相互作用

我们知道,电荷通过电场相互作用,从而产生电场力.磁力产生的原理与电场力一样.所有磁体都会在其周围产生一种特殊物质——磁场.同电场一样,磁场看不见,摸不着,但是确实存在.磁力就是磁体通过自己的磁场对别的磁体施加的作用力.

磁场具有方向性.在条形磁铁周围的某一固定位置,不管什么时候放入小磁针,它的 N

极指向都相同,表明那里的磁场有确定的方向.把同一小磁针放到磁场中的不向位置,N 极指向一般不同(图 8.1.2),表明在不同位置,磁场方向一般不同.

通常规定:可以自由转动的小磁针在磁场中某点静止时 N 极所指的方向为该点的磁场方向.

地球是个大磁体,它周围存在着地磁场.研究表明,地磁两极位于地理南、北极附近,在地理北极附近的是地磁 S 极,在地理南极附近的是地磁 N 极.地磁场虽然很弱,但分布有一定的规律.如果某些地方的地磁场表现异常,与邻近地区有显著差异,可能是由于地下有大量铁矿.现在,测量和研究地磁场,已成为勘探大型铁矿的重要方法之一.

图 8.1.2 磁体周围不同位置小磁针指向不同

8.1.2 磁感应强度

前面我们用电场强度(E)来描述电场的强弱和方向,这里也将用一个叫磁感应强度(B)的物理量来描述磁场的强弱和方向.

如图 8.1.3 所示,把一段直导线 CD 水平放在竖直方向的磁场中,当导线通过电流时,看看会发生什么现象?改变导线中电流的方向或磁场的方向,情况又如何?

实验发现,导线在磁场中通电时发生了运动.这表明通电导线在磁场中受到了磁场的作用力.磁场对通电导线的作用力,叫做**安培力**.

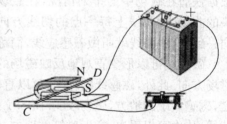

图 8.1.3 通电导线在磁场中受力

安培力的大小与导线的方向有关,当导线方向与磁场方向平行时,通电导线受力最小,等于零;当导线方向与磁场方向垂直时,通电导线受力最大.垂直时的最大磁力,跟导线长度 L 与导线中电流 I 的乘积 IL 成正比.其比值在磁场的同一位置总是一个常量;在磁场的不同位置,该比值一般不同.这个比值越大处,表示同一根导线受到的磁力越大,即该处的磁场越强.反之,表示该处的磁场越弱.因此,我们可用这个比值来表示磁场的强弱.

垂直于磁场方向的通电导线受到的磁力 F 跟电流 I 和导线长度 L 的乘积 IL 的比值,叫做导线所在处的**磁感应强度**,简称为磁感强度,用字母 B 表示,即

$$B = \frac{F}{IL} \tag{8.1.1}$$

磁感应强度是矢量,磁场中某点磁感应强度的方向就是该点的磁场方向.和电场一样,磁场也服从矢量叠加原理.

磁场叠加原理: $\qquad B = B_1 + B_2 + \cdots + B_n = \sum_{i=1}^{n} B_i \tag{8.1.2}$

在国际单位制中,磁感强度的单位是特斯拉,简称特,符号 T.

$$1\,\mathrm{T} = 1\,\mathrm{N/(A \cdot m)}$$

另外,高斯也是一种常用的单位,符号 G($1\,\mathrm{G} = 10^{-4}\,\mathrm{T}$).

地球磁场在地面附近的磁感应强度约为 5×10^{-5} T. 永久磁铁两极附近的磁感应强度为 0.4～0.7 T;在电机或变压器的铁芯中的磁感应强度为 0.8～1.4 T;大型电磁铁两极表面之间约 4～10 cm 宽的空气隙中,可以产生 3 T 的强磁场;1997 年 4 月中国科技大学研制成功我国首台磁感应强度为 6 T 的超导磁铁. 某些原子核附近磁场可达 10^4 T,而脉冲星表面的磁场则高达 10^8 T. 另外,精密测量表明,人体也有磁场,人体最强磁信号来自于肺,约为 10^{-9} T,心脏激发的磁场约为 3×10^{-10} T,某些医疗方法与人体磁场有关.

8.1.3 磁感线

磁场是一种看不见,也摸不着的特殊物质,而磁场中不同的地方,磁场方向一般是不同的,那么,如何形象地描绘磁场的分布情况呢?

我们先做个实验:在水平放置的条形磁铁上面放一块玻璃板,在玻璃板上均匀撒上细铁屑,轻轻敲击玻璃板,铁屑在磁场的作用下有规则地排列起来,显示出磁场的分布情况(图 8.1.4).

如同用电场线描绘电场一样,为了形象地描绘磁场,根据铁屑在磁场中的排列情况,在磁场中画一系列带箭头的曲线,使曲线上每一点的切线方向跟该点的磁场方向一致,这些曲线就叫做磁感应线,简称**磁感线**.

图 8.1.4 条形磁铁磁场分析

磁感线可以形象直观地反映磁场的分布情况. 磁感线上各点的切线方向反映出各点的磁场方向. 此外,磁感线的疏密,可以直观地反映磁场的强弱. 磁感线密的地方,磁场较强;反之,磁感线疏的地方,磁场较弱. 图 8.1.5 和图 8.1.6 是条形磁铁和蹄形磁铁周围磁场的磁感线,从中可以看出,靠近磁极的地方,磁场较强,而远离磁极的地方,磁场较弱.

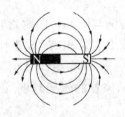

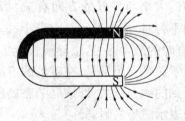

图 8.1.5 条形磁铁周围磁场的磁感线　　图 8.1.6 蹄形磁铁周围磁场的磁感线

磁感线和电场线有共同之处,比如,磁感线不会相交,因为磁场中各点的磁场只有一个确定的方向. 磁感线与电场线也有不同之处. 电场线不闭合,而磁感线却是闭合的:在磁体外部,磁感线从 N 极出来,绕到 S 极;在磁体内部,磁感线从 S 极通向 N 极.

在磁场中的某一区域,若磁感应强度的大小和方向处处相同,则这个区域的磁场称为**匀强磁场**. 匀强磁场的磁感线互相平行,且疏密均匀. 彼此靠近且端面相对的异名磁极之间的磁场,除边缘外,可近似视为匀强磁场.

8.1.4 磁通量

用磁感线的疏密可以定性、直观地反映各处磁场的强弱,但疏和密只是相对而言的,没有确定的量值;而磁感应强度是描述磁场强弱的概念. 所以,我们可以建立起磁感应线的疏密与磁感应强度之间的定量关系. 例如,我们可规定,在磁感应强度为 1 T 的匀强磁场中,在与磁场方向垂直的 1 m² 面积上画 1 条磁感线. 作出这种规定之后,**磁感应强度** *B* 就表示与磁场方向垂直的单位面积上的磁感线数,因此,电磁学和电工学中又称磁感应强度为**磁通密度**.

知道了匀强磁场的磁感应强度 **B** 就可以计算出穿过与磁场方向垂直的某个面 *S* 上的磁感线条数. 我们把穿过磁场中某一面的磁感线的条数,叫做穿过该面的磁通量,简称磁通. 若用字母 Φ 表示磁通,则有

$$\Phi = B \cdot S \tag{8.1.3}$$

磁通量是标量,国际单位是韦伯,简称韦,符号为 Wb.

如图 8.1.7 所示,将平面 *S* 放入图示磁场中,可以看出,当平面 *S* 与磁场方向平行时,没有磁感线穿过该面,即穿过该面的磁通量为零;当平面 *S* 与磁场方向垂直时,穿过该面的磁感线最多,磁通量最大. 若平面 *S* 与磁场方向不垂直,可将平面 *S* 投影到磁场垂直方向上,若投影面积为 $S\cos\theta$,则穿过平面 *S* 的磁通量为

$$\Phi = BS\cos\theta \tag{8.1.4}$$

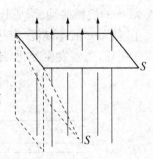

图 8.1.7　磁通量

【例 8.1.1】　磁感应强度为 **B** 的匀强磁场中,有一长为 *b*,宽为 *a* 的矩形线框. 线圈以匀角速度 ω 绕与 **B** 垂直的固定转轴 OO' 逆时针转动,且开始时线圈平面处于如图 8.1.8 的位置. 试计算任一时刻线圈平面的磁通量.

解　开始时,线圈平面与磁场垂直,穿过该面的磁感线最多,磁通量最大,此时线圈平面与水平面平行,即 $\theta = 0$,所以任一时刻线圈平面与水平面的夹角为

$$\theta = \omega t$$

于是任一时刻线圈平面的磁通量为

$$\Phi = BS\cos\theta = Bab\cos\omega t$$

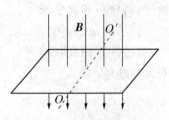

图 8.1.8　线圈平面的磁通量

由例 1 可知,磁通量可正可负. 若某区域有两个方向相反的磁场,则这区域中某一点的磁感应强度的大小,是这两个磁场各自在该点的 *B* 值之差. 这时,我们可以认为,穿过同一面的方向相反的磁感线"抵消"了一部分. 这时,它们一个为正,另一个为负.

思考与讨论

如图 8.1.9 所示,磁感应强度为 **B** 的匀强磁场中放置一标准球面,若球面半径为 *R*,试分析通过该球面的磁通量应该是多少.

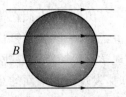

图 8.1.9　球面磁通

阅读材料

奇 妙 的 磁

磁有许多奇妙的效应.

　　磁阻效应——在磁场作用下，一些物质的电阻率会发生变化. 测场仪的探头中有螺线状的扁平秘丝，它可以做得很小，测量在磁场中秘丝电阻的变化，就可以知道非匀强磁场各点的磁感强度.

　　磁热效应——在低温条件下，给某些物体去磁，会导致物体温度进一步下降. 这种方式是现代在低温区中获得更低温的最有效方法，温度可降至 1×10^{-3} K.

　　磁致伸缩——一些铁磁体在磁化时体积及形状发生变化. 图 8.1.10 是超声波粘度计检验头示意图. 给线圈通上交变电流，它产生的交变磁场使铁钴钒弹片不断伸缩，产生频率为 28 kHz 的机械振动，形成超声波. 弹片振幅随液体黏度的变化而变化，测量相应超声波信号的大小，就可知液体黏度. 有一种测力仪，则是利用磁致伸缩的逆效应——压磁效应. 磁铁受机械力作用后，磁性发生变化，通过测量这种变化来测力，测力范围约 $5.0\times10^2\sim5.0\times10^7$ N.

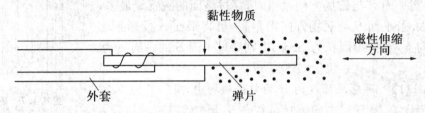

黏性物质

磁性伸缩
方向

外套　　　　　　弹片

图 8.1.10　超声波黏度计检验头

　　除此之外还有磁声、磁光、磁共振等多种效应. 磁效应为各种需要提供了性能优良的新器件、新材料和新手段.

　　物质的磁性、热、声、光、电等性能，都取决于物质内原子和电子的状态及其相互作用. 因此，这些性能相互联系，相互影响，出现各种奇妙的效应，它们向人们叙说着自然界的统一、对称与和谐.

§8.2　电流的磁场

8.2.1　电流的磁效应

　　历史上，人们在很长一段时间里认为电现象与磁现象是完全无关的两种现象. 直到 19 世纪初，一些哲学家认为，自然界的各种现象应该是相互联系的. 在这种思想指导下，丹麦物理学家奥斯特为寻找电与磁的联系，做了大量的实验. 1820 年，他在给一条水平导线通电时，发现导线下面的小磁针发生了偏转（图 8.2.1）. 这个发现揭示了电与磁之间的密切联系，有力地促进了电磁学的研究. 可以说，人类从此进入了电磁时代.

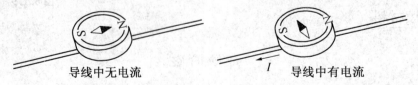

导线中无电流　　　　　　I　导线中有电流

图 8.2.1　电流的磁效应

　　奥斯特的发现表明电流的周围存在着磁场,这种磁场叫做**电流的磁场**,通电导线附近的磁针,受到电流磁场的作用才发生偏转.这种**电流能产生磁场的现象叫做电流的磁效应**.

8.2.2　右手螺旋定则

　　法国物理学家安培对此进行了深入细致的研究,给出了判断电流所产生的磁场的方向的方法,叫做**右手螺旋定则(安培定则)**.安培定则可以判断直线电流、环形电流及通电螺线管的磁场方向.

　　(1) 直线电流的磁场

　　直线电流磁场的磁感线都是环绕通电直导线的闭合曲线,磁感线在垂直于导线的平面内,是一系列同心圆,如图 8.2.2(a)所示.磁感线的方向可用安培定则判定:用右手握住直导线,让垂直于四指的拇指指向电流方向,弯曲的四指所指的就是磁感线的方向,如图 8.2.2(b)所示.

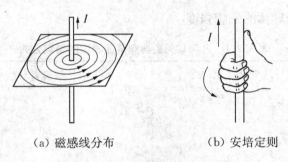

(a) 磁感线分布　　　　　　　　(b) 安培定则

图 8.2.2　直线电流的磁场

　　(2) 环形电流的磁场.

　　环形电流磁场的磁感线是一些围绕环形导线的闭合曲线[图 8.2.3(a)].磁感线的方向也可用安培定则来判定:让右手弯曲的四指指向电流方向,则与四指垂直的拇指所指的方向,就是环形电流中心轴线上磁感线的方向[图 8.2.3(b)].

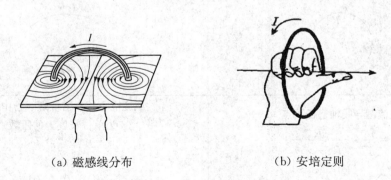

(a) 磁感线分布　　　　　　　　(b) 安培定则

图 8.2.3　环形电流的磁场

　　(3) 螺线管电流的磁场

　　通电螺线管的磁场与条形磁铁的磁场很相似.螺线管的一端相当于条形磁铁的 N 极,另一端相当于 S 极.螺线管外部磁感线从 N 极出来进入 S 极;内部磁感线与螺线管中心轴线平行,方向由 S 极指向 N 极,并和外部磁感线相接,形成闭合曲线.长直通电螺线管内部的磁场可近似视为匀强磁场[图8.2.4(a)]，其方向也可用安培定则来判定：让右手弯曲的四指指向电流方向，则与四指垂直的拇指所指方向，就是通电螺线管内部磁场方向[图8.2.4(b)].

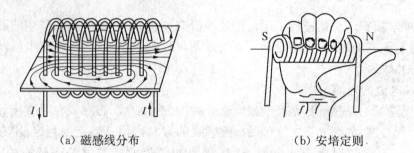

（a）磁感线分布   （b）安培定则

图8.2.4   通电螺线管的磁场

8.2.3   常见载流导体的磁感强度

表8.2.1   几种常见的典型载流导体的磁场公式

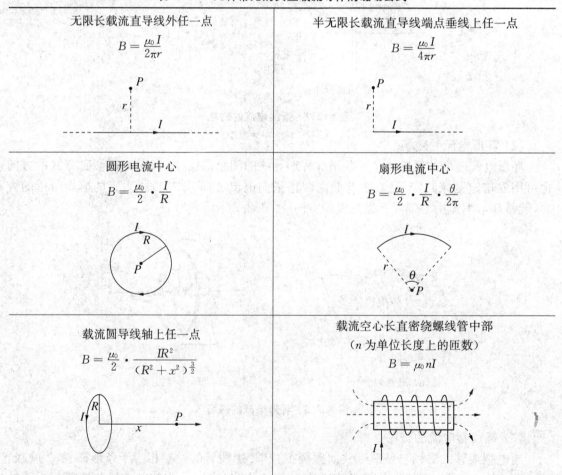

无限长载流直导线外任一点 $$B = \frac{\mu_0 I}{2\pi r}$$	半无限长载流直导线端点垂线上任一点 $$B = \frac{\mu_0 I}{4\pi r}$$
圆形电流中心 $$B = \frac{\mu_0}{2} \cdot \frac{I}{R}$$	扇形电流中心 $$B = \frac{\mu_0}{2} \cdot \frac{I}{R} \cdot \frac{\theta}{2\pi}$$
载流圆导线轴上任一点 $$B = \frac{\mu_0}{2} \cdot \frac{IR^2}{(R^2+x^2)^{\frac{3}{2}}}$$	载流空心长直密绕螺线管中部（n 为单位长度上的匝数） $$B = \mu_0 nI$$

表中 μ_0 叫做真空磁导率，大小为 $\mu_0 = 4\pi \times 10^{-7}$ N/A^2 = 1.257 $\times 10^{-6}$ N/A^2.

【例 8.2.1】　两条平行的高压输电线,相距 40 cm,载有电流 50 A,其方向相反,如图 8.2.5 所示.试计算在两条输电线之间中点 P 处的磁感应强度 B.若两条输电线中的电流方向相同又如何?

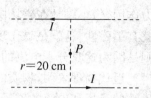

图 8.2.5　电线间的磁场

解　因磁场服从叠加原理,所以两条输电线间中点 P 处磁感强度 B 等于两条输电线单独在此处产生的磁感应强度的矢量和.又由安培定则可知,两条输电线在 P 点产生的磁感应强度的方向相同,所以,由表 8－1 中的公式可得

$$B = B_1 + B_2 = \frac{\mu_0 I}{2\pi r} + \frac{\mu_0 I}{2\pi r} = \frac{4\pi \times 10^{-7} \times 50}{\pi \times 0.2} \text{ T} = 1 \times 10^{-4} \text{ T}$$

磁感应强度方向垂直纸面向外.

如果两条输电线的电流方向同向,则由叠加原理可得

$$B = 0 \text{ T}$$

【例 8.2.2】　试计算图 8.2.6 中 O 点处的磁感应强度 B.

解　取垂直纸面向外为磁场正方向,由安培定则可知三段导线所产生的磁感强度全为正,所以由磁感叠加原理得

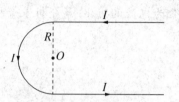

图 8.2.6　跑道型导线的磁场

$$B = B_{上直} + B_{下直} + B_{半圆}$$
$$= \frac{\mu_0 I}{2\pi R} + \frac{\mu_0 I}{2\pi R} + \frac{\mu_0 I}{4R}$$
$$= \frac{\mu_0 I (4 + \pi)}{4\pi R}$$

由于 B 为正值,所以 O 点磁感应强度方向与所取正向同向,即垂直纸面向外.

8.2.4　物质磁性的电本质

导体中的电流是由电荷的运动形成的,因此,电流的磁场是由电荷的运动产生的.那么,磁铁的磁场是否也来源于电荷的运动呢?安培在实验的基础上,提出了著名的**分子电流假说**(图 8.2.7).他认为物体内部的每一个原子、分子都存在一种环形电流,叫做**分子电流**.分子电流使每一个物质微粒都成为一个小磁体,它的两侧相当于两个磁极.通常情况下,由于分子的热运动,物体内部的分子电流的取向杂乱无章,它们产生的磁场互相抵消,对外不显示磁性[图 8.2.8(a)];当物体(如软铁棒)受到外界磁场作用时,其内部的许许多多小磁体,因受磁

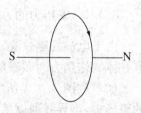

图 8.2.7　分子电流

(a) 未被磁化　　　　　　　　(b) 被磁化

图 8.2.8　磁化现象

力作用,像小磁针在磁场中那样发生偏转,导致分子电流取向大致相同,两端形成磁极,于是就有了磁性[这就是**磁化现象**,如图 8.2.8(b)];而磁体在高温下或被猛烈敲击会失去磁性,则是因为这时分子电流的取向又紊乱了.

近代物理表明,物质内部确实存在着分子电流,它是由原子内电子的运动形成的.可见,磁铁的磁场和电流的磁场一样,也来源于电荷的运动.因此,一切磁现象都来源于电荷的运动.这就是**物质磁性的电本质**.

思考与讨论

磁带录音机磁头结构如图 8.2.9 所示,在一个环形铁芯上绕一个线圈,铁芯有个缝隙,录音时磁带就贴着这个缝隙移动.磁带上涂有一层磁粉,磁粉能被磁化且留下剩磁;磁头线圈跟微音器(麦克风)相连,微音器的作用是把声音的变化转化为电流的变化.请分析录音机录音的基本原理.

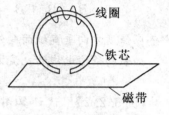

图 8.2.9　磁头结构

§8.3　磁场对通电导线的作用力

电动机是极其普通的电力设备,磁电式仪器是实验室中常用的电工仪表,你知道它们的工作原理吗? 磁悬浮列车的问世,极大地提高了人类陆上交通的速度,上海市已于 2002 年开通了磁悬浮列车,你知道它又是怎样工作的吗? 原来它们都是利用磁场对电流的作用力来工作的.在本章第一节中我们已经知道,磁场对电流(通电导线)会产生作用力,这个力叫做安培力.下面我们就来介绍安培力的方向和大小.

8.3.1　安培力的方向

由于电流的磁效应,通电导体也像是一种磁体,因此外磁场对它有力的作用.磁场对通电导体的作用力叫做安培力.

如本章图 8.3.1 所示,把一段直导线 CD 水平放在竖直方向的磁场中,当导线通以从 C 到 D 的电流时,可以看到它从静止向左运动.在这个实验中,如果改变电流的方向或者把磁铁的 N 极和 S 极对调,导体就向右运动.可见,导线受力的方向跟电流的方向、磁场的方向有关.

这三个方向之间的关系服从**左手定则**(图 8.3.1):伸开左手,使拇指与四指在同一平面内且互相垂直,让磁感线垂直穿入手心,四指指向电流的方向,则拇指所指的就是通电导线所受安培力的方向.

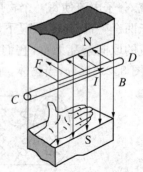

图 8.3.1　左手定则

安培力方向总是垂直于磁场及电流方向,即总是垂直于由磁场方向和电流方向所决定的平面.

8.3.2 安培定律

把一段通电直导线垂直放入匀强磁场中,它所受到的安培力的大小可以由磁感应强度的定义式 $B = \dfrac{F}{IL}$ 导出,则

$$F = ILB \qquad (8.3.1)$$

即在匀强磁场中,当载流导线与磁场方向垂直时,导线所受安培力的大小等于导线中的电流 I、导线长度 L、磁感强度 B 的乘积.这就是安培定律.

在国际单位制中,安培定律表达式中的 F, I, L 和 B 分别用 N,A,m 和 T 作单位.

若载流直导线与磁场方向夹角为 θ,则其所受安培力的大小为

$$F = ILB \sin \theta \qquad (8.3.2)$$

可见,当通电导线与磁感线垂直时,导线受到的安培力最大;当通电导线不与磁感线垂直时,导线受到的安培力,比导线与磁感线垂直时受到的安培力小;当通电导线与磁感线平行时,导线不受安培力作用.

【例 8.3.1】 如图 8.3.2 所示,在磁感应强度为 1.0 T 的匀强磁场中,有一段长为 10 cm 的直导线与磁场方向垂直放置.当直导线中通以 10 A 电流时,它所受的安培力是多大?方向如何?

解 根据安培力的公式,直导线所受磁场力为

$$F = ILB = 10 \times 0.1 \times 1.0 \text{ N} = 1.0 \text{ N}$$

由左手定则知,力的方向垂直于磁场和电流决定的平面,即垂直纸面向里.

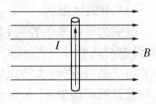

【例 8.3.2】 架在空中的两条高压电线,其中任意一根电线中的电流的磁场都要对另一根电线中的电流施加安培力.设有两根相互平行的载流直导线 AB, CD,相距为 d,分别通有方向相同的电流 I_1, I_2.求两根导线单位长度上所受安培力.

图 8.3.2 磁场中的直导线

解 首先,在载流导线 CD 上任意截取的一小段载流导线 L_2,让我们来分析一下载流导线 AB 对它所施加的力.

从表 8.1.1 查得,载流导线 AB 在 L_2 处产生的磁场大小为

$$B_{21} = \frac{\mu_0 I_1}{2\pi d}$$

B_{21} 的方向如图 8.3.3 所示,与载流导线 L_2 垂直,所以 $\sin\theta = 1$,因而载流导线段 L_2 所受的安培力大小为

$$F_{21} = I_2 L_2 B_{21} = \frac{\mu_0 I_1 I_2}{2\pi d} L_2$$

F_{21} 的方向在两条载流导线所决定的平面内,指向导线 AB.

显然,载流导线 CD 上各个电流段所受到的力的方向都与上述方向相同,所以导线 CD 单位长度所受的力为

$$\frac{F_{21}}{L_2} = \frac{\mu_0 I_1 I_2}{2\pi d}$$

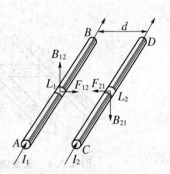

图 8.3.3 电线间的作用力

同理可以证明载流导线 AB 单位长度所受的力的大小也等于 $\mu_0 I_1 I_2/(2\pi d)$,方向指向

导线 CD. 这就是说,两个同方向的平行载流直导线,通过磁场的作用,将相互吸引. 不难看出,两个反方向的平行载流直导线,通过磁场的作用,将相互排斥,而每一导线单位长度所受的斥力的大小与这两电流同向时的引力相等.

由于电流比电荷量容易测定,在国际单位制中把安培定为基本单位. 安培的定义如下: 真空中相距 1 m 的二无限长而圆截面极小的平行直导线中载有相等的电流时,若在每米长度导线上的相互作用力正好等于 2×10^{-7} N,则导线中的电流定义为 1 A.

在国际单位制中,真空磁导率 μ_0 是导出量. 根据安培的定义,式 $F_{21}/L_2 = \mu_0 I_1 I_2/(2\pi d)$ 中,取 $d=1$ m, $I_1 = I_2 = 1$ A, $F_{21}/L_2 = 2 \times 10^{-7}$ N/m,从而可得 $\mu_0 = 4\pi \times 10^{-7}$ N/A² $= 1.257 \times 10^{-6}$ N/A².

另外,由计算结果表明,输电线之间的安培力与相互距离成反比. 在输电线路中,输电线之间都是平行排列的,因此相邻两线之间的安培力不容忽视. 特别是当导线中的电流较大时,如高压输电线,这种作用力更不能忽略,否则会造成短路等重大事故. 为避免危害,就得适当增大它们之间的距离. 但当输电线在用电车间内时,就不允许将它们之间的距离拉得过大,这时可将截面为圆形的导线换为截面为矩形的导线. 由理论计算可知,在同样距离、同样电流的情况下,矩形截面导线之间的作用力是圆形截面导线之间的 0.83 倍.

8.3.3 安培力应用

(1) 电磁轨道炮

电磁炮听起来很神秘,其实它的结构和原理很简单,可以用电流间的相互作用力来做说明. 设想两条平行长直导线间用一根可以滑动的短直导线相连接(图 8.3.4),假若电流按图示方向流动. 根据电流的磁场方向规则,可以判定载流的两条平行长直导线之间产生的磁场方向垂直纸面向里. 于是由安培定律可知,短导线 ab 所受的作用力 f(安培力)方向向右,因此短导线将向右方加速运动. 如果把这段短直导线当作炮弹,两条平行长直导线当作炮架. 这就是一尊电磁轨道炮了. 现实中,图中的活动短导线 ab 由电枢(电流通道)和弹丸取代,两条平行长直导线由两条并行导轨取代. 发射时,电流由一条导轨流入,经电枢以相反方向流经另一条导轨输出,电磁力驱使电枢产生加速度,并将弹丸推射出去.

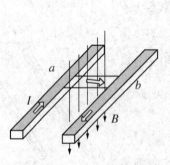

图 8.3.4 电磁轨道炮

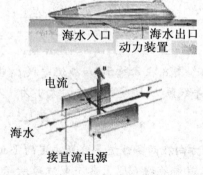

图 8.3.5 电磁船

(2) 超导电磁力可取代螺旋桨(例如船舶推进器)

电磁船也是利用电磁作用,把电能变成机械能,推动船体运动的,如图 8.3.5. 在船壳的底部装有流过海水的管子,管子的外面安装着由超导线圈构成的电磁体和产生电场的一对电极. 当电极通电时. 从管中流过的海水形成强大的电流, 海水电流在磁场中受到很大的作用力, 就以极高的速度从船尾喷射出去, 推动船前进. 这种装置被称为"磁流体推进器", 与传统机械转动类推进器(譬如螺旋桨、水泵喷水推进器等)相比较, 不同点在于: 前者使用机械动力作为推力而后者使用电磁力. 正因为如此, 磁流体推进器无须配备螺旋桨桨叶、齿轮传动机构和轴泵等, 是一个完全静止的设备. 一旦现代潜艇使用了这种推进器, 便从根本上消除了因机械转动而产生的振动、噪音以及功率限制, 而能在几乎绝对安静的状态下以极高的航速航行. 据研究人员推测, 载重量 1×10^4 t 的电磁船, 其航速可望达到 100 n mile/h(n mile 为海里的符号), 而这是任何机械转动类推进器不可能实现的.

8.3.4　磁场对载流线圈的作用力矩

如图 8.3.6 所示, 在磁感应强度为 $\boldsymbol{B}$ 的匀强磁场中, 有一刚性的矩形平面载流线圈, 边长分别为 L_1 和 L_2, 电流为 I. 设线圈平面与磁场的方向成任意角 θ, 对边 AB, CD 与磁场垂直(线圈平面的法线与磁场成 φ 角).

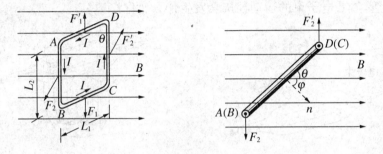

图 8.3.6　平行载流线圈在匀强磁场中所受的力矩

根据安培定律, 导线 AD 和 BC 所受的磁场力分别为
$$F_1 = IL_1B\sin\theta, \quad F_1' = IL_1B\sin(\pi - \theta) = IL_1B\sin\theta$$
这两个力大小相等, 指向相反, 作用在同一直线(轴线)上, 彼此平衡, 故而不能使线圈绕某一轴转动, 其作用是使线圈受到张力.

导线 AB 和 CD 所受的磁场力分别为 F_2 和 F_2', 且
$$F_2 = F_2' = IL_2B$$
这两个力大小相等, 指向相反, 但力的作用线不在同一直线上, 因而要形成力矩, 使线圈绕某一轴转动, 其力矩大小为
$$M = F_2L_1\cos\theta = BIL_1L_2\cos\theta = BIS\cos\theta = BIS\sin\varphi \tag{8.3.3}$$
式中 $S = L_1L_2$ 为线圈的面积, M 又叫做磁力矩.

如果线圈有 N 匝, 则线圈所受磁力矩的大小为
$$M = NBIS\sin\varphi \tag{8.3.4}$$
分析可得知:

当 $\theta = 0°$, 即线圈平面跟磁感线平行时, 线圈所受磁力矩最大 $M = BIS$;

当 $\theta = 90°$, 即线圈平面跟磁感线垂直时, 线圈所受磁力矩为零.

虽然磁力矩公式是从矩形线圈推导出来的, 但可以证明, 当线圈为任意形状时它仍然适用. 正因为在磁力矩的作用下, 载流线圈会发生转动, 才能制造出给人类带来无数便利的电

动机、磁电式电表等设备.

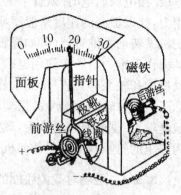

思考与讨论

利用通电线圈在磁场中发生偏转的现象制成的仪表,叫做磁电式仪表,安培计和伏特计就是由它改装而成的.结合本节知识分析一下它们的工作原理.

图 8.3.7　磁电式仪表

§8.4　磁场对运动电荷的作用力

如图 8.4.1 所示,给电子射线管两极间加上高电压,观察电子束的运动径迹;再将蹄形磁铁靠近射线管,看看电子束的运动径迹会发生什么变化?

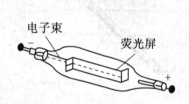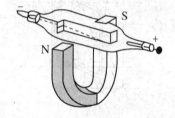

图 8.4.1　电子束在磁场中的偏转

我们发现:没有外加磁场时,电子射线管发出的电子束是沿直线前进的;把射线管放入磁体两极间时,电子束运动径迹发生弯曲.电子束运动径迹为什么会发生弯曲呢?

8.4.1　洛仑兹力

电子束在磁场中的运动径迹发生了弯曲,表明电子在磁场中受到了力的作用.磁场对运动电荷的作用力叫做**洛仑兹力**.

在洛仑兹力作用下,导体中作定向运动的电荷发生偏转,它们与导体中的原子或离子相碰撞,从而把动量传递给导体,宏观上就表现为安培力.所以,洛仑兹力的方向仍可用左手定则来判断.由于规定正电荷定向移动的方向为电流正向,所以四个手指指的是正电荷的运动方向(图 8.4.2).若移动的是负电荷,四个手指所指的应当与它的运动方向相反.

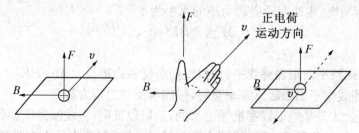

图 8.4.2　洛仑兹力的方向判断(左手定则)

从图中可以看出,洛仑兹力垂直于速度方向与磁场方向所决定的平面.

带电粒子所受的洛仑兹力到底有多大呢? 设在磁感强度为 B 的匀强磁场中,有一段与 B 垂直的长为 L 的导线,流过的电流为 I(图 8.4.3). 根据安培定律,这段导线受到的安培力的大小为 $F=ILB$,方向垂直画面向外. 这个力可看成是在这段导线中作定向移动的所有自由电子所受的洛仑兹力的总和.

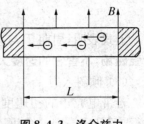

图 8.4.3　洛仑兹力

设在这段导线中有 N 个自由电子作定向移动,它们的平均速度为 v. 一个自由电子受到的洛仑兹力大小为 $f=F/N=ILB/N$. 这些自由电子通过长为 L 的距离所需时间 $t=L/v$,它们的总电荷量为 Ne. 根据电流的定义,有 $I=Ne/t=Nev/L$,于是

$$f = \frac{ILB}{N} = evB$$

综上所述,一个电荷量为 q 的带电粒子,其运动方向与磁场方向相垂直时,它受到的洛仑兹力的大小为

$$f = qvB \tag{8.4.1}$$

利用上式计算时,式中 q 取绝对值.

显然,当电荷运动方向与磁场方向不垂直,夹角为 θ 时,洛仑兹力的大小为

$$f = qvB\sin\theta \tag{8.4.2}$$

所以,当运动电荷的方向与磁场方向在一条直线上时,即 $\theta=0°$ 或 $\theta=180°$ 时,电荷不受力. 而沿磁感线平行放置的通电导线不受安培力的作用,其原因就在于此.

8.4.2　带电粒子在匀强磁场中的运动

从上面的分析可知,洛仑兹力始终与运动电荷的速度垂直. 所以,**洛仑兹力只改变速度的方向,而不改变速度的大小,因而只改变运动电荷的运动状态而不会对运动电荷做功.** 下面我们分三种情况讨论带电粒子在匀强磁场中的运动规律.

(1) 平行入射

设带电粒子以初速度 v_0 进入匀强磁场,若 v_0 平行于 B,即 $\theta=0°$ 或 $\theta=180°$,我们就说带电粒子平行进入磁场. 此时,电荷不受力. 所以,电荷将做速度为 v_0 的匀速直线运动.

(2) 垂直入射

设一质量为 m,电荷量为 q 的粒子,以初速度 v_0 进入磁感强度为 B 的匀强磁场. 若 v_0 与 B 相垂直,我们就说带电粒子垂直进入磁场. 由于带电粒子受到的洛仑兹力的大小不变,方向总是与粒子运动的速度方向相垂直,所以洛仑兹力起到了向心力的作用,带电粒子将在垂直于 B 的平面上做匀速圆周运动,这种运动常简称为回旋运动,如图 8.4.4 所示. 设圆周半径为 R,那么向心力为 $F=mv_0^2/R$,根据洛仑兹力公式,有

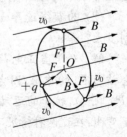

图 8.4.4　垂直入射

$$qv_0B = m\frac{v_0^2}{R} \text{ 或 } R = \frac{mv_0}{qB} \tag{8.4.3}$$

这表明,带电粒子所做匀速圆周运动的半径,与磁感应强度成正比,而于运动速度成反

比. 若将半径公式代入匀速圆周运动的周期公式可得

$$T = \frac{2\pi R}{v_0} = \frac{2\pi m}{qB} \tag{8.4.4}$$

上式表明,周期 T 与速度 v_0 及运动半径 R 无关,即一个带电粒子垂直进入一个确定的匀强磁场,不管它的速度大小如何,其做匀速圆周运动的周期保持不变.

（3）倾斜入射

若带电粒子的初速度 v_0 即不与 B 垂直,也不与 B 平行,而是成一定的角度 θ,如图8.4.5,我们就说带电粒子倾斜进入磁场. 此时,可将速度 v_0 分解为与 B 垂直和平行的两个分量,它们的大小分别为 $v_{0x} = v_0 \cos\theta$ 和 $v_{0n} = v_0 \sin\theta$. 由于存在与 B 垂直的分量,故在磁场作用下,带电粒子将在垂直于磁场的平面内以 v_{0n} 做匀速圆周运动. 但由于同时存在不受磁场影响的平行于 B 的分量,所以带电粒子合运动轨道是螺旋线,螺旋半径是

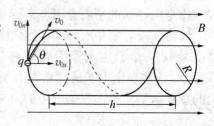

图 8.4.5　倾斜入射

$$R = \frac{mv_{0n}}{qB} \tag{8.4.5}$$

螺距是

$$h = v_{0x}T = v_{0x}\frac{2\pi m}{qB} \tag{8.4.6}$$

式中 T 为旋转一周的时间.

可见,螺距 h 只和平行于磁场的速度分量 v_{0x} 有关,与垂直于磁场的速度分量 v_{0n} 无关.

【例 8.4.1】　滤速器又叫速度选择器,它是利用电场和磁场对带电粒子的共同作用,从各种速率的带电粒子中选出具有一定速率粒子的装置. 图8.4.6是它的原理图. 在两平行金属电极上,加有一定电压,从而在两极板间形成上下方向的电场. 再在两极板间加一垂直画面方向的均匀磁场,当速率不同的带电粒子沿图示方向通过小孔 S 进入滤速器后,试求:

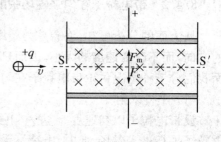

图 8.4.6　滤速器

（1）带电粒子能通过右边小孔 S' 的条件是什么?通过 S' 的粒子速率有多大?

（2）为获得速率 $v = 4\times10^5$ m/s 的粒子束,若 $B = 5\times10^{-3}$ T,则两极板间场强应调到多大?

解　（1）当正电荷 q 进入滤速器时,将同时受到方向向下的电场力 F_e 和方向向上的洛仑兹力 F_m 的作用. 因电场力与速度无关,而洛仑兹力与速度有关,所以,若粒子速率过大（$F_m > F_e$）,粒子的运动轨迹将向上弯曲;若粒子的速率过小（$F_m < F_e$）,粒子的运动轨迹将向下弯曲. 在这两种情况下,粒子都不能通过右边的小孔 S'. 只有当粒子的运动速度合适,恰使 $F_m = F_e$,即 $qvB = qE$ 时,带电粒子才能保持直线运动,从而能从右边的小孔 S' 穿出.

由此可得粒子速度的大小为

$$v = \frac{E}{B}$$

(2) $E = vB = 4 \times 10^5 \times 5 \times 10^{-3}$ V/m $= 2 \times 10^3$ V/m.

滤速器还常被应用于核物理实验、基本粒子实验和宇宙射线实验等.

【例8.4.2】 根据带电粒子受到磁场力和电场力的作用,制成测定带电粒子质量的仪器叫做**质谱仪**,其原理如图8-33. 由离子源产生的电荷量为 $+q$,质量为 m,初速度为零的带电粒子经加速电压 U 加速后进入上方的匀强磁场中. 假设磁场磁感强度为 B,方向垂直纸面向外,粒子在洛仑兹力的作用下绕一半圆周后打在照相底片 x 处. 试证明粒子的质量由下式给出

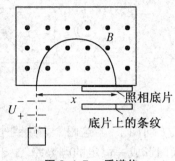

图 8.4.7 质谱仪

$$m = \frac{B^2 q}{8U} x^2$$

解 由动能定理可知,离开加速电场后粒子的动能为

$$\frac{1}{2} mv^2 = qU$$

粒子在磁场中做圆周运动,其轨道半径为

$$R = \frac{x}{2} = \frac{mv}{qB}$$

上面两式联立消去 v 得

$$m = \frac{B^2 q}{8U} x^2$$

另外,粒子的电荷量 q 与质量 m 之比为

$$\frac{q}{m} = \frac{8U}{B^2 x^2}$$

我们称之为粒子的**荷质比**,是观测微观粒子性质的一个重要物理量.

8.4.3 霍耳效应

1879年,美国物理学家霍耳在实验中发现了一个有趣的现象:当电流垂直于外磁场方向通过导体时,在垂直于磁场和电流方向的导体两端面之间,会出现电势差. 这个现象后来被称为**霍耳效应**,所产生的电压叫**霍耳电压**. 当带电粒子在磁场中的运动规律被人类探明后,就可以用洛仑兹力来解释霍耳效应了.

实际上,霍耳效应的出现是由于导体中的载流子(形成电流的运动电荷)在磁场中受洛仑兹力的作用而发生横向漂移的结果. 以金属导体为例,如图8.4.8所示,导体中的电流是自由电子在电场作用下作定向运动形成的,其运动方向与电流的流向正好相反,如果在垂直电流方向有一均匀磁场 B,这些自由电子受洛仑兹力作用,其大小为

$$F_m = evB$$

式中 v 是电子定向运动的平均速度,e 是电子电荷量的绝对值,力的方向向上. 这时自由电子除宏观的定向运动外,还将向上漂移,这使得在金属薄板的上侧有多余的负电荷积累,而下侧缺少自由电子有多余的正电荷积累,结果在导体内部形成方向向上的附加电场 E_H,称为霍耳电场. 这电场给自由电子的作用力

$$F_e = eE_H$$

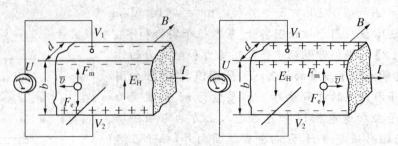

图 8.4.8　霍耳效应

其方向向下. 当这两个力达到平衡时,电子不再有横向漂移运动,结果在金属薄板上下两侧面间形成一恒定的电势差. 由于 $F_m = F_e$,所以,

$$evB = eE_H$$

这样霍耳电势差为

$$U = V_1 - V_2 = -vBb$$

设单位体积内的自由电子数为 n,单位时间内体积为 vdb 里的自由电子全部通过横截面,则电流强度 I 与载流子平均速度 v 的关系为 $I = nevdb$,代入得

$$U = V_1 - V_2 = -\frac{1}{ne} \cdot \frac{IB}{d} \tag{8.4.7}$$

如果导体中的载流子带正电荷量 q,则洛仑兹力向上,使带正电的载流子向上漂移(图 8.4.8)这时霍耳电势差为

$$U = V_1 - V_2 = \frac{1}{nq} \cdot \frac{IB}{d} \tag{8.4.8}$$

比较正负载流子情况下的霍耳电势差表达式可以得到霍耳系数

$$R_H = -\frac{1}{ne} \text{ 或 } R_H = \frac{1}{nq} \tag{8.4.9}$$

霍耳系数反映了该材料产生霍耳效应能力的大小,它的正负决定于载流子的正负性质. 因此实验测定霍耳电动势或霍耳系数,不仅可以判定载流子的正负,还可以测定载流子的浓度,即单位体积中的载流子数 n. 例如半导体材料就是用这种方法判定它是空穴型的(P型 —— 载流子是带正电的空穴)还是电子型的(N型 —— 载流子是带负电的自由电子). 用一块制好的半导体薄片通以给定的电流,在校准好的条件下,还可以通过霍耳电压来测磁场 B,这是现在常用的比较精确测磁场磁感强度的一种方法.

思考与讨论

如图 8.4.9,把由燃料(油、煤气或原子能反应堆)加热而产生的高温(约 3×10^3 K)气体(等离子体),以高速 v(约 1 000 m/s)通过处在磁场和电场中的用耐高温材料制成的导电管,结果在导电管两侧的电极上产生电势差. 这就是所谓的"磁流体发电",试分析其基本原理.

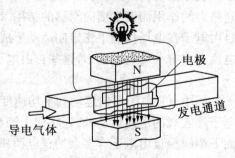

图 8.4.9　磁流体发电

等离子体的磁约束

随着温度的升高,一般物质依次表现为固体、液体和气体.它们统称物质的三态.当气体温度进一步升高时,其中许多,甚至全部分子或原子将由于激烈的相互碰撞而离解为电子和正离子.这时物质将进入一种新的状态,即主要由电子和正离子(或是带正电的核)组成的状态.这种状态的物质叫等离子体,它可以称为物质的第四态.

这种高温等离子体不能用容器来容纳,科学家就采用由封闭磁场组成的"容器"来约束电离了的等离子体.如图 8.4.10 所示的汇聚磁场.当处于左侧区域的带电粒子向右方磁场较强区域运动时,粒子将受到洛仑兹力 F 的作用,其径向分量 F_2 使粒子向轴线偏转,轴向分量 F_1 使带电粒子的轴向速度 v 减少.越向右运动,因为 B 增大,v 减小得也就越快.如果 v 初始速度较小,则 v 有可能最终减至为零,然后就反向运动,犹如光线射到镜面上反射回来一样,所以我们通常称之为磁镜.两个磁镜合在一起便构成了磁瓶,图 8.4.11 所示是常见的一种磁瓶装置.在一长直圆柱形真空室中放置两个电流方向相同的线圈,这样就形成了一个两端很强、中间较弱的不均匀磁场.对于其中的带电粒子来说,相当于两端各有一面磁镜,那些纵向速度不是太大的带电粒子将在两磁镜之间来回反射,被约束在两面"镜子"之间的中间区域而不能逃脱.在受控热核反应装置中,一般都采用这种磁场把等离子体约束在一定的范围内.

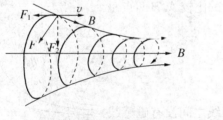

图 8.4.10　汇聚磁场

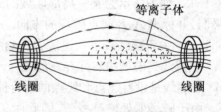

图 8.4.11　磁瓶装置

上述磁约束的现象也存在于自然界中,例如地球磁场两极强中间弱,这就是一个天然磁瓶.当来自外层空间的大量带电粒子(宇宙射线)进入磁场影响范围后,粒子将绕地磁感应线作螺旋运动,因为在近两极处地磁场增强,作螺旋运动的粒子将被折回,结果粒子在沿磁感应线的区域内来回振荡,形成范艾仑(J. A. VanAllen)辐射带,此带相对地球轴对称分布.生活在地球上的人类及其他生物都应十分感谢这个天然的磁镜约束,正是靠它才将来自宇宙空间、能致生物于死命的各种高能射线或粒子捕获住,使人类和其他生物不被伤害,得以安全地生存下来.另外,有时,太阳黑子活动使宇宙中高能粒子剧增,这些高能粒子在地磁感应线的引导下突破磁瓶束缚在地球北极附近进入大气层时将使大气激发,然后辐射发光,从而出现美妙的北极光.

本章小结

　　磁场是存在于磁极或电流周围空间的一种客观存在的物质. 磁铁的磁场和电流的磁场一样都是由运动电荷产生的, 最早揭示磁现象电本质的是安培提出的分子电流假说.

　　磁感应强度是描述磁场的物理量. 因此, 它的大小表征了磁场的强弱, 而它的方向, 也就是磁场中某点小磁针静止时 N 极的指向, 则代表该处磁场的方向. 它满足矢量叠加原理: 若某点的磁场由几个场源共同形成, 则该点的磁感应强度为几个场源在该点单独产生的磁感应强度的矢量和.

　　磁感线是用来形象描述磁场中各点磁感强度分布的曲线. 它的疏密程度表示磁场的强弱, 而它上各点的切线方向则表示该处磁场的方向.

　　磁场对通电导体的作用力叫做安培力, 它是一种宏观力, 是洛仑兹力的宏观体现. 安培力的方向跟电流的方向、磁场的方向有关, 三者之间的关系服从左手定则.

　　磁场对运动电荷的作用力叫做洛仑兹力, 它是一种微观力, 是安培力的微观来源. 洛仑兹力永不做功, 其方向仍然可用左手定则来判断.

　　当电流垂直于外磁场方向通过导体时, 在垂直于磁场和电流方向的导体两端面之间, 会出现电势差. 这个现象后来被称为霍耳效应, 所产生的电压叫霍耳电压.

习　题

　　8.1.1　如图所示为某一局部区域的磁场, 试比较 A, B 两点磁场的强弱, 并标出 A, B 两点磁场的方向.

　　8.1.2　关于磁感线下列说法中正确的是　（　　　）

A. 磁感线是磁场中实际存在的线

B. 磁感线是没有起点和终点的闭合曲线

C. 由于磁场弱处磁感线疏, 因此两条磁感线之间没有磁感线的地方没有磁场

D. 磁场中的磁感线有时会相交

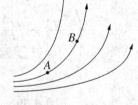

题 8.1.1 图

　　8.1.3　已知匀强磁场的磁感应强度 $B = 0.4\ \text{T}$, 一半径 $R = 5 \times 10^{-2}\ \text{m}$ 的圆环置于该磁场中, 求当圈环平面与磁场方向垂直时, 穿过圈环平面的磁通量.

　　8.1.4　如图所示矩形线圈的面积 $S = 2.0 \times 10^{-2}\ \text{m}^2$, 在匀强磁场中与磁感线夹角为 $30°$, 其中的磁通 $\Phi = 4.0 \times 10^{-3}\ \text{Wb}$, 求该磁场的磁感强度.

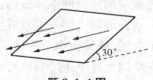

题 8.1.4 图

　　8.1.5　边长为 $2.0\ \text{cm}$ 的正方形线圈置于某匀强磁场中, 线圈平面与磁场方向垂直. 测得穿过它的磁通量为 $8 \times 10^{-6}\ \text{Wb}$, 问该磁场的磁感应强度是多大?

　　8.2.1　根据 8.2 节中的图 8.2.2 和图 8.2.4 所示的磁感线, 试说明直线电流周围磁场和通电螺线管周围磁场各处强弱的情况.

　　8.2.2　试根据图中磁感线的方向确定图中各导线内电流的方向.

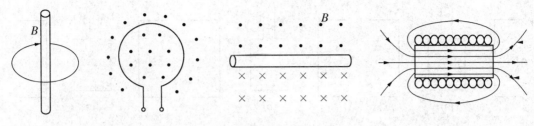

题 8.2.2 图

8.2.3　在图中,自由小磁针静止时 N 极指向通电螺线管,试标出电源的正负极.

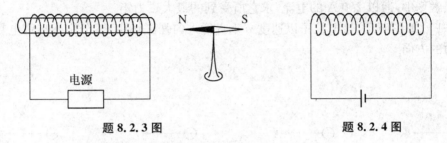

题 8.2.3 图　　　　　　　　　　题 8.2.4 图

8.2.4　试确定图中通电螺线管的 N 极和 S 极.

8.2.5　试计算图中 O 点处的磁感强度 B.

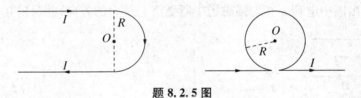

题 8.2.5 图

8.3.1　磁场对载流导体有力的作用,图中已标明了"电流"、"磁感应强度"和"磁场力"中两个量的方向,请你标明第三个量的方向.

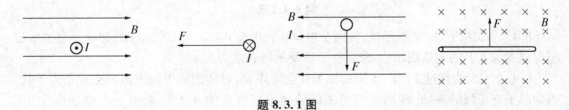

题 8.3.1 图

8.3.2　把长 20 cm、通有 3 A 电流的直导线放入磁感应强度为 1.2 T 的匀强磁场中. 当电流方向与磁感线方向平行和垂直时,导线所受安培力各是多大?

8.3.3　在 $B = 0.80$ T 的匀强磁场中,放一根与磁场方向垂直的长 $L = 0.50$ m 的导线,导线中通过电流 $I = 5.0$ A,这根导线在与磁场方向垂直的平面内沿安培力的方向移动了 0.40 m,求安培力对这根导线所做的功.

8.3.4　(1) 在图(a)中,线圈如何转动?(2) 图(b)中,俯视线圈,它顺时针转动,标出磁铁的 N,S 极.(3) 图(c)中,俯视线圈,它逆时针转动,画出线圈中电流方向.

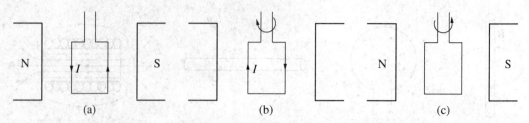

题 **8.3.4** 图

8.3.5   有一个长 0.20 m,宽 0.10 m 的矩形线圈共 10 匝,放在磁感应强度为 1.5×10^{-2} T 的匀强磁场中,通以 2.0 A 的电流,求它所受到的最大磁力矩.

8.4.1   如图所示,带电粒子以速度 v 垂直射入匀强磁场中,试分别标出带电粒子所受洛仑兹力的方向.

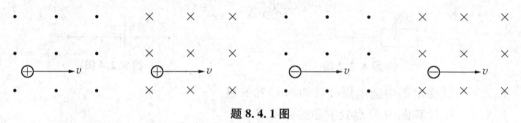

题 **8.4.1** 图

8.4.2   画出图中电荷 q 在匀强磁场中所受洛仑兹力的方向,并写出其大小表达式.

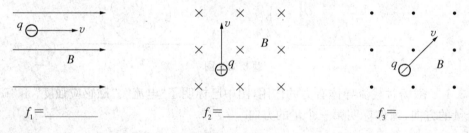

$f_1 = \underline{\quad\quad}$ $f_2 = \underline{\quad\quad}$ $f_3 = \underline{\quad\quad}$

题 **8.4.2** 图

8.4.3   α 粒子(即氦原子核,带两个单位正元电荷)以 3×10^7 m/s 的速率垂直进入磁感应强度为 2 T 的匀强磁场中,求 α 粒子所受的洛仑兹力大小.

8.4.4   大约每过 11 年,太阳的黑子就会大爆发,对地面的无线电通讯造成很大干扰,因为黑子有很强的磁场.现测得黑子磁场的磁感应强度为 0.4 T,若有一个电子以 5.0×10^5 m/s 的 速度垂直进入这个磁场(假定这个磁场为匀强磁场),求它受到的洛仑兹力大小和回旋半径.

8.4.5   为使霍耳效应有较高的灵敏度,比较妥当的方法是选用粒子浓度大的金属材料还是选用粒子浓度小的半导体材料?

8.4.6   一半导体样品通过的电流为 I,放在磁场 B 中,如图所示,实验中测的霍耳电压 $U_{AB} < 0$,试此半导体是 N 型还是 P 型?

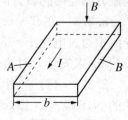

题 **8.4.6** 图

第9章

 电磁感应　电磁波

导学:在本章,我们学习电磁感应和电磁波的相关概念和定理.重点是电磁感应现象及其基本规律,自感和互感现象,电磁振荡和电磁波的有关知识.

今天,人类离开电能几乎寸步难行.

输出强大电力的发电机,驱动各种机器工作的电动机,还有输电用的变压器及许多自动控制装置,它们的设计基础,就是我们本章所要讨论的电磁感应原理.

§9.1　电磁感应定律

9.1.1　电磁感应现象

1820 年,奥斯特发现电流的磁效应,从一个侧面揭示了长期以来一直认为是彼此独立的电现象和磁现象之间的联系.既然电流可以产生磁场,从自然界的对称原理出发,不少物理学家考虑:磁场是否也能产生电流?于是,许多科学家开始对这个问题进行探索研究.

法拉第(M. Faraday,1791 ~ 1867 年) 深信磁产生电流一定会成功,并决心用实验来证实这一信念.从 1822 年到 1831 年,经过一个又一个的失败和挫折,法拉第终于发现,感应电流并不是与原电流本身有关,而是与原电流的变化有关.图 9.1.2 所示的实验正是 1831 年法拉第做过的.法拉第把线圈 G 和线圈 H 绕在同一个铁芯上,线圈 G 通过开关 S 与电源连接,线圈 H 接入电流计.实验表明,当闭合开关 S 时,与线圈 H 相连的电流计指针就发生偏转.这说明线圈 H 中产生了电流;当开关 S 断开时,电流计指针就偏向另一方,表明线圈 H 中出现了反向电流.值得注意的是,不管 S 闭合或是断开,只有在线圈 G 中通电或断电的瞬间,线圈 H 中才有电流,一旦线圈 G 中电流达到稳定状态,线圈 H 中的电流就消失了.

法拉第经过 10 年不懈的研究得出这一结果,即变化的磁场能使闭合电路产生电流.这种现象叫做**电磁感应现象**,所产生的电流叫做**感应电流**.

图 9.1.1　法拉第

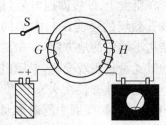

图 9.1.2　法拉第实验

9.1.2　电磁感应条件

下面我们来分析法拉第的实验.开关S闭合,在G中电流建立磁场,穿过H的磁感线的条数即磁通量从无到有不断地增大,这时线圈H中有感应电流产生;G中电流稳定后,磁场也随之稳定下来,这时H中的磁通量不再变化,H中便没有感应电流;开关S断开时,在G中的磁场消失的瞬间,H中的磁通量由大到小,直到变为零,H中又有感应电流产生;可见,发生电磁感应的条件是:闭合回路中的磁通量发生变化.

这个结论是普遍适用的.下面举几个例子加以说明.

如果把磁铁(或通电线圈)插入或拔出螺线管时[图9.1.3(a)和图9.1.3(b)],由于螺线管中磁通量改变,灵敏电流计指针发生偏转,且运动方向不同,偏转方向也不同.但磁铁(或通电线圈)如果在螺线管的外面或里面静止不动,灵敏电流计指针不偏转.另外若改变通电线圈中的电流,也会引起磁通量改变,从而在另一线圈中激发感应电流[图9.1.3(c)].中学物理讲过,使闭合回路中一部分导体在磁场中作切割磁感线运动[图9.1.3(d)],这时磁感强度虽然不变,但在导体运动的过程中,闭合电路在磁场中的面积变化,引起穿过闭合回路的磁通量发生变化,因而产生了感应电流.

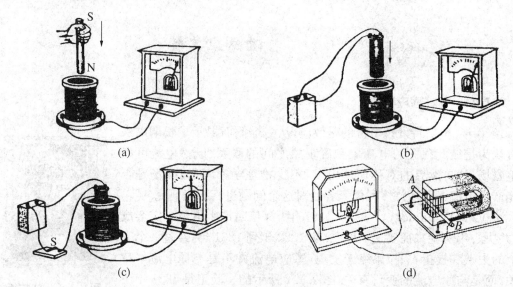

(a)　　　　　　　　　　　　　(b)

(c)　　　　　　　　　　　　　(d)

图9.1.3　电磁感应现象

图9.1.4所示的是检测钢梁结构的检测仪,使用时套在钢梁上.G线圈通电后,让仪器沿钢梁移动.通电螺线管磁场的强弱跟它内部的铁磁体有关,当仪器移到结构不均匀的地方时,G中的磁场强弱发生变化,H中的磁通量也跟着变化,灵敏电流计指针就会摆动.

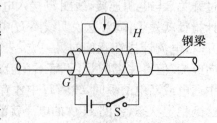

图9.1.4　钢梁结构检测仪

把磁铁安装在火车首节车厢下面,当它经过轨道间的线圈时,线圈中的磁通量发生变化,产生了一个电信号送到控制中心,人们就知道火车此刻的位置了(图9.1.5).

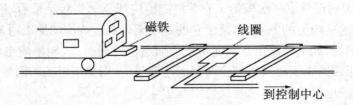

图 9.1.5　火车位置的测定

9.1.3　感应电流的方向

在前面的电磁感应实验中,我们看到,在不同的情况下,感应电流的方向是不同的. 那么感应电流的方向怎么判断呢? 下面我们将分两种情况进行研究.

（1）右手定则

闭合电路中一部分导线做切割磁感线运动时,电路中产生的感应电流的方向可用右手定则确定:伸开右手,使拇指与其余四指垂直,且都与手掌在同一平面内,让磁感线垂直穿入手心,拇指指向导线运动方向,则四指所指的方向就是导线中感应电流的方向（图 9.1.6）.

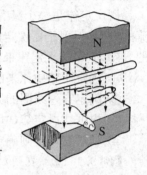

图 9.1.6　右手定则

（2）楞次定律

闭合电路中的磁通量发生变化时,电路中感应电流的方向有何规律呢? 先来做下面的实验.

当把磁铁的 N 极插入闭合线圈时,穿过线圈的磁通量从无到有,不断增加. 实验发现,此时感应电流的方向如图 9.1.7(a) 所示. 根据右手螺旋定则可以知道感应电流产生的磁场方向（用虚线表示）与线圈中原磁场的方向（用实线表示）相反,这表明感应电流产生的磁场是阻碍线圈中原来磁通量的增加的.

当把磁铁的 N 极抽出闭合线圈时,穿过线圈的磁通量从有到无,不断减少. 实验发现,此时感应电流的方向如图 9.1.7(b) 所示. 根据右手螺旋定则可以知道感应电流产生的磁场方向与线圈中原磁场的方向相同. 这表明感应电流产生的磁场是阻碍线圈中原来磁通量的减少的.

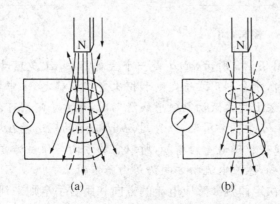

(a)　　　　　　　　　(b)

图 9.1.7　磁铁与线圈的相对运动

1833 年,俄国物理学家楞次概括了有关电磁感应现象的实验结果后,得出如下结论:闭合电路中产生的感应电流的方向,总是使它的磁场阻碍穿过线圈的原磁通量的变化. 这就是**楞次定律**. 具体的说,如果回路由于磁通量增加而引起电磁感应,则感应电流的磁场与原来的磁场反向;如果回路由于磁通量减少而引起电磁感应,则感应电流的磁场与原来的磁场同向. 简要地说,感应电流的效果,总是反抗引起感应电流的原因.

从图 9.1.7 可以看出:当磁铁靠近线圈时,线圈靠近磁铁的一端出现与磁铁同性的磁极;当磁铁远离线圈时,线圈靠近磁铁的一端出现与磁铁异性的磁极. 由于同性磁极相排斥,异性磁极相吸引,所以无论使磁铁靠近还是远离线圈,都必须克服它们之间的阻力做功. 做功的结果是消耗了其他形式的能,在线圈中产生了感应电流,也就是获得了电能. 所以,在电磁感应现象中,不同形式的能量相互转换时,符合能量守恒定律. 楞次定律实际上是能量守恒定律的一种表现.

楞次定律是一个具有普遍意义的定律,它可以用来判断各种电磁感应现象中的感应电流的方向. 但由于楞次定律没有直截了当的指出感应电流的方向,它判断的是感应电流磁场的方向. 应用楞次定律来确定感应电流方向时,可遵循以下步骤:

① 确定回路中原来的磁场方向;

② 确定穿过线圈的原磁通量是增加还是减少;

③ 根据楞次定律("增反减同")确定感应电流的磁场方向;

④ 利用安培定则确定感应电流的方向.

【例 9.1.1】   在图 9.1.8 中,开关 S 闭合的瞬间,线圈 D 的感应电流方向如何?

解   根据右手螺旋定则,线圈 C 的电流所产生的磁场的磁感线顺着铁芯的那部分是向左的. 在磁场建立的过程中,线圈 D 中的磁通量增大,根据楞次定律,线圈 D 的感应电流所产生的磁场的磁感线顺着铁芯方向向右. 同样根据右手螺旋定则,线圈 D 的感应电流方向如图中所示.

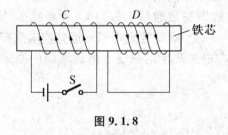

图 9.1.8

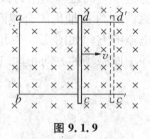

图 9.1.9

【例 9.1.2】   如图 9.1.9 所示,$abcd$ 是一个金属框架,cd 是可动边,框架平面与磁场垂直. 当 cd 边向右滑动时,请分别用右手定则和楞次定律来确定 cd 中感应电流的方向.

解   当 cd 边在框架上向右做切割磁感线滑动时,用右手定则可以确定感应电流的方向是由 c 指向 d. 同样,当 cd 边向右滑动时,穿过 $abcd$ 回路的磁通量在增加,根据楞次定律,感应电流产生的磁场将阻碍原磁通量的增加,所以它的方向与原磁场方向相反,即垂直纸面向外. 又根据安培定则可知,感应电流的方向仍是由 c 指向 d.

由上例可见,用楞次定律判断感应电流的方向和用右手定则来判断的结果是一致的. 在判定闭合电路中一部分导体切割磁感线而产生的电流的方向时,用右手定则比楞次定律方便.

9.1.4　法拉第电磁感应定律

我们知道,在一段导体里,要形成和维持电流的条件是:导体两端存在电势差.电磁感应发生时,闭合回路中产生了感应电流,说明回路中有电动势存在.说到底,电磁感应的直接效果是产生了电动势,这个电动势叫做**感应电动势**.产生电动势的那部分导体相当于电源.

闭合回路中的感应电动势与感应电流的方向是一致的.一个含有电源的电路,开关断开时,电动势依然存在.发生电磁感应时,若回路不闭合,虽然没有电流,但感应电动势依然存在,而它的方向,与假设此时回路闭合时感应电流的方向是一致的.因此,同样可用楞次定律或右手定则来判断感应电动势的方向.

感应电动势的大小与什么有关呢?通过前面的实验我们发现,磁铁相对于线圈运动的越快,电流计的指针偏转角度越大.由此不难得出,穿过线圈的磁通量变化的越快,产生的感应电动势就越大.感应电动势的大小与磁通量的变化快慢有关.

变化的快慢程度通常叫做变化率.设在时刻 t_1,穿过单匝线圈的磁通量为 Φ_1,在时刻 t_2,穿过这个线圈的磁通量为 Φ_2.那么,在时间 $\Delta t = t_2 - t_1$ 内,磁通量的变化量为 $\Delta\Phi = \Phi_2 - \Phi_1$,线圈的磁通量的平均变化率为 $\Delta\Phi/\Delta t$.

法拉第经过约 10 年的实验研究,与 1831 年总结出:不论何种原因,只要使通过闭合回路中的磁通量发生变化,就能发生电磁感应现象.回路中产生的感应电动势的大小与穿过回路的磁通量对时间的变化率成正比.各物理量使用国际单位时,其表达式为

$$\varepsilon = -\frac{\mathrm{d}\Phi}{\mathrm{d}t} \tag{9.1.1}$$

这个结论叫做**法拉第电磁感应定律**.

在式中,负号表示电动势的方向,实质上是楞次定律在数学上的表达,即感应电动势的方向服从楞次定律.

为了得到较大的感应电动势,可采用多匝线圈.当每匝线圈的磁通量变化率相同时,有

$$\varepsilon = -N\frac{\mathrm{d}\Phi}{\mathrm{d}t} \tag{9.1.2}$$

式中的 N 为线圈匝数.

如果闭合回路的电阻为 R,则回路中的感应电流为

$$I = -\frac{N}{R}\cdot\frac{\mathrm{d}\Phi}{\mathrm{d}t} \tag{9.1.3}$$

由法拉第电磁感应定律,可以推导出直导线垂直切割磁感线运动时感应电动势的大小.设在磁感强度为 B 的匀强磁场中,有一个框平面与磁感线垂直的金属框 $CDGH$[图 9.1.10(a)],长为 L 的导体 CD 以速度 v 向右匀速运动,速度方向与磁感线垂直.在 Δt 时间内,导线 CD 移动到 $C'D'$,闭合回路面积增加了 $\Delta S, \Delta S = Lv\Delta t$,于是磁通量的变化量 $\Delta\Phi = B\Delta S = BLv\Delta t$,产生的感应电动势的大小为

$$\varepsilon = \frac{\Delta\Phi}{\Delta t} = \frac{BLv\Delta t}{\Delta t} = BLv \tag{9.1.4}$$

根据楞次定律,电动势的方向由 C 到 D.

分析表明,即使在图 9.1.10(a) 中没有金属框,导体 CD 单独地做如图所示的切割磁感线的运动,仍将产生大小为 BLv 的感应电动势,其方向同样由 C 到 D.另外必需注意,使用上

式是有条件的:B,v 及导线放置方向三者必须互相垂直.

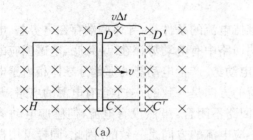
(a)

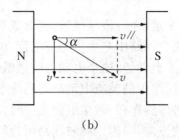
(b)

图 9.1.10　直导线垂直切割磁感线运动时的感应电动势

如果直导线运动方向与磁感线方向不垂直,设夹角为 α[图 9-10(b)],此时与磁感线垂直的速度分量 $v_\perp$ 对产生感应电动势有作用,而与磁感线平行的速度分量 $v_\parallel$ 对产生感应电动势没有作用(它不切割磁感线). 所以,若 $\boldsymbol{B}$ 与 $\boldsymbol{v}$ 不垂直,所产生的感应电动势比 BLv 小,大小为

$$\varepsilon = BLv\sin\alpha \qquad (9.1.5)$$

【例 9.1.3】　**交流发电机**是一种利用电磁感应现象将机械能转化为电能的设备,图 9.1.11 是它的原理图. 它主要由定子和转子两部分组成. 磁铁固定不动叫做定子,磁铁两极之间,是能绕中心轴转动的 N 匝线圈,叫做转子. 线圈两端分别与两个彼此绝缘的铜环(集流环)连接,然后通过电刷将得到的交流电引出. 假如均匀磁场的磁感应强度为 B,线圈连同外路的电阻为 R,线圈以匀角速度 ω

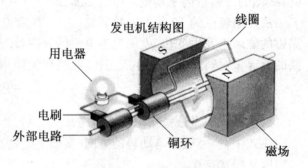

图 9.1.11　交流发电机

绕与 B 垂直的中心轴转动,且开始时线圈平面法线 n 与 B 平行. 试计算线圈中的感应电动势及感应电流.

解　因 $t=0$ 时,n 与 B 平行,所以任一时刻 n 与 B 的夹角为 $\theta=\omega t$. 任一时刻穿过线圈所围面积 S 的磁通量为:

$$\Phi = BS\cos\omega t$$

由法拉第电磁感应定律,线圈中感应电动势为

$$\varepsilon = -\frac{N\mathrm{d}\Phi}{\mathrm{d}t} = NBS\omega\sin\omega t$$

式中 $NBS\omega$ 为常量,取 $\varepsilon_\mathrm{m} = NBS\omega$,则有

$$\varepsilon = \varepsilon_\mathrm{m}\sin\omega t$$

ε_m 叫做电动势的幅值,它是线圈中感应电动势的最大值. 所以,回路中的感应电流为

$$I = \frac{\varepsilon}{R} = I_\mathrm{m}\sin\omega t$$

式中 $I_\mathrm{m} = \dfrac{\varepsilon_\mathrm{m}}{R}$,是回路中电流的最大值,叫做电流的振幅. 由此可见,在匀强磁场中,匀速转动

的线圈能产生交流电,这就是交流发电机的原理.

不过,如图 9.1.11 所示的发电机所能提供的电压较低.因为它的定子是永久磁铁,不能产生很强的磁场,如增加线圈的面积和匝数,又会使得转子变得笨重,而需要大功率的机器来拖动.实际使用的发电机,大多是将线圈嵌入固定不动的铁心槽内做成定子;转子是一个电磁铁.用汽轮机或水轮机带动转子在定子线圈内转动时,定子线圈的磁通量随时间做周期性的变化,从而在定子线圈内产生高压交流电.

【例9.1.4】　在图9.1.12中,匀强磁场方向垂直纸面指向读者,磁感应强度为0.1 T.长0.4 m 的导线 AB 以5 m/s的速度在导电的轨道 CD,EF 上匀速地向右滑动,导线 AB 与运动方向垂直,问:

(1) AB 两端哪一端电势高?

(2) AB 两端感应电动势多大?

(3) 如果轨道 CD,EF 电阻很小,可以忽略不计,电阻 R 等于 $0.5\ \Omega$,感应电流有多大?

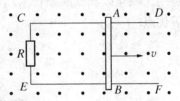

图 9.1.12　一边可滑动的线框

解　(1) 磁感线方向、导线方向及导线运动的方向两两垂直.由右手定则可得,感应电动势的方向由 A 指向 B,因 AB 相当于电源,所以 B 端电势高.

(2) 感应电动势的大小为:$\varepsilon = BLv = 0.1 \times 0.4 \times 5\ \text{V} = 0.2\ \text{V}$.

(3) 感应电流为

$$I = \frac{\varepsilon}{R} = \frac{0.2}{0.5}\ \text{A} = 0.4\ \text{A}$$

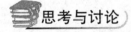

将闭合的金属环套在直螺线管外,接通螺线管电源,观察闭合金属环的运动情况.关闭电源,取出闭合金属环,再将有一开口的金属环套在螺线管外,接通电源,再观察开口环的运动情况.

试分析一下原因.

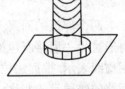

图 9.1.13　感应跳环

压 电 效 应

在自然界中,不只是磁可以产生电,压力也可以产生电.例如,某些晶体(如石英)在一定方向上受外力作用而产生伸长或压缩变形时,会在相对的两个表面上出现等量异种电荷,这种现象叫做压电效应(图9.1.14).许多打火机和煤气炉的点火装置,就利用了这种把机械能直接转换为电能的效应.

压电效应是可逆的,就是说上述两个相对表面上加上电压,会使晶体发生变形(压缩或伸长),这种现象叫做电致伸缩,它直接把电能转换为机械能.如果加上交变电压,晶体便会产生振动,这是产生超声波的基本方法之一.超声波的接收,则可利用压电效应.

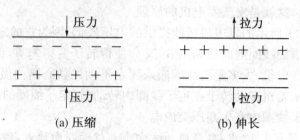

图 9.1.14　压电效应示意图

在实用技术中,除石英外,还广泛应用一类多晶压电陶瓷,如钛酸钡陶瓷等.钛酸钡陶瓷是用二氧化碳和碳酸钡粉末压制成所需的形状后,经高温烧结而成的,它具有价廉、成形易等优点.

§9.2　互感和自感

远距离的输电时,要先用升压变压器将电压升高,到了目的地之后,再用降压变压器将电压降低再输送给用户.那么,变压器是怎样升压和降压的呢?日光灯中有一个叫做镇流器的元件,它的作用是什么呢?是怎样工作的呢?以上两个实例是两类典型的电磁感应现象——互感和自感在技术上的应用.下面我们就来介绍一下互感和自感.

9.2.1　互感现象

两个邻近的回路 1 和 2,分别通有电流 I_1 和 I_2,则任一回路中的电流所产生的磁通量,将通过另一回路所包围的面积,如图 9.2.1 所示.其中 I_1 的磁感线用实线表示;I_2 的磁感线用虚线表示.根据法拉第电磁感应定律,当其中一个回路的电流发生变化时,将引起另一个回路的磁通量的变化,从而在该回路中激起感应电动势.这种电磁感应现象叫做**互感**.所激起的感应电动势叫做**互感电动势**.

线圈的磁通量是由另一个线圈中的电流所激发的,故它与另一个线圈的电流强度成正比.假设,电流 I_1 在线圈 2 中所激发的磁通量为 Φ_{21};电流 I_2 在线圈 1 中所激发的磁通量为 Φ_{12},则

$$\Phi_{21}=MI_1,\Phi_{12}=MI_2$$

式中 M 称为互感系数,上式表明,两个线圈的互感 M 在数值上等于其中一个线圈中的电流为一单位时,穿过另一个线圈所围面积的磁通量.两个邻近的回路,

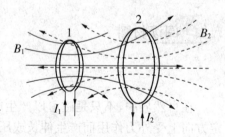

图 9.2.1　两回路的互感

当它们的几何形状、匝数、周围介质和相对位置都确定后,它们就有了一个确定的互感系数 M.互感系数越大,互感现象越强.互感系数的单位:亨利(H).

由电磁感应定律可知,一线圈中电流发生变化时,在另一线圈中引起的互感电动势分别为

$$\varepsilon_{21} = -\frac{d\Phi_{21}}{dt} = -M\frac{dI_1}{dt}, \varepsilon_{12} = -\frac{d\Phi_{12}}{dt} = -M\frac{dI_2}{dt} \tag{9.2.1}$$

式中负号表示,在一个线圈中引起的互感电动势,要反抗另一个线圈中电流的变化.

9.2.2 互感现象的应用

利用互感现象可以实现能量的转移和信号的传递,因而在工程技术中有广泛的应用. 如升降电压的变压器;实验室中用来获得高压的装置—感应圈;用小量程的电表来测量大交流电压或大交流电流的互感器等.

（1）变压器

能够改变交流电压的设备叫变压器,图 9.2.2 就是它的原理图. 跟电源连接的线圈,叫做原线圈（初级线圈,一次线圈）;跟负载连接的线圈,叫做副线圈（次级线圈,二次线圈）. 两个线圈都是用绝缘导线绕制而成的,铁芯由涂有绝缘漆的硅钢片叠合而成.

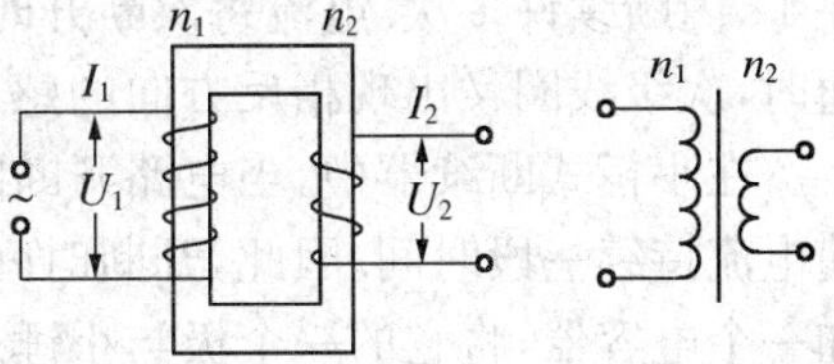

图 9.2.2 变压器

设原副线圈匝数分别为 n_1 和 n_2 匝,在原线圈上加交变电压 U_1（输入电压）,原线圈中就有交变电流通过,在铁芯中产生交变的磁通量. 这个交变的磁通量穿过副线圈,会在副线圈中引起感应电动势. 把用电器接在副线圈两端时,副线圈电路中就有电流通过. 此时加在用电器的电压就是副线圈两端的电压 U_2（输出电压）. 实验表明,变压器原、副线圈两端的电压跟它们的匝数成正比,即

$$\frac{U_1}{U_2} = \frac{n_1}{n_2} \tag{9.2.2}$$

如果 $n_2 > n_1$,则 $U_2 > U_1$,这种变压器叫做升压变压器;如果 $n_2 < n_1$,则 $U_2 < U_1$,这种变压器叫做降压变压器;总之,高压线圈的圈数比低压线圈的圈数多. 另外,如果 $n_2 = n_1$,则 $U_2 = U_1$,这种变压器叫做隔离变压器,它虽然不改变电压,但有非常重要的特殊用途.

使用闭合铁芯,使原线圈产生的交变磁场几乎全部集中在铁芯中,因而变压器工作时能量损失很小. 特别是大型变压器,能量传输效率可达 $97\% \sim 99.5\%$. 为了研究问题的方便,人们常常不考虑其损失,认为变压器副线圈输出的电功率等于原线圈输入的电功率,这种变压器叫做理想变压器. 即

$$P_1 = P_2 \text{ 或 } I_1U_1 = I_2U_2 \tag{9.2.3}$$

又由 $\dfrac{U_1}{U_2} = \dfrac{n_1}{n_2}$ 可得

$$\frac{I_1}{I_2} = \frac{n_2}{n_1} \tag{9.2.4}$$

可见,变压器原、副线圈中的电流跟变压器原、副线圈的匝数成反比.

（2）感应圈

感应圈是工业生产和实验室中用低压直流电获得交变高压的一种装置. 它的主要部分是两个绕在铁芯上的绝缘导线线圈. 初级线圈直接绕在铁芯上,是比较少的几匝粗导线线圈,次级线圈则由多匝细导线组成. 感应圈的初级线圈中有节奏地通过断续的直流电. 因此,各种电流断续器是感应圈的重要部件. 图 9.2.3 中画出的是一种最简单的断续器,它就是一

个钢质弹簧片. 弹簧片上装有一小块软铁,称为小锤;在小锤后面装有一个螺丝钉,当电路中无电流时,弹簧片与螺丝钉接触. 开关 S 接通电路后,电流流经初级线圈,再经小锤与螺丝钉,然后回到电池组的另一极,构成闭合回路. 这时,线圈中的铁芯被磁化,并吸引小锤. 于是,电流中断. 电流一停止,铁芯就失去磁性,弹簧片将小锤弹回原来的位置,电路又重新接通. 如此反复,小锤使初级线圈中的电流

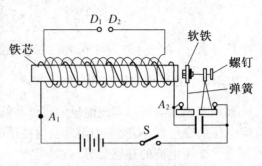

图 9.2.3 感应圈构造原理

在 1 s 内断续许多次.电流每次断开时,次级线圈中出现某个方向的感应电动势;而在电路接通时,次级线圈又出现相反方向的感应电动势.

在小锤式断续器中,当电路开断时,小锤与螺丝钉之间出现火花,这火花会烧坏触头并使电流持续一段时间. 因此,开断时间也就延长了. 为了减小火花,缩短开断时间,在线路中加一个电容器,将它的一个极与小锤连接,另一个极接到螺丝钉支柱上. 电路开断瞬间产生的感应电流集中到电容器里. 电容器两极板带电,减小了裂口处的火花,电路开断就会进行得很快. 由于电磁感应,感应圈初级线圈断续地通过直流电流时,次级线圈就感应出几千伏乃至上万伏的交变高电压. 这样高的电压,足以使 $D_1 D_2$ 间产生火花放电现象. 汽油发动机的点火器,就是一个感应圈,它所产生的火花放电,能把混合气体点燃.

许多电感变换器和传感器也都是根据互感原理制成的. 此外,在收音机、电视机等许多电子线路中,还可以利用互感现象来进行信号的接受和耦合. 但在有些情况中,互感也有害处. 比如输电线和通信线路间的互感,回引起交流电干扰,如果是有线电话,就会引起串音. 在收录机、电视机及电子设备中也往往由于导线与导线间、导线与器件间、器件与器件间的互感而影响仪器的正常工作. 因此,必须合理地布置线路或调整它们的相对位置,使它们的互感系数为零或最小;或者采用磁屏蔽的方式,将它们屏蔽起来.

9.2.3 自感现象

在图 9.2.4(a) 的实验中,合上开关 S,调节变阻器 R,使两个相同规格的灯泡 A_1 和 A_2 达到相同的亮度. 再调节变阻器 R_1,使两个灯泡都正常发光,然后断开电路. 再接通电路时可以看到,跟变阻器 R 串联的电灯 A_2 立刻达到了正常的亮度,而跟有铁芯的线圈串联的电灯 A_1,却是较慢地达到正常的亮度. 为什么会出现这种现象呢?这是因为在电路接通的瞬

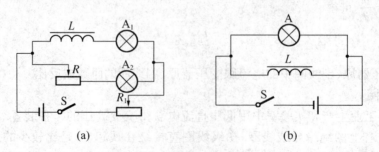

图 9.2.4 自感现象典型实验

间,通过线圈 L 的电流增强,线圈中的磁通量也随着增加,在线圈 L 中产生了感应电动势. 由楞次定律可知,这个电动势要阻碍通过线圈的电流的增强,所以灯泡 A_1 较慢地达到正常亮度.

在图 9.2.4(b) 的实验中,把电灯 A 和带铁芯的线圈 L 并联后接在直流电源上. 当断电时我们可以看到,电灯并不马上熄灭. 为什么会出现这种现象呢? 这是因为在切断电路的瞬间,通过线圈的电流很快减弱,线圈中的磁通量也很快减少,在线圈 L 中产生了感应电动势. 由楞次定律可知,这个电动势要阻碍通过线圈的电流的减弱,又因为这时线圈和电灯组成了闭合电路,这个电路中有感应电流通过,所以断电后灯泡并不马上熄灭.

由以上实验可以看出:当导体中电流发生变化时,导体本身就会产生感应电动势,这个电动势总是要阻碍导体中原来电流的变化. 这种导体由于自身电流的变化而产生感应电动势的现象叫做**自感现象**,简称**自感**. 在自感现象中产生的电动势叫做**自感电动势**,通常用 ε_L 表示.

自感电动势跟所有感应电动势一样,是跟线圈中磁通量的变化率成正比的. 在自感现象中,磁场是由电路中的电流产生的,线圈中磁通量的变化率跟通过线圈的电流的变化率成正比. 因此,感应电动势 ε_L 跟电流的变化率成正比,即

$$\varepsilon_L = -L \frac{\mathrm{d}I}{\mathrm{d}t} \qquad\qquad (9.2.5)$$

式中 L 是比例系数,叫做线圈的自感系数,简称自感. 在数值上等于回路中的电流为一个单位时,穿过此回路所围面积的磁通量. 当电流的变化率相同时,自感越大,线圈中产生的自感电动势也越大. 线圈的自感是由其本身的特性决定的. 线圈的匝数越多,面积越大,自感越大;结构相同时,有铁芯的线圈的自感比没有铁芯的大得多.

在国际单位制中,自感的单位是亨利,简称亨,符号为 H. 一个线圈,如果通过它的电流在 1 s 内变化 1 A,产生的自感电动势是 1 V,那么,这个线圈的自感就是 1 H,所以

$$1\,\mathrm{H} = 1\,\mathrm{V} \cdot \mathrm{s/A}$$

自感的常用单位还有毫亨(mH) 和微亨(μH).

$$1\,\mathrm{H} = 10^3\,\mathrm{mH} = 10^6\,\mu\mathrm{H}$$

另外,式中的负号指出:**自感电动势将反抗回路中电流的改变**. 也就是说,电流增加时,自感电动势与原来电流的方向相反;电流减少时,自感电动势与原来电流的方向相同.

9.2.4　自感现象的应用

自感现象与我们的生活联系很密切,在许多电器设备中,常利用线圈的自感起稳定电流的作用. 例如,日光灯的镇流器就是一个带有铁芯的自感线圈.

日光灯工作的电路图及相关元件如图 9.2.5 所示,它主要由灯管、镇流器、启动器组成. 镇流器是一个带铁芯的线圈,自感系数很大. 启动器主要是一个充有氖气的玻璃泡,里面装有两个电极,一个是静触片,一个是由两个膨胀系数不同的金属构成的 U 形动触片.

(1) 日光灯的点燃过程

闭合开关,电压加在启动器两极间,氖气放电发出辉光,产生的热量使 U 型动触片膨胀伸长,跟静触片接触使电路接通,灯丝和镇流器中有电流通过. 电流经过灯管两端的灯丝产生热,聚集在管内灯丝附近的液态汞,受热变成蒸气,使管内具有导电的条件. 而电路接通

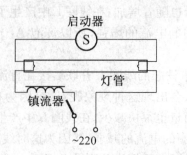

图 9.2.5　　日光灯工作原理

后,启动器中的氖气停止放电,"U"形片冷却收缩,两个触片分离,电路自动断开.在电路突然断开的瞬间,由于镇流器电流急剧减小,会产生很高的自感电动势,方向与电源电动势方向相同,这个自感电动势与电源电压加在一起,形成一个瞬时高压,加在灯管两端.在高压作用下,管内水银蒸气被击穿电离,于是日光灯成为电流的通路开始发光.

(2) 日光灯正常发光

日光灯开始发光后,由于交变电流通过镇流器线圈,线圈中会产生自感电动势,它总是阻碍电流变化的,从而使电流不会过大.这时镇流器起着降压限流的作用,以保证日光灯正常发光.

总之,镇流器在启动时产生瞬时高压,在正常工作时起降压限流的作用.启动器起自动开关的作用.

此外,在电工设备中,常利用自感作用制成自耦变压器或扼流圈.在电子技术中,利用自感器和电容器可以组成谐振电路或滤波电路等.

在有些情况下,自感现象也带来危害.例如,路面的不平使无轨电车车顶的受电弓短时间脱离电网,由于自感作用,受电弓与电线间有很高的电压,使空气"击穿"而产生电弧,对电网起损坏作用.电机、强力电磁铁,在电路中相当于电感很大的线圈,断电时会引起很大的自感电动势,因此在断开处将发生强大的火花,产生弧光放电现象,亦称电弧.电弧产生的高温,可用来冶炼、熔化、焊接和切割熔点高的金属,温度可达 2×10^3 ℃ 以上.但电弧还有破坏开关、引起火灾、危及人身安全的危险.在化工厂、炼油厂和煤矿中,为了防止事故的发生,在切断电路前必须先减弱电流,并采用特制的安全开关.防爆电器中常用的安全开关是将开关浸泡在绝缘性能良好的油中,以防止电弧的产生.

【例 9-5】　为了避免在断电时产生过大的瞬间电流,有较大自感的电路可以采用如图 9.2.6 所示的**灭弧电路**.试问在要断电的时候,可否直接将 S_1 断开?电阻 R 起什么作用.

解　当直接断开自感很大的电路时,由于电流迅速减小,回路中产生很大的自感电动势,使开关断开处产生强烈的电弧而烧坏开关,甚至破坏设备的绝缘而损坏设备.因此,在断电时不能直接将 S_1 断开,而应先合上 S_2 再断开 S_1.

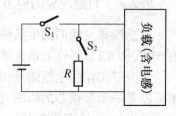

图 9.2.6　　灭弧电路

当先合上开关 S_2 再断开 S_1 时,由于 R 与负载构成了闭合回路,自感电动势将使电流通过 R 而持续一段时间,从而使原储存于自感线圈中的磁场能通过电阻以焦耳热的形式消耗掉,电阻 R 称为**灭磁电阻**.

思考与讨论

制造电阻箱时要甩双绕法,这样就可以使自感现象的影响减弱到可以忽略的程度(图 9.2.7)这是什么道理?

图 9.2.7　双绕法

阅读材料

涡　流

前面讨论感应电动势和感应电流时都是考虑由导线组成的闭合回路,但是在一些电器设备中常常遇到大块的金属体在磁场中运动,或者处在变化着的磁场中,此时在金属体内部也会产生感应电流,这种电流在金属体内部自成闭合回路,称为涡电流.

如图 9.2.8,当绕在一圆柱形铁芯上的线圈中通有交变电流时,铁芯内变化的磁感应强度 B 在铁芯内激发感应电场,结果在垂直于磁场的平面内产生绕轴流动的环形感应电流,即涡电流.

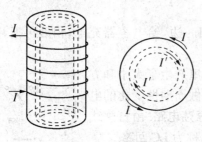

图 9.2.8　涡电流

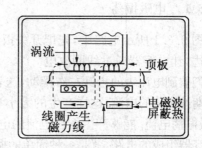

图 9.2.9　电磁炉

由于大块铁芯的电阻很小,涡电流可以很大,在铁芯内将放出大量的热量来,这就是感应加热的原理.在冶金工业中,熔化容易氧化的或难熔的金属(如钛、钽、铌、钼等),以及冶炼特种合金材料,常常采用这种感应加热的方法.

现代厨房电器之一 —— 电磁炉也是应用涡电流原理对食品进行加热的.电磁炉加热原理如图 9.2.9 所示,灶台台面是一块高强度、耐冲击的陶瓷平板(结晶玻璃),台面下边装有高频感应加热线圈(即励磁线圈)、高频电力转换装置及相应的控制系统,台面的上面放有平底烹饪锅.

工作时,电流电压经过整流器转换为直流电,又经高频电力转换装置使直流电变为超过音频的高频交流电,将高频交流电加在扁平空心螺旋状的感应加热线圈上,由此产生高频交变磁场.其磁感线穿透灶台的陶瓷台板而作用于金属锅.在烹饪锅体内因电磁感应就有强大的涡流产生.涡流克服锅体的内阻流动时完成电能向热能的转换,所产生的焦耳热就是烹调的热源.

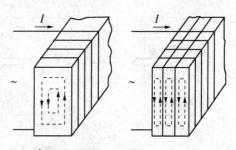

图 9.2.10　铁芯中的涡电流

涡电流产生的热效应虽然有着广泛的应用,但是在有些情况下也有很大的弊害.例如,变压器或其他电机的铁芯常常因涡电流产生无用的热量(图 9-24),不仅消耗了部分电能,降低了电机的效率,而且会因铁芯严重发热而不能正常工作.为了减小涡流损耗,一般变压器、电机及其他交流仪器的铁芯不采用整块材料,而是用互相绝缘的薄片(如硅钢片)或细条叠合而成,使涡流受绝缘的限制,只能在薄片范围内流动,增大了电阻,减小了涡电流,使损耗降低.

§9.3 电磁振荡 电磁波

无线电广播是利用电磁波传播的,电视广播也是利用电磁波传播的,导弹、人造地球卫星的控制以及宇宙飞船跟地面的通信联系都是利用电磁波.那么,电磁波是什么呢?它是怎样产生的,有些什么性质以及怎样利用它来传递各种信号呢?这一节就要研究这些问题.要了解电磁波,首先就要了解什么是电磁振荡,我们就从电磁振荡开始学习.

9.3.1 电磁振荡

在图 9.3.1 所示电路中,先把开关扳到电池组一边,给电容器充电,稍后再把开关扳到线圈一边,让电容器通过线圈放电.

我们看到电流表的指针左右摆动,这表明电路里产生了大小和方向做周期性变化的电流.这样产生的大小和方向都做周期性变化的电流,叫做振荡电流.能够产生振荡电流的电路叫做**振荡电路**.由自感线圈和电容器组成的电路,就是一种简单的振荡电路,称为 **LC 回路**.

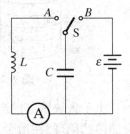

由 LC 回路产生的振荡电流也是一种交变电流,只是它的频率要比照明用交变电流的频率高得多.用示波器观察振荡电流时会发现,LC 回路里产生的振荡电流跟正弦交变电流相似,也是按正弦规律变化的.

图 9.3.1 LC 回路

LC 回路中的振荡电流是怎样产生的呢?

把开关刚扳到线圈一边的瞬间[图 9.3.2(a)],也就是已经充电的电容器刚要放电的瞬间,电路里没有电流,电容器两极板上电荷最多.从场的观点来看,电场具有电场能,磁场具有磁场能.此时,电容器里电场最强,电路里的能量全部是储存在电容器中的电场能.

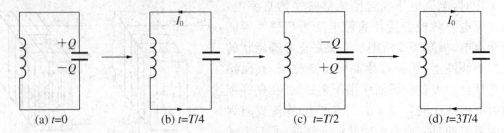

图 9.3.2 LC 回路中的振荡电流

　　电容器开始放电后,由于线圈的自感作用,放电电流不能立刻达到最大值,而是由零逐渐增大,同时电容器极板上的电荷逐渐减少.到放电完毕的瞬间,电容器极板上没有电荷,放电电流达到最大值[图 9.3.2(b)].在这个过程中,电容器里电场逐渐减弱,线圈的磁场逐渐增强,电场能逐渐转化为磁场能.到放电完毕的瞬间,电场能全部转化为磁场能.

　　电容器放电完毕的瞬间,由于线圈的自感作用,电流并不能立即减小为零,而要保持原来的方向继续流动,并逐渐减小.同时,电容器在反方向重新充电,电容器两极板带上相反的电荷,并且电荷逐渐增多.到反方向充电完毕的瞬间,电流减小为零,电容器极板上的电荷达到最大值[图 9.3.2(c)].在这个过程中,线圈磁场逐渐减弱,电容器里电场逐渐增强,磁场能逐渐转化为电场能.到反方向充电完毕的瞬间,磁场能全部转化为电场能.

　　此后电容器再放电[图 9.3.2(d)],再充电,这样不断地充电和放电,电路中就出现了振荡电流.在这个过程中,电容器极板上的电荷 q,电路中的电流 i,电容器里电场的场强 E,线圈磁场的磁感应强度 B,都发生周期性的变化,这种现象叫做**电磁振荡**.在电磁振荡的过程中,电场能和磁场能同时发生周期性的转化.

　　机械振动和电磁振荡有本质的不同,但它们具有共同的变化规律.在机械振动中,例如在单摆振动中,位移 x,速度 v、加速度 a 这几个物理量随时间做周期性变化;在电磁振荡中,电荷 q,电流 i,电场强度 E,磁感应强度 B 这几个物理量随时间做周期性变化.在机械振动中,动能和势能发生周期性的相互转化;在电磁振荡中,磁场能和电场能发生周期性的相互转化(图 9.3.3).

　　在电磁振荡中,如果没有能量损失,振荡应该永远持续下去,振荡电流的振幅应该永远保持不变,这种振荡叫做无阻尼振荡.但是,任何电路都有电阻,电路中的能量有一部分要转化为内能.另外,还会有一部分能量以电磁波的形式辐射到周围空间中去.这样,振荡电路中的能量要逐渐损耗,振荡电流的振幅要逐渐减小,直到最后停止振

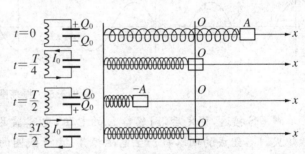

图 9.3.3　电磁振荡和机械振荡

荡,这种振荡叫做阻尼振荡.如果能够适时地把能量补充到振荡电路中,用来补偿电路中的能量损耗,在振荡电路中也可以得到振幅不变的等幅振荡.实际中需要的等幅振荡是用振荡器来产生的,振荡器不断地将电源的能量补充到振荡电路中去,使之产生持续的等幅振荡.

9.3.2　电磁振荡的周期和频率

　　电磁振荡完成一次周期性变化需要的时间叫做**周期**,一秒钟内完成的周期性变化的次数叫做**频率**.振荡电路中发生电磁振荡时,如果没有能量损失,也不受其他外界的影响,这时电磁振荡的周期和频率叫做振荡电路的固有周期和固有频率,简称振荡电路的周期和频率.

　　实验表明振荡电流的周期跟振荡电路中的电容和自感系数有关.电容或电感增加时,周期变长,频率变低;电容或电感减小时,周期变短,频率变高.周期 T 和频率 f 跟自感系数 L 和电容 C 的数量关系是:

$$T = \frac{2\pi}{\omega} = 2\pi\sqrt{LC} \qquad\qquad (9.3.1)$$

$$f = \frac{1}{2\pi\sqrt{LC}} \qquad\qquad (9.3.2)$$

式中的 T, L, C, f 的单位分别是秒(s)、亨利(H)、法拉(F)、赫兹(Hz).

根据上述公式可知,适当地选择电容器和线圈,就可以使振荡电路的周期和频率符合我们的需要. 在需要改变振荡电路的周期和频率的时候,可以用可变电容器和线圈组成电路,改变电容器的电容,振荡电路的周期和频率就随着改变.

【例 9.3.1】 如图 9.3.4 所示,L 为一电阻可忽略的线圈,D 为一灯泡,C 为电容器,开关 S 闭合,D 正常发光. 现突然断开 S,并开始计时,能正确反映电容器 a 极板上带电荷量 q 随时间 t 变化的图线是下图 9.3.5 中的哪一个?(图线中的 q 为正值表示 a 极板带正电)

解题方法:图像法.

在电磁振荡中,涉及的图像多半是 q-t,i-t,u-t 图像. 在理解图像时,一定要结合实际的振荡过程去分析,并要注意零时刻的选取不同,图像的形状不同.

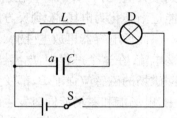

图 9.3.4　振荡回路

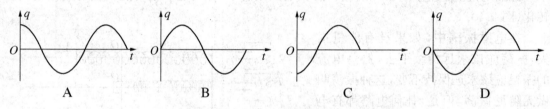

A　　　　　　　　B　　　　　　　　C　　　　　　　　D

图 9.3.5　振荡图像

解 S 接通,稳定后,因忽略 L 的电阻,电容器两极板间电压为零,电量为零,S 断开,D 灯熄灭,LC 组成的回路将产生电磁振荡. 由于线圈的自感作用,在 $0 \leqslant t \leqslant T/4$ 时段,其产生的自感电动势给电容器充电,电流方向与原线圈中的电流方向相同,电流值从最大逐渐减弱到零,但电量却从零逐渐增加到最多. $T/4$ 时刻充电完毕,电流值为零而极板上的电荷最多,但 b 板带正电,a 板带负电,故 D 正确.

在 LC 振荡电路中,电容器充放电过程中,充电时,电流方向指向电容器正极板,放电时,电流方向指向电容器负极板. 本题中,电容器开始充电时刻计时,故在 $0 \leqslant t \leqslant T/4$ 时段,b 点带正电且电荷量不断增大,$T/4 \leqslant t \leqslant T/2$ 时段,电容器放电,b 板仍带正电但电荷量不断减小,$T/2 \leqslant t \leqslant 3T/4$ 时段,电容器反向充电,电流方向指向 a 板,a 板带正电且电荷量不断增大. 故符合 a 板上电荷量随时间变化图线的仅是 D 图.

【例 9.3.2】 某 LC 振荡回路中的振荡电流变化规律为 $i = 0.01\sin 1\,000t$(A),若电容器的电容为 $10\ \mathrm{mF}$,求电路中线圈的自感系数?

解 LC 回路里产生的振荡电流是按正弦规律变化的,所以其表达式应为 $i = I_{\mathrm{m}}\sin\omega t$,与 $i = 0.01\sin 1\,000t$ 比较可得 $\omega = 1\,000$. 由电磁振荡周期公式得

$$T = \frac{2\pi}{\omega} = \frac{2\pi}{1\,000} = \frac{\pi}{500}, \quad T = 2\pi\sqrt{LC}$$

所以

$$L = \frac{1}{1\,000^2 C} - \frac{1}{10^6 \times 10 \times 10^{-6}}\ \mathrm{H} = 0.1\ \mathrm{H}$$

9.3.3　电磁场与电磁波

前面提到,振荡电路中的能量有一部分要以电磁波的形式辐射到周围空间中去.为什么电磁振荡会产生电磁波呢?

在 19 世纪 60 年代,英国物理学家麦克斯韦(1831~1879 年)在总结前人研究的基础上,建立了完整的电磁场理论.这个理论不仅说明了当时已知的电磁现象,而且预言存在着一种新的能量传输形式,这就是电磁波.

在变化的磁场中放一闭合电路,电路里将会产生感应电流[图 9.3.6(a)],这是我们学过的电磁感应现象.麦克斯韦从场的观点研究了电磁感应现象,认为电路里能产生感应电流,是因为变化的磁场产生了一个电场,电场驱使导体中的自由电荷做定向移动.麦克斯韦还把这种用场描述电磁感应现象的观点,推广到不存在闭合电路的情形.他认为,在变化的磁场周围产生电场,是一种普遍存在的现象,跟闭合电路是否存在无关[图 9.3.6(b)].

既然变化的磁场可以产生电场,那么变化的电场是否也可以产生磁场呢?一个静止的电荷,它产生的是静电场,即空间各点的电场强度不随时间而变化.这个电荷一旦运动起来,电场就发生变化,即空间各点的电场强度将随着时间而变化.另一方面,运动的电荷在空间要产生磁场.用场的观点来分析这个问题,就可以说:这个磁场是由变化的电场产生的.例如,在电容器(图 9.3.7)充放电的时候,不仅导体中的电流产生磁场,而且在电容器两极板间周期性变化着的电场也产生磁场.

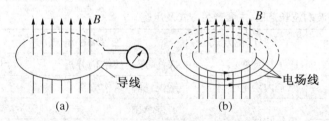

图 9.3.6　变化的磁场产生电场

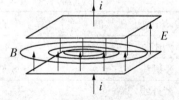

图 9.3.7　变化的电场产生磁场

变化的磁场产生电场,变化的电场产生磁场,这是麦克斯韦理论的两大支柱.按照这个理论,变化的电场和磁场总是相互联系的,形成一个不可分离的统一场,这就是电磁场.电场和磁场只是这个统一的电磁场的两种具体表现.

这样,从麦克斯韦的电磁场理论可知道:如果在空间某处发生了变化的电场,就会在空间产生变化的磁场,这个变化的电场和磁场又会在较远的空间产生新的变化的电场和磁场.这样,变化的电场和磁场并不局限于空间某个区域,而要由近及远向周围空间传播开去.电磁场这样由近及远地传播,就形成电磁波(图 9.3.8).

麦克斯韦的电磁场理论既新颖又深刻,以至于当时许多不习惯用场的观点来考虑问题的物理学家都持怀疑的态度.麦克斯韦的电磁场理论能否被普遍接受,有待于实验

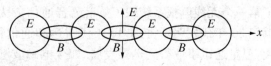

图 9.3.8　电磁波

的检验. 1888 年,即在麦克斯韦发现电磁场理论 20 多年后,德国物理学家赫兹(1857~1894年)第一次用实验证实了电磁波的存在.

赫兹测定了电磁波的波长和频率,得到电磁波的传播速度,证实这个速度等于**光速**. 赫兹还用实验证明,电磁波跟所有波动一样,能产生反射、折射、衍射、干涉等现象,从而充分证实了麦克斯韦的电磁场理论,也为在此之后迅速发展起来的无线电技术的应用奠定了实验基础. 遗憾的是,此时,天才的物理学家麦克斯韦已于 9 年前过早地离开了人世.

电磁波与机械波有本质的不同,前者是电磁现象,后者是力学现象. 机械波要靠介质来传播,电磁波的传播则不需要靠别的物质作介质,在真空中也可以传播. 但两者具有波动的共性. 机械波是位移这个物理量随时间和空间做周期性的变化,电磁波则是 E 和 B 这两个物理量随时间和空间做周期性的变化. 两者都能产生反射、折射、衍射和干涉等现象.

9.3.4 电磁波谱

自赫兹用实验证明了电磁波的存在,迄今,人们已经陆续发现,不仅光波是电磁波,还有红外线、紫外线、X 射线、γ 射线等也都是电磁波,科学研究证明电磁波是一个大家族. 所有这些电磁波仅在波长 λ(或频率 f)上有所差别,而在本质上完全相同,且波长不同的电磁波在真空中的传播速度都是光速. 因为波的频率和波长满足关系式 $\lambda f = c$,所以频率不同的电磁波在真空中具有不同的波长.

电磁波的频率愈高,相应的波长就越短. 无线电波的波长最长(频率最低),而 γ 射线的波长最短(频率最高). 目前人类通过各种方式已产生或观测到的电磁波的最低频率为 $f = 10^{-2}$ Hz,其波长为地球半径的 5×10^3 倍,而电磁波的最高频率为 $f = 10^{25}$ Hz,它来自于宇宙的 γ 射线. 将电磁波按频率或波长的顺序排列起来就构成电磁波谱,不同频率的电磁波段有不同的用途.

表 9.3.1 电磁波的波长范围、主要产生方式及用途

电 磁 波	真空中的波长/m	主要产生方式	主 要 用 途
γ 射线	$< 0.4 \times 10^{10}$	原子核衰变	探伤,原子核结构分析
X 射线	$\sim 5 \times 10^{-9}$	原子内层电子	透视,晶体结构分析
紫外线	$\sim 4 \times 10^{-7}$	炽热物体 气体放电	消毒杀菌
可见光	$\sim 7.6 \times 10^{-7}$		照明,植物光合
红外线	$\sim 6 \times 10^{-4}$		夜视,分析,加热
微波	~ 1	电子电路	电视,雷达,加热
超短波	~ 10		广播,电视,导航
短波	~ 200		电报,通讯
中波	$\sim 3\ 000$		广播
长波	$\sim 30\ 000$		通讯和导航

从电磁波发现以来,电磁波的应用得到了飞速的发展. 1895 年俄国科学家波波夫发明了第一个无线电报系统. 1914 年语音通信成为可能. 1920 年商业无线电广播开始使用,20世纪 30 年代发明了雷达,40 年代雷达和通信得到飞速发展,自 50 年代第一颗人造卫星上天,卫星通讯事业得到迅猛发展. 如今电磁波已在通讯、遥感、空间探测、军事应用、科学研究等诸多方面得到广泛的应用.

本章小结

　　法拉第电磁感应定律是既是本章的重点内容又是电磁学知识的一个重点内容,它可涉及力学、热学、电学等多方面的知识,所构成的问题往往成为物理学综合知识应用的难题.所以在学习中应注意加强分析研究.

　　在闭合电路中是否产生感应电动势,不是取决于有无磁通量,而是取决于有无磁通量的变化.感应电动势的大小不是取决于磁通量的变化量而是取决于磁通量的变化率.感应电动势的方向服从楞次定律.闭合电路中一部分导线做切割磁感线运动时,电路中产生的感应电流的方向可用右手定则确定.

　　导体由于自身电流变化而在其他导体产生感应电动势的现象叫做互感现象,简称互感.所激起的感应电动势叫做互感电动势.导体由于自身电流的变化而在自身产生感应电动势的现象叫做自感现象,简称自感.在自感现象中产生的电动势叫做自感电动势.

　　麦克斯韦电磁场理论表明:变化的磁场产生电场,变化的电场产生磁场.按照这个理论,变化的电场和磁场总是相互联系的,形成一个不可分离的统一的场,这就是电磁场.电场和磁场只是这个统一的电磁场的两种具体表现.

习　题

　　9.1.1　磁场水平方向,线圈平面垂直于磁场.小线圈在匀强磁场中上下平移时,线圈中能否产生感应电流? 若左右平移时,线圈中能否产生感应电流? 小线圈从匀强磁场中移出时,线圈中能否产生感应电流?

　　9.1.2　如图所示,闭合线框 $ABCD$ 的平面跟磁感线方向平行.试问下列情况有无感应电流的产生? 为什么?

　　(1)线框沿磁感线方向运动;

　　(2)线框垂直磁感线运动;

　　(3)线框以 BC 边为轴由前向上转动;

　　(4)线框以 CD 边为轴由前向右转动.

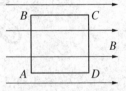

题 **9.1.2** 图

　　9.1.3　一架飞机两翼的总长度为 40 m,水平飞行的速度为 300 m/s.求它在地磁场垂直分量为 3×10^{-5} T 的地区飞行时,两翼间产生的感应电动势的大小.

　　9.1.4　先将置于磁场中的弹簧线圈撑大,再放手使线圈收缩,如图所示.试分析在此过程中线圈中有无感应电流的产生? 若有,其方向如何?

　　9.1.5　试用右手定则确定导线怎样运动时,才能产生如图所示的感应电流.

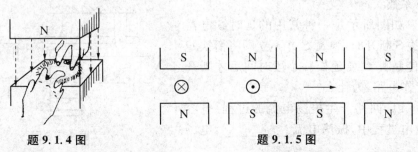

题 **9.1.4** 图　　　　　题 **9.1.5** 图

9.1.6 如图所示,把磁铁的 S 极接近金属环或从金属环移开时,试用楞次定律确定金属环中感应电流的方向.

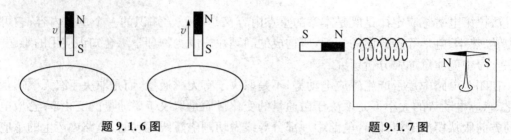

题 **9.1.6** 图 　　　　　　　　　　　　　题 **9.1.7** 图

9.1.7 如图所示,将磁铁的 N 极移近线圈,磁针的 N 极将向什么方向转动?

9.1.8 $B=0.5$ T的匀强磁场中,一面积 $S=0.10$ m^2、匝数 $N=100$ 的线圈,从线圈平面与磁感线平行的位置匀速转到与磁感线垂直的位置,所需时间 $\Delta t=0.50$ s,求线圈平均感应电动势的大小.

9.1.9 在 $B=0.80$ T 的匀强磁场中,长 $L=0.20$ m 的直导线以 $v=3.0$ m/s 的速率垂直切割磁感线,若运动方向与导线本身垂直,导线中的感应电动势的大小和方向如何?

9.2.1 像图中那样把两块铁芯固定在一把钳子上,可以作成一个钳形电流表.利用它可以在不切断导线的情况下,测量导线中的交变电流.请你说明该仪器的工作原理.

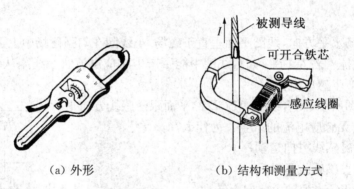

(a) 外形　　　　　(b) 结构和测量方式

题 **9.2.1** 图

9.2.2 一般机床照明用的是 36 V 的安全电压,这个电压是把 220 V 的电压降压后得到的.如果变压器的原线圈是 1 140 匝,那么副线圈是多少匝?

9.2.3 有一个线圈,它的自感系数是 1.2 H,当通过它的电流在 0.005 s 内由 0.5 A 增加到 5 A 时,线圈中产生的自感电动势是多少?

9.2.4 一个线圈的电流在 0.001 s 内变化了 0.02 A,所产生的自感电动势为 50 V,求线圈的自感系数.

9.2.5 如图所示是一种常用的延时续电器示意图.开关 S 断开时,弹簧 S 并不立即将衔铁 D 拉起,因而使触头 C 要延长一小段时间后才断开所连接的工作电路,为什么?

9.3.1 LC 回路产生振荡电流的过程:电容器(正向)放电过程中,振荡电流_____,电场

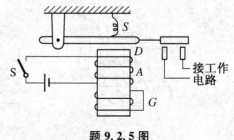

题 **9.2.5** 图

能向_____转化,当电容器放电完毕的瞬间,振荡电流_____,电容器的带电量、板间场强和电场能_____,线圈周围的磁场_____、磁场能_____;电容器(反向)充电过程中,振荡电流_____(方向不变),磁场能向_____转化,当电容器充电完毕的瞬间,振荡电流_____,线圈周围的磁场和磁场能_____,电容器的带电量、板间场强和电场能_____.

9.3.2　如图所示,(b)图为(a)图 LC 电路中电流图像,规定电流逆时针为正方向,则

A. t_1 到 t_2 阶段电容器正在充电

B. t_1 到 t_2 阶段电容器 A 板电势高于 B 板

C. t_2 到 t_3 阶段线圈中电场能正向磁场能转化

D. t_2 到 t_3 阶段电容器 B 板电势高于 A 板

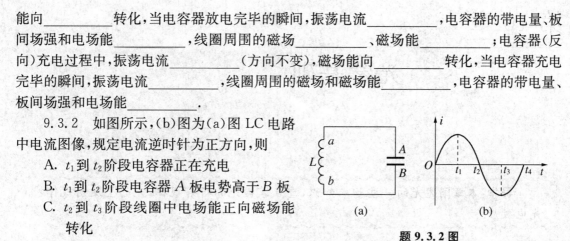

题 9.3.2 图

9.3.3　电视台发射的微波其波长范围是 10 m～1 mm,它的频率范围是多少?

9.3.4　一台收音机短波段的频率范围是 3 MHz 至 18 MHz(该收音机是采用调节可变电容器电容来改变调谐电路频率的),试问该波段最高频率的电容是最低频率的电容的几倍?

9.3.5　LC 振荡电路电容器的电容为 1.2×10^3 pF,在 0.6 s 的时间内线圈中电流改变量为 1 A,产生的感应电动势为 0.2 mV,它与开放电路耦合后,发射出去的电磁波的波长是多少?

第 10 章

✿ 光学基础

导学：本章阐述光的一些基本知识，重点掌握光的折射规律，光的全反射规律，光电效应.

光是最早引起人们注意的自然现象之一. 长期以来，人们将光与人的眼睛联系起来，把光当成是眼睛发出的触须一样的东西，以为闭上眼睛光就没有了. 这种观念至今还保留在文学语言中，如"目光闪烁"、"两眼放光"等. 随着科学的发展，人们认识到光是由发光体（光源）放出的，它是客观存在的，不随人们主观意识而改变的. 我们能看到物体，是因为光源发出的光照到物体上，这些物体又把光反射到我们眼里.

§10.1 光的折射

在清澈的水中可以清楚的看到水中的游鱼，但是如果用鱼叉对准看到的鱼，却总是叉不到. 同样，在游泳馆游泳时，游泳池里的水清澈见底，看上去似乎并不深，可是贸然入水却发现比感觉要深许多. 类似的现象还有许多，这都是光发生折射使人产生错觉的结果.

10.1.1 光的折射

如图 10.1.1 所示，向空盆里注入一些水后，盆底看起来就比原来浅了. 在沿着盆边向水里插入一根棒子，就看到水面下的棒子被向上折了一些. 其实，盆底还是原来那么深，棒子仍然是直的，只是由于水面下物体发出的光线在水面处进入空气时改变了方向，产生了光的折射. 光线是在空气与水的界面处发生折射的，而我们眼睛的视线是直线，因此对折射光线的反向延长线交点处有像的感觉，它是虚像，此虚像比实物的位置高，而且在水平方向比实物跟眼睛的距离近一些.

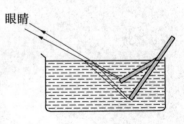

图 10.1.1 光的折射现象

古希腊哲学家亚里士多德就是从类似于图 10.1.1 的实验中感觉到了折射现象. 以后经历了近 2000 年的时间，直到 1621 年，荷兰数学家斯涅尔终于从大量的实验数据中总结出了**折射定律**，所以折射定律又叫做斯涅尔定律，它的内容为：

(1) 折射光线和入射光线与通过入射点的法线在同一平面上，并且折射光线和入射光线分居在法线两侧；

（2）入射角正弦跟折射角正弦之比为常数. 它等于光在两种介质中对应的光速之比.

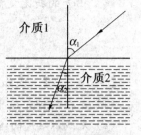

介质1

介质2

在图 10.1.2 中，设介质 1 中的光速为 v_1，介质 2 中的光速为 v_2，则

$$\frac{\sin \alpha_1}{\sin \alpha_2} = \frac{v_1}{v_2} \qquad (10.1.1)$$

图 10.1.2　光的折

从上式可以看出，当光线逆向从介质 2 以 α_2 为入射角进入介质 1 时，其折射角为 α_1，所以折射光路是可逆的.

两种介质相比较，光速较大的叫做光疏介质，光速较小的叫做光密介质. 在可逆光路中，光疏介质中光线与法线的夹角较大，光密介质中光线与法线的夹角较小，即"速大角大，速小角小".

光从真空折射入其他介质时，由于各种介质中的光速各不相同，所以折射程度也不相同. 我们把光线在真空中的入射角正弦与其他介质中折射角正弦之比，叫做某种介质的折射率. 根据折射定律，折射率也可用光速之比来表示：

$$n_介 = \frac{\sin \alpha_空}{\sin \alpha_介} = \frac{c}{v_介} \qquad (10.1.2)$$

显然，真空的折射率为 1，其他介质的折射率大于 1，空气的折射率近似为 1. 某介质中的光速越大，它的折射率就越小.

因为 $\dfrac{\sin \alpha_1}{\sin \alpha_2} = \dfrac{v_1}{v_2} = \dfrac{\frac{c}{v_2}}{\frac{c}{v_1}} = \dfrac{n_2}{n_1}$，所以折射定律还可以用折射率表示为

$$n_1 \sin \alpha_1 = n_2 \sin \alpha_2 \qquad (10.1.3)$$

这个式子的形式对称，比较容易记忆. 表 10.1.1 列出了一些介质的折射率.

表 10.1.1　　介质的折射率

介　　质	折　射　率	介　　质	折　射　率
金刚石	2.420	萤石	1.434
氧化锆	2.170	酒精	1.360
红宝石	1.760	乙醚	1.350
二硫化碳	1.628	水	1.333
玻璃	1.5～1.9	冰	1.309
翡翠	1.576	液态二氧化碳	1.210
水晶、玛瑙	1.544	水蒸气	1.026
珍珠	1.530	气态二氧化碳	1.000 4
甘油	1.473	空气	1.000 3

【例 10.1.1】　光线以 $60°$ 的入射角从空气射入折射率为 1.55 的玻璃中，折射角是多大？

解　由光的折射定律得：

$$\sin \alpha_{玻} = \frac{\sin \alpha_{空}}{n_{玻}} = \frac{\sin 60°}{1.55} \approx 0.559$$

$$\alpha_{玻} = 34°$$

【例 10.1.2】　已知玻璃的折射率是 1.55，水的折射率是 1.33，问：

(1) 光在两种介质中的传播速度各是多大？

(2) 光线以 30° 的入射角从玻璃射入水中时折射角有多大？

解　(1) 由介质的折射率公式 $n_{介} = \frac{c}{v_{介}}$ 得

$$v_{玻} = \frac{c}{n_{玻}} = \frac{3 \times 10^8}{1.55} \approx 1.94 \times 10^8 \text{ m/s}$$

$$v_{水} = \frac{c}{n_{水}} = \frac{3 \times 10^8}{1.33} \approx 2.26 \times 10^8 \text{ m/s}$$

(2) 由题意可得

$$n_{水} \sin \alpha_{水} = n_{玻} \sin \alpha_{玻}$$

$$\sin \alpha_{水} = \frac{n_{玻} \sin \alpha_{玻}}{n_{水}} = \frac{1.55 \times \sin 60°}{1.33} \approx 0.583$$

$$\alpha_{水} \approx 35.6°$$

从(1)中可看到玻璃与水相比较：$v_{玻} < v_{水}$，玻璃为光密介质，水为光疏介质．

从(2)中可看到当光线从光密介质射向光疏介质时，折射角大于入射角．

10.1.2　光的折射的应用

1. 平行透明板

在日常两个表面是相互平行平面的透明体叫做平行透明板．平板玻璃、玻璃砖等都是平行透明板．光穿过平行透明板（如玻璃砖）的光路如图 10.1.3 所示，光线发生了侧移，证明如下：

根据折射定律，在 AB 界面上

$$n_1 \sin \alpha_1 = n_2 \sin \beta_1$$

在 CD 界面上

$$n_2 \sin \alpha_2 = n_1 \sin \beta_2$$

因为 $AB // CD$，$\beta_1 = \alpha_2$，所以

$$\sin \alpha_1 = \sin \alpha_2，\alpha_1 = \beta_2$$

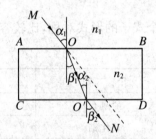

图 10.1.3　光通过玻璃砖的图示

即光线 $MO // O'N$．

可见光通过两面平行的透明板后，方向并不改变，只是发生了侧向偏移．透明板越厚，入射角越大，侧向偏移就越大．若光线垂直入射，因为不折射，则不发生侧向偏移．

2. 三棱镜

横截面是三角形的透明三棱柱叫做三棱镜（图 10.1.4），简称棱镜．图 10.1.5 所示为三棱镜的主截面．$AB，AC$ 为光线进出的两个折射面，BC 为棱镜的底面，$\angle A$ 为顶角．玻璃三棱镜跟周围空气相比较它是光密介质．从光路图可见，光线经过光密介质三棱镜后向底面偏

折. 入射光线 SO, 和折射光线 $O'S'$ 的延长线的夹角 β 叫做偏向角. 偏向角表示光线通过棱镜后的偏折程度. 如果把图 10.1.5 (a) 的玻璃三棱镜换成金刚石三棱镜, 根据折射定律可知, 由于金刚石比玻璃的折射率大, 其偏向角就变大, 如图 10.1.5(b) 所示. 隔着玻璃三棱镜看物体时, 看到的是物体正立的虚像, 虚像的位置向顶角方向偏移.

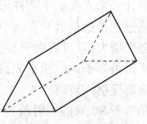

图 10.1.4　三棱镜

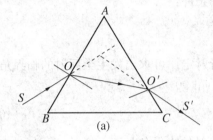

(a)

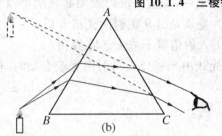

(b)

图 10.1.5　光通过三棱镜的图示

思考与讨论

我们都看到太阳穿过地球的大气层刚从地平线上升起来, 如果地球没有大气层, 人们看到的日出将提前还是延后?

§10.2　全　反　射

在清晨阳光照耀下, 草叶上的露珠显得很明亮; 玻璃中如果有气泡, 气泡看起来很亮; 把盛水的玻璃杯举高, 透过杯壁能观察到水面光灿似银, 这些现象都是光发生全反射的结果.

10.2.1　全反射

根据折射定律, 光从光密介质射入光疏介质时, 折射角大于入射角. 如图 10.2.1 所示,

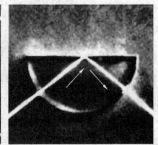

图 10.2.1　光的全反射

若让一束光线沿半圆柱形玻璃砖的半径方向斜射到玻璃砖平直的边上,可以看到一部分光通过这条边折射到空气中,另一部分光被反射回玻璃砖内部. 逐渐增大入射角时,折射角也随之增大,且可观察到反射光线逐渐增强,折射光线逐渐减弱;当入射角增大到某一角度时,折射角等于 $90°$,折射光线消失,光线全部被反射入玻璃砖中,再增大入射角,仍然是光线被全部反射入玻璃砖中. 人们把入射光线在介质分界面上被全部反射的现象称为**全反射**. 折射角等于 $90°$ 时的入射角 α_0,称为**临界角**.

实验表明,发生全反射现象必须满足以下两个条件:

(1) 光从光密介质射向光疏介质;

(2) 入射角等于或大于临界角.

当光线由光密介质斜射向光疏介质时,根据折射定律可求出发生全反射的临界角 α_0:

$$n_{密} \sin \alpha_0 = n_{疏} \sin 90°$$

$$\sin \alpha_0 = \frac{n_{疏}}{n_{密}} \tag{10.2.1}$$

不同的介质,由于折射率的不同,在空气中发生全反射的临界角是不一样的. 真空(或空气)的折射率为 1,相对于其他介质总是光疏介质. 当光从折射率为 $n_{密}$ 的介质进入真空或空气时,

$$\sin \alpha_0 = \frac{1}{n_{密}} \tag{10.2.2}$$

上式表明,在其他介质与真空或空气的界面上,折射率越大的介质其临界角越小,越容易发生全反射.

从折射率表中查到物质的折射率,就可以用式 10.2.2 求光从这种介质射到空气中发生全反射时的临界角. 金刚石的临界角为 $24.4°$,玻璃的临界角为 $30° \sim 42°$,水的临界角为 $48.7°$,酒精的临界角为 $47.3°$.

【例 10.2.1】 图 10.2.2 为折射计的原理. 把待测折射率为 n 的介质放在折射率为 n_1(已知)的光密介质上,让一束光沿着二者的界面 AO 方向入射,测出折射光线与法线的夹角 α,即可求出 n. 设已知 $n_1 = 1.8$,$\alpha = 48.1°$,试求 n.

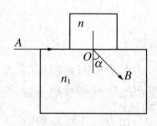

图 10.2.2

解 根据折射光路的可逆性,当光线沿 BO 方向入射时,OA 就是折射光线,其折射角为 $90°$,所以 α 是临界角,由公式 $\sin \alpha = \frac{n}{n_1}$ 可得

$$n = n_1 \sin \alpha = 1.8 \times \sin 48.1° \approx 1.34$$

10.2.1 全反射的应用

1. 全反射棱镜

如图 10.2.3 所示,横截面是等腰直角三角形的棱镜叫全反射棱镜. 如图 10.2.4(a)所示,在玻璃内部,当光线射到等腰直角三角形的底边,入射角为 $45°$ 时,由于玻璃射在空气中的临界角为 $32° \sim 42°$,入射角大于玻璃对空气的临界角,光线在玻璃与空气的界面上发生了全反射. 同样在全反射棱镜的两个直角边也能发生全反射,如图 10.2.4(b),它可以改变光的传播方向,使入射光沿着原来

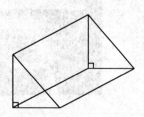

图 10.2.3 全反射棱镜

的方向反射回去. 利用它的这个特点就制成了潜望镜、双筒望远镜(如图 10.2.6)等.

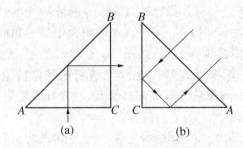

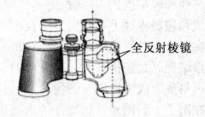
全反射棱镜

图 10.2.5　光通过全反射棱镜的图示　　　　　图 10.2.6　望远镜

　　家用平面镜为了保护反射用的金属镀层,把金属物质镀在镜子的背面. 这样,前面玻璃和空气的界面所反射的光线会干扰玻璃镀层所成的像. 所以光学仪器中的平面镜总把金属层镀在玻璃或其他平面材料的前面,但是这样就免不了发生锈蚀、镀膜脱落等情况,降低反射能力. 全反射棱镜就没有这样的问题,而且因为没有金属镀层,制作工艺简单. 所以光学仪器中,常用全反射棱镜代替平面镜.

　　2.　角反射器

　　如图 10.2.7 所示角反射器是由三个互相垂直的反射平面组成的反射器. 根据理论分析,射入角反射器的光线,不论其方向如何,都会被沿入射方向的反方向反射出去.

　　角反射器的反射面可以是平面镜,也可以是两种介质的界面. 例如,塑料立方体、玻璃立方体,它们跟空气的界面就是角反射器的垂直反射平面.

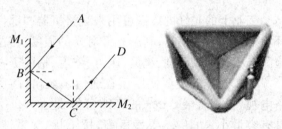

图 10.2.7　角反射器

　　角反射器是激光测距的主要器具,只要激光射中它,反射光就能返回原处. 1969年 7 月美国阿波罗 11 号宇宙飞船首次登上月球,在月球表面土放置了一个由 100 块石英直角棱镜排列成边长 18 英寸方阵的角反射器组,以利用其发生全反射的性质进行科学研究和测量,后来在地球上用激光测得地球和月球之间的精确距离为 353 911 215 m.

　　角反射器被广泛应用于各种车辆的尾部和一些醒目标志. 其外表面平整,背而是整齐排列的凸起的立方体角,每个立方体角就是一个角反射器. 在夜间,汽车灯光照在汽车或自行车尾部的角反射器上,不论入射方向如何,都会按原方向的反方向被反射回去. 红色、桔黄色的角反射器犹如发光的红灯和黄灯,提醒司机保持车距.

　　3.　光导纤维

　　全反射现象的一个非常重要的应用就是用光导纤维来传光、传像. 为了说明光导纤维对光的传导作用,我们来做下面的实验. 如图 10.2.8 那样,在不透光的暗盒里安装一个电灯泡作光源,把一根弯曲的细玻璃棒(或有机玻璃棒)插进盒子里,让棒的一端面向灯光,玻璃棒的下端就有明亮的光传出来. 这是因为从玻璃棒的上端射进棒内的光线,在棒的内壁多次发生全反射,沿着锯

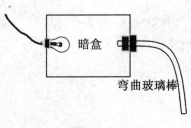
暗盒

弯曲玻璃棒

图 10.2.8

齿形路线由棒的下端传了出来,玻璃棒就像一个能传光的管子一样.

实用的光导纤维是一种比头发丝还细的直径只有几微米到 100 μm 的能导光的纤维.它由芯线和包层组成,芯线折射率比包层的折射率大得多.当光的入射角大于临界角时,光在芯线和包层界面上不断发生全反射,从一端传输到另一端,如图 10.2.9(a)所示.光纤的主要参量是:直径、损耗、色散等.材料可以是玻璃、石英、塑料、液芯等.光纤的传像功能是由数万根细光纤紧密排列在一起完成的.输入端的图像被分解成许多像元,经光纤传输后在输出端再集成形成为传输的图像.

在医学上利用光纤制成各种内窥镜.如图 10.2.9(b)所示,把探头送一到人的食管、胃或十二指肠中去,通过传输光束来照明器官内壁,检查人体内部的疾病;利用石英光纤传送激光束,产生高温可为消化道止血;在心脏外科中光纤导管插入动脉,用激光对血管阻塞物加热使其汽化,治疗冠状动脉疾病等.

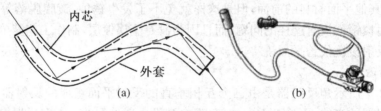

图 10.2.9　光纤

工业上的光纤内窥镜可用来观察机器内部,特别是在各种高温高压、易燃易爆、强辐射环境下获得各种信息;利用光纤对光的强度、相位、偏振等的敏感性制成各种光纤传感器来检测电压、电流、温度、流量、压力、浓度、粘度等物理量.

现在光纤的主要使用还在通信领域,目前已能在一根光纤上传送几万路电话或几十路电视.一根直径 8 mm 的光缆可集成 4×10^3 根光纤,其通信容量远大于电缆.光纤通信具有容量小、功耗少、灵敏度高、抗干扰、保密性能好等优点,在世界各国得到迅速推广.

在南京玻璃纤维研究院的实验楼里有一个房间,它既没有采光的窗子,也不用电灯照明,但是室内却明亮得可以读书看报,盆栽的多种植物在光合作用下郁郁葱葱.光是怎么进到室内的呢?这是因为楼顶上装了阳光采集器,它使阳光聚焦后经过光导纤维输送进了室内.目前这项技术已获得国家专利,并已申请 PCT 国际专利.

采集阳光的技术应用将非常广阔,它可应用于地下室、隧道、矿井、室内养殖和栽培等许多需要照明的地方,是既安全又经济的能源.

思考与讨论

我们知道,光在均匀介质中是沿直线传播的,可是光却能沿着光导纤维弯曲的芯线传播,这跟光的直线传播矛盾吗?

§10.3　透　　镜

我国晋代《博物志》记有："削冰令圆,举以向日,以艾于后成其影,则得火."在玻璃尚未问世的年代,我们的祖先已经知道用冰做成凸透镜来会聚阳光以艾草取火了.从古至今,透镜一直有着广泛的应用,就连当代高科技的光纤通信设备也离不开透镜.为了把一路光信号输进极细的光导纤维中,必须要用凸透镜使光线会聚才行.著名的哈勃太空望远镜最重要的部件就是透镜.

10.3.1　透镜

两面都磨成球面,或一面是球面,另一面是平面的透明体叫做**球面透镜**,简称**透镜**;中央比边缘厚的叫做**凸透镜**;中央比边缘薄的叫做**凹透镜**.透镜一般用玻璃制成.图 10.3.1 是几种透镜的截面图和符号.

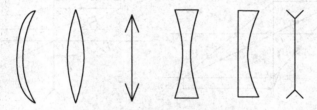

图 10.3.1　透镜模型及其符号

透镜是利用光的折射性质制成的光学器件.透镜可以设想成是由许多三棱镜的组合.因为三棱镜要使光线向它的底边偏折,所以凸透镜会使光线偏向中央,起会聚作用,也叫会聚透镜;凹透镜会使光线偏向边缘,起发散作用,也叫发散透镜.

透镜的中央部分相当于透明平行板.如果透镜的厚度比它的球面半径小得多,透镜中央的平行板厚度可以忽略不计,叫做薄透镜.本节研究的是薄透镜.

如图 10.3.2 所示,通过透镜两球面球心的直线叫透镜的主光轴.主光轴与透镜两球面的交点,对薄透镜而言可以看做重合在一起为 O 点,叫做光心.凡是通过光心 O 点的光线相当于通过很薄的两面平行的透明板,不改变原来的方向.通过光心的直线都叫做透镜的光轴,除主光轴外,其他的光轴叫副光轴.

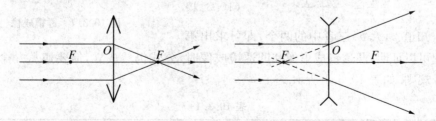

图 10.3.2　透镜的折射

平行于主光轴的光线,经凸透镜后会聚于主光轴上的一点,这个点叫焦点,用 F 表示.因为这是光线的实际会聚点,所以又叫实焦点.平行于主光轴的光线经凹透镜后被发散,发散光线的反向延长线也交在主光轴上的一点,这个点也叫焦点.因为不是光线的实际会聚点,所以又叫虚焦点.透镜两侧各有一个焦点,焦点对于光心是对称的.透镜的焦点与光心的距离叫焦距,用 f 表示.

10.3.2 透镜成像

透镜主要用于成像.一个发光点向透镜发出的无数条光线,经过透镜折射后的会聚点就是发光点的像.用几何作图法求发光点的像,当发光点不在主光轴上时利用下列三条光线中的任意两条即可(如图 10.3.3 所示).

(1) 跟主光轴平行的光线,折射后经过焦点.

(2) 经过焦点的光线,折射后跟主光轴平行.

(3) 经过光心的光线,通过透镜后方向不变(这是副光轴).物体到光心的距离叫做物距,用 p 表示;像到光心的距离叫做像距,用 p' 表示.

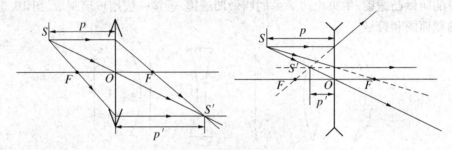

图 10.3.3　透镜成像

虽然用作图的方法能很快求得透镜所成的像,但是从图中量出的数据总存在误差.下面介绍一下运用几何原理求得 p,f,p' 之间的函数关系的透镜成像公式.我们以凸透镜为例来推导出该公式.

在图 10.3.4 中,CD、$B'D$ 是辅助线,从 $\triangle AA'C$ 与 $\triangle OA'F$,$\triangle AA'D$ 与 $\triangle OA'B'$ 的相似关系中,可得到如下关系:

$$\frac{p}{f} = \frac{AC}{OF} = \frac{AA'}{OA'} = \frac{AD}{OB'} = \frac{p+p'}{p'}$$

用 p 除等式左右两端,便得到凸透镜成像公式:

$$\frac{1}{f} = \frac{1}{p'} + \frac{1}{p} \qquad (10.3.1)$$

因此,知道 p,f,p' 三者中的两个,即可求出第

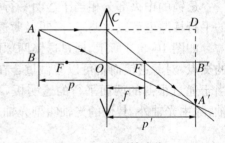

图 10.3.4　透镜成像

三个.同理可以证明,凸透镜成虚像和凹透镜成像时,公式仍然成立,但要遵从一个"实正虚负"的符号规则.如表 10.3.1 所示.

表 10.3.1

透镜	物距(p)	焦距(f)	像距(p')
凸透镜	正	实焦距为正	实像为正
			虚像为负
凹透镜	正	虚焦距为负	虚像为负

在图 10.1.16 中，把像的长度 $A'B'$ 跟物体的长度 AB 之比叫做像的放大率，用 k 表示. 又因为 $\triangle OAB$ 与 $\triangle OA'B'$ 相似，则

$$k = \frac{A'B'}{AB} = \frac{|p'|}{p}$$

(10.3.2)

【例 10.3.1】　有一物体放在距凸透镜 8 cm 处，成的像距透镜 24 cm，求透镜的焦距. 若物高 2 cm，求像高.

解　像距离透镜 24 cm 处，有物像同侧和物像分居透镜两侧两种可能性.

(1) 若物像居透镜同侧，像距则为负. 据透镜成像公式

$$\frac{1}{f} = \frac{1}{p'} + \frac{1}{p}$$

$$\frac{1}{f} = \frac{1}{-24} + \frac{1}{8}$$

$$f = 12 \text{ cm}$$

(2) 若物像居透镜两侧，像距则为正. 据透镜成像公式

$$\frac{1}{f} = \frac{1}{p'} + \frac{1}{p}$$

$$\frac{1}{f} = \frac{1}{24} + \frac{1}{8}$$

$$f = 6 \text{ cm}$$

(3) 由放大率公式得

$$k = \frac{A'B'}{AB} = \frac{|p'|}{p}$$

$$A'B' = \frac{|p'|}{p} \times AB = \frac{24}{8} \times 2 = 6 \text{ cm}$$

§10.4　光电效应　光量子学说

光到底是什么？这个问题早就引起人们的关注. 不过在很长的时期内对它的认识却进展缓慢. 直到 17 世纪才明确地形成了两个学说. 一种是以牛顿为代表的微粒说，认为光是从光源发出的一种物质微粒，在均匀的介质中以一定的速度传播；另一种是以荷兰物理学家惠更斯(1629~1695 年)为代表的波动说，认为光是在空间传播的某种波.

微粒说和波动说都能解释一些光现象，但又不能解释当时发现的全部光现象. 由于牛顿在物理学界的威望，再加上波动说还不完善，微粒说在很长时间内占统治地位.

直到 19 世纪初，英国物理学家托马斯·杨和法国工程师 A·J·菲涅尔等通过实验发现了光的干涉现象和衍射现象，证明了光是一种波，使得光的波动说被人们所认可. 19 世纪 60 年代，麦克斯韦提出光是一种电磁波的假说，赫兹在实验中证实了这种假说. 这样，光的波动理论取得了巨大的成功，完全取代了光的微粒说.

但是，19 世纪末又发现了光电效应现象，波动说无法解释这个现象. 因此，爱因斯坦于 20 世纪初提出了光子说，认为光具有粒子性，从而解释了光电效应. 经过许多物理学家不懈

的努力,终于使人们认识到光既是一种粒子,也是一种波,既具有粒子性,又有波动性.

10.4.1 光电效应

1887年赫兹(1857~1894年)首先通过实验发现光电效应.他在电磁波实验中注意到,接收电路中感应出来的电火花,当间隙间的两个端面受到光照射时,火花要变的更强一些.此后,他的同事勒纳德测出了受到光照射的金属表面所释放的粒子的比荷,确认释放的粒子是电子.从而证实了这个火花增强现象是光的照射下金属表面发射电子的结果.

如图10.4.1所示,把一块擦很亮的锌板连接在验电器上,用弧光灯照射锌板,验电器的指针就张开了,这表示锌板带了电.进一步检查表明锌板带的是正电,这说明在弧光灯的照射下.锌板中有一些自由电子从表面飞出来了,锌板中缺少了电子,于是带了正电.

在光(包括不可见光的射线)的照射下,金属物体发射电子的现象,叫做**光电效应**.发射出来的电子叫做光电子.当光子做定向移动时,就形成了光电流.

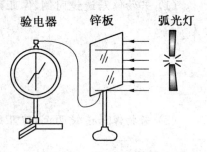

图 10.4.1　光电效应实验

最初观察到光电效应时,并没有引起物理学家们足够重视.他们认为光是一种电磁波,当它射入金属时,金属里的自由电子会由于变化的电场的作用而做受迫振动.如果光足够强也就是光的振幅足够大,经过一段时间后电子的振幅就会很大,有可能飞出金属表面.

但是,对光电效应的进一步研究发现,各种金属都存在一个极限频率,如果入射光的频率比极限频率低,那么无论光多么强,照射时间多么长,都不会发生光电效应;而如果入射光的频率高于极限频率,即使光不强,当它照射到金属表面时也会立即观察到光电子的发射.经过科学家的研究发现,光电效应具有以下几个规律:

(1) 各种金属都存在一个截止频率和截止波长(表10.4.1),只有入射光的频率大于金属的截止频率时才能发生光电效应.否则,无论光多么强,照射时间多么长,都不会发生光电效应.

，(2) 只要高于金属的截止频率的光照射到金属表面,光电子几乎是瞬间产生的,时间不超过10^{-9} s.

(3) 发生光电效应时,光电流的大小与入射光的强度成正比.

(4) 光电子从金属中逸出时的初动能与入射光的强度无关,只随入射光的频率增大而增大.

表 10.4.1　几种金属截止频率和截止波长

金属	铯	钠	锌	银	铂
$f_0 \times 10^{14}$(Hz)	4.55	5.40	8.07	11.5	15.3
λ_0(nm)	660	556	372	260	196

10.4.2 光量子学说

1900年,德国物理学家普朗克(1858~1947年)在研究物体热辐射的规律时发现,只有认为电磁波发射和吸收的能量不是连续的,而是一份一份地进行的,理论计算的结果才能与实验事实相符.这每一份能量叫做能量子,他认为这每一份能量等于 $h\nu$,其中 ν 是辐射电磁波的频率,h 是一个常量,叫做普朗克常量.实验测得 $h = 6.63 \times 10^{-34}$ J·s.

受到普朗克的启发,爱因斯坦(1879～1955 年)于 1905 年提出,在空间传播的光也是不连续的,而是一份一份的,每一份叫做一个光量子,简称光子.光子的能量 E 与光的频率 ν 成正比,即

$$E = h\nu \qquad\qquad (10.4.1)$$

式中的 h 就是上面讲的普朗克常量,这个学说后来叫做**光子说**.光子说认为,每一个光子的能量只决定于光的频率.例如蓝光的频率比红光高,所以蓝光光子的能量比红光光子的能量大.同样颜色的光,强弱的不同则反映了单位时间内光子数的多少.

光子说能够很好地解释光电效应中为什么存在极限频率.光子照射金属上时,它的能量可以被金属中的某个电子立即全部吸收,电子吸收光子的能量后,它的能量增加.如果能量足够大,电子就能克服金属离子对它的引力,离开金属表面,逃逸出来,成为光电子.不同金属中的离子对电子的约束程度不同,因此电子逃逸出来所做的功也不一样.如果光子的能量 E 小于使电子逃逸出来所需的功,那么无论光多么强,照射时间多么长,也不能使电子从金属中逃逸出来.

在光电效应中,金属中的电子在逸出金属表面时要克服原子核对它的吸引而做功的最小值,叫做这种金属的逸出功,如表 10.4.2 列出了几种金属的逸出功.

表 10.4.2　几种金属的逸出功

金属	铯	钠	钙	铀	镁	钛	钨	金	镍
W(eV)	1.9	2.2	2.7	3.6	3.7	4.1	4.5	4.8	5.0

如果入射光的能量 $h\nu$ 大于金属的逸出功 W,那么有些光电子在脱离金属表面后,还有剩余的能量,即光电子的初动能.由于逸出功 W 是使电子脱离金属所要做功的最小值,所以光电子从金属中逸出时的最大初动能表示为

$$\frac{1}{2}mv^2 = h\nu - W \qquad\qquad (10.4.2)$$

上式叫做爱因斯坦光电效应方程.该式表明了光电子从金属中逸出时的初动能只随入射光的频率增大而增大.

当光电子的初动能为零时,入射光的频率就是金属的截止频率 ν_0,即

$$\nu_0 = \frac{W}{h} \qquad\qquad (10.4.3)$$

【例 10.4.1】　如果用波长为 400 nm 的紫外线照射铯时,逸出光电子的动能为多少?

解　已知铯的逸出功为 $W = 1.9$ eV.波长为 400 nm 的紫光频率为

$$\nu = \frac{c}{\lambda} = \frac{3.0 \times 10^8}{400 \times 10^{-9}} = 7.5 \times 10^{14} \text{ Hz}$$

逸出光电子的动能为

$$\frac{1}{2}mv^2 = h\nu - W$$

$$= \frac{6.63 \times 10^{-34} \times 7.5 \times 10^{14}}{1.6 \times 10^{-19}} \text{eV} - 1.9 \text{ eV} = 1.2 \text{ eV}$$

利用光电效应的原理可制作成真空光电管,实现把光信号转变成电信号.碱金属的极限频率较低,常用来制作真空光电管.如图 10.4.2(a)时,真空玻璃管内有一半涂着碱金属,如钠、锂、铯等,作为阴极 K,管内另有一个阳极 A.如图 10.4.2(b)那样连接电路,当光照到阴极 K 上时,阴极发出光电子,光电子在电场的作用下飞向阳极,形成了电流.光越强,电流越大;停止光照,电流消失.

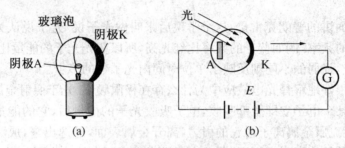

图 10.4.2　光电管

光电管可以在自动控制的机械中控制电路开和关,在有声电影中用于录音和放音等.

（1）有声电影的发声机构

电影胶片的一侧有一条宽窄变化的锯齿状条纹,它记录着声音的信息.电影放映机上有一条细细的光束照亮了这个条纹,条纹的影落在一个光电管上,放映电影时胶片不停地前进,光电管上阴影的宽度发生变化,电路中产生了强度变化的电流,放大后就推动扬声器发出声音.

（2）光电倍增管

光电倍增管是依据光电子发射、二次电子发射和电子光学的原理制成的、透明真空壳体内装有特殊电极的器件.图 10.4.3 是光电倍增管的工作原理图.从闪烁体出来的光子通过光导射向光电倍增管的光阴极,由于光电效应,在光阴极上打出光电子.光电子经电子光学输入系统加速、聚焦后射向第一打拿极 D_1（又称倍增极）.每个光电子在打拿极上击出几个电子,这些电子射向第二打

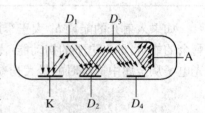

图 10.4.3　光电倍增管工作原理图

拿极 D_2,再经倍增射向第三打拿极 D_3,直到最后一个拿极.所以,最后射向阳极的电子数目是很多的,阳极把所有电子收集起来,转变成电压脉冲输出.

由于光电倍增管增益高和响应时间短,又由于它的输出电流和入射光子数成正比,所以它被广泛使用在天体光度测量和天体分光光度测量中.其优点是:测量精度高,可以测量比较暗弱的天体,还可以测量天体光度的快速变化.

阅读材料

光学技术的应用

一、隐形眼镜

隐形眼镜又称角膜接触镜,是一种嵌戴在眼内的微形眼镜片,能矫正近视、远视和散光.

隐形眼镜片的内表面的曲率半径应与人眼的角膜曲率半径相吻合,外表面的曲率半径由配戴者根据矫正的视力度数而定.镜片分为硬片和软片,硬性镜片价格低,寿命长;软性镜片亲水性和透气性好.

隐形眼镜片和角膜与两者之间的液体组合在一起,组成光学系统.眨眼时泪液可在眼睛与镜片之间起清洗和润滑作用.

嵌戴隐形眼镜要注意用眼卫生.长时间阅读、书写和操作计算机的人不宜嵌戴;经常接触强酸、强碱或有毒气体的人应禁止嵌戴;结膜和角膜发炎时应暂停嵌戴.

二、超薄眼镜

度数越大的近视眼镜片焦距越短,所以如果用一般的光学玻璃制造,就必须研磨出较大的曲率,这样的镜片边缘较厚重.超薄镜片比一般镜片玻璃的折射率大,因此镜片研磨的曲率可以小些,镜片边缘也就不厚了.

三、现代公路上的道路反光标志

高等级公路上车辆来往如梭,如果利用油漆画的分道线和道路交通标志,白天有阳光照射,可以看得清,但是在夜间就无法辨认.现代道路反光标志可以使司机在夜间能清楚地辨认出来.它由交通标志基板和反光膜组成.反光膜由透明保护膜、单层排列的玻璃微珠、反射层、胶合层组成,玻璃微珠用高度透明材料制成,直径约 $0.25\sim0.35$ mm,其后焦点位于其后表面.远处射向反光膜的灯光可以认为是平行光,经玻璃微珠折射会聚于后焦点(即后表面上),被后表面上高反射率的反射层膜反射,光基本沿原方向返回.若在透明保护膜和胶合层上用红、黄、绿、蓝等色描出图案,公路上汽车自身灯光照射道路反光标志,光被逆向反射和漫反射,汽车司机在几百米之外就可看到明亮的交通标志.

四、数码相机

计算机的图像技术可应用于摄影——数字摄影技术.最新的数字摄影技术已经用计算机芯片代替了传统胶片,用数码相机进行摄影.

数码相机内的计算机芯片是特殊的光敏材料,它将被摄景物的颜色和发光强弱转变成数字信号记录下来,使图像成为数据的集合.经过软件处理后,被摄景物的图像既可显示在计算机的荧屏上,也可打印在相纸上.

五、哈勃望远镜

哈勃太空望远镜长 13.1 m,重 1.16×10^4 kg,它装有超抛光镜面的直径为 2.4 m的主体镜和直径为 0.3 m的次级镜,并配备天体摄像机等高精尖仪器.它是目前世界上最复杂的望远镜.于 1990 年 4 月由美国"发现者"号航天飞机送入高空轨道.

哈勃太空望远镜的探测能力很强,它能观察到 1.6×10^4 km外飞动的一只萤火虫,能探测出相当于在地球上看清月球上 2 节干电池手电筒发出的闪光.观察距离可达到 150 亿光年,如果它探测到的光来自 150 亿光年之遥,就等于把宇宙历史从现在开始上溯 150 亿年.人们通过它反馈到地球的信息进行分析,可以确定宇宙的年龄,了解星系的形成和演化,以及揭示其他星球是否有生命等.

六、人造月亮

1993 年 2 月 4 日,人类第一个"人造月亮"实验装置太阳伞由"进步"号运载飞船在太空打开,对着地球背向太阳的一面反射太阳光.太阳伞是由厚度为 5 μm的聚脂纤维涤纶薄膜制成的直径为 22 m的圆形光盘,巨大的太阳伞向正处于黑夜的欧洲反射一道宽约 10 km

的太阳光,实验时间约 6 min,其亮度相当于月亮光的 2～3 倍.

科学家拟于 21 世纪在太空设置 100 多把太阳伞,组成永久性的太阳反射光环,按地球需求反射太阳光.有人设想,在太阳伞上附设光电微波发射器,将光能转为电能,发射到地球,从而保护环境和自然资源,造福于人类.

"人造月亮"可以使黑夜变成白昼,节约大量能源,但也存在影响生物圈的生物节律,改变遗传性状等副作用.

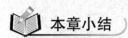 **本章小结**

本章依据光的直线传播,以几何知识为基础,数形结合研究光的折射现象,详细的讲述了光的折射定律和折射成像.并与实践相结合,介绍了一些光学技术的应用,解释自然界的一些光现象.同时对近代物理光学的发展进行简单的概述,介绍了光电效应对近代物理光学形成的重要意义.

掌握全反射发生的条件:(1)光从光密介质射向光疏介质;(2)入射角等于或大于临界角.

透镜成像是光的折射的重要应用,应掌握透镜成像作图的三条特殊光线和透镜成像公式.

了解近代物理光学的发展,知道光到底是什么? 知道发生光电效应的条件和光电效应揭示了光具有粒子性的这一性质.

习 题

10.1.1 水的折射率定义是光从_____射入_____时,入射角正弦与折射角正弦之比.已知水的折射率是 1.33,真空中的光速是 c,则水中的光速等于_____.

10.1.2 玻璃折射率是 1.5,水的折射率是 1.33,玻璃中的光速跟水中的光速相比较,_____中的光速较大.当光从水中射入玻璃中时,入射角跟折射角相比较,_____较大.

10.1.3 光从介质 1 进入介质 2,测得反射角是 30°,折射角是 45°,两者相比较哪种介质是光疏介质?

10.1.4 光从空气射入某介质,入射角为 60°,此时反射光线恰好与折射光线垂直,求介质的折射率,并画出光路图.

10.2.1 已知光由某种酒精射向空气时的临界角为 48°,求此种酒精的折射率.

10.2.2 已知金刚石的折射率为 2.42,水的折射率为 1.33,问光线怎样才能发生全反射? 发生全反射的临界角为多大?

10.2.3 光从空气射入水中,光线在水中的折射角最大可能是多少?

10.3.1 有一架照相机镜头的焦距是 7.5 cm,照相底片与镜头的距离不得小于多少厘米?

10.3.2 凸透镜的焦距是 10 cm,物体到透镜的距离是 12 cm,光屏应当放在离透镜多远处才能得到清晰的像? 放大还是缩小?

10.3.3　凸透镜焦距为 8 cm,光线经透镜成实像,像距为 40 cm,求物距和放大倍数.

10.3.4　在焦距 0.04 m 的凸透镜前放一个物体,为了使像长是物长的 2 倍,求物距和像距.

10.4.1　计算波长是 160 nm 的紫外线的光子能量.

10.4.2　三种不同的入射光 A,B,C 分别射在三种不同的金属 a,b,c 表面,均恰能使金属中逸出光电子,若三种入射光的波长 $\lambda_A > \lambda_B > \lambda_C$,则　　　　　　　　　(　　)

A. 用入射光 A 照射金属 b 和 c,金属 b 和 c 均可发出光电效应现象

B. 用入射光 A 和 B 照射金属 c,金属 c 可发生光电效应现象

C. 用入射光 C 照射金属 a 与 b,金属 a,b 均可发生光电效应现象

D. 用入射光 B 和 C 照射金属 a,均可使金属 a 发生光电效应现象

10.4.3　用频率为 ν 的光照射金属表面所产生的光电子垂直进入磁感强度为 B 的匀强磁场中做匀速圆周运动时,其最大半径为 R,电子质量为 m,电荷量是 e,则金属表面光电子的逸出功为_____.

10.4.4　在水中波长为 400 nm 的光子的能量为_____J,已知水的折射率为 1.33,普朗克常量 $h = 6.63 \times 10^{-34}$ J·s.

10.4.5　钠的逸出功为 2.3 eV,计算使钠产生光电效应的极限频率.

10.4.6　黄光的频率是 5.1×10^{14} Hz,功率为 10 W 发射黄光的灯,每秒发出多少个光子?

10.4.7　金属钠产生光电效应的极限频率是 6.0×10^{14} Hz. 根据能量转化和守恒守律,计算用波长 0.40 μm 的单色光照射金属钠时,产生的光电子的最大初动能是多大?

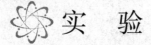 # 实　验

预 备 知 识

实验在物理中有独特的作用,许多理论是通过实验确立的.物理实验的重大突破往往导致科学理论和工程技术的重大突破.物理实验的思想对我们以后的学习和工作有积极的指导意义.作为工科高等职业学院的学生,不仅要掌握一定的理论知识,还要求具备较强的动手能力.

一、实验的目的和作用

1. 通过对实验现象的观察分析和对物理量的测量,学习并掌握实验的基本知识、基本方法和基本技能,运用物理学原理和实验方法分析物理现象和规律,加深对物理学原理的理解.
2. 培养和提高实验动手能力,包括阅读教材资料、理解实验内容,实验准备、调试使用仪器,分析实验现象,记录数据、写出结果和实验报告,设计实验等.
3. 培养学生养成良好的实验习惯,遵守实验室规则,爱护公共财物.
4. 对实验结果的分析是重要的一环,通过数据记录、处理,掌握误差、有效数字的概念及实验结果的正确表示法.
5. 提高学生对实验中出现的故障和错误处理能力.

二、实验程序

1. 课前充分预习,写出预习报告.
2. 正式实验前要熟悉仪器的性能、使用方法和操作规程、注意事项,熟悉操作程序,切忌盲目实验,按要求操作.
3. 数据记录.如发现数据记录不合格,要分析原因、纠正错误.应尊重实验数据的真实有效,不要操袭、杜撰数据.注意有效数字的选取.
4. 实验完整理仪器,做好清洁工作.
5. 书写完整的实验报告,包括:实验名称、实验目的、实验仪器、实验原理、数据处理、实验结果、问题讨论,实验报告正文中要有完整的数据记录与分析.

三、测量和误差

物理实验离不开测量,由于实验仪器、客观条件和其他已知或未知因素的影响,测量值

和物理量的真实值之间总有一定的差异,也就是误差.误差产生的原因有很多:① 有效数字
和读数.用同一把尺画同样长的线段,也不会一样长.如果精确到 1 cm 时两个读数一样,当
精确到 1 mm 就可能不同.或者 1 mm 也相同,0.01 mm 呢? 再精确下去,只要有足够精密
的仪器,总会发现两条线段的不同.② 理论本身的近似也是误差的原因.影响一个物理现象
的因素有很多,通常把它们分为主要因素和次要因素,对次要因素一般忽略不计.很多物理
学定理定律都是忽略次要因素后得到的相对和有条件的近似结论,都有一定的适用范围.如
单摆是简谐振动,只是在摆角小于 5°时近似成立.③ 仪器原因.实验仪器本身就不是无限精
密的.所有仪器都有最小刻度,以下就只能估读,从而产生误差.与误差相联系的是真值.所
谓真值是当某量能被完善确定并能排除所有测量上的缺陷时通过测量得到的值.实际上从
测量的角度讲总存在缺陷,因此真值总是不能确切获知的,真值是个理想的概念.误差分为
绝对误差和相对误差.绝对误差是测量值和真值之间的差别,用 Δx 表示.设 x 是测量值,x_0
是真实值,则**误差** $\Delta x = x - x_0$,误差存在正负,当 $x > x_0$ 时 $\Delta x > 0$ 是正误差,反之是负误差.
绝对误差与真值的比称为**相对误差**,即

$$E = \Delta x / x_0 \times 100\%$$

　　根据误差产生的原因和性质分为系统误差、随机误差和粗大误差.① 系统误差.是指同
一量的多次测量过程中保持恒定或以可预知的方式变化的测量误差的分量,其原因可能已
知或未知,特征是确定性,来源有仪器的固有缺陷(电表示值不准、零点不对)、环境(温度、压
强未考虑)、实验方法有近似性或实验理论不完善(伏安法测量电阻未考虑电表内阻)等等.
② 随机误差.是指同一量的多次测量中以不可预知方式变化的测量误差的分量.随机误差
产生的原因有测量仪器、环境因素、人员因素等.随机误差对单个测量过程是不确定的随机
事件,但大量的随机误差的总体服从一定的统计规律,可以用统计方法估计误差对测量结果
的影响.③ 粗大误差,即错误.是人为过失原因造成的明显不合理、偏离过大的误差,如仪器
有缺陷或使用不当.

四、有效数字

　　由于测量总存在误差,在测量结果的表示方面就要注意怎样表示才科学.这就涉及到有
效数字的选取.

　　有效位数的定义是对整数从左到右的数字的个数(要除去进位零),对小数是从小数
点右边的非零的最左边数位向右数起.有效数字的多少表示这个数值的精确度,有效数
字越多表示数值越精确,误差越小.测量数据的记录必须注意有效数字的位数.1.0 kg,
1.000 kg,1000 g,1×10^3 g 有不同的物理含义,表示不同精确度,虽然质量上它们相等.有
效数字特别要注意进位零,为消除进位零对有效数字判断的不便,推荐使用科学计数法,
将数值写成 $m.n \times 10^k$ 的形式,m,n 为小数点左右的数位,m 只有个位,k 为幂指数.

　　有效数字的四则运算有一定的规则,不能随意增加和减少有效数字.三个数 1.2,1.2,
1.3 的平均值不能写成 1.23,只能写 1.2.不确定度的有效数字也一样,我们这样表示:
2.34±0.02,而不是 2.34±0.023.

五、数据处理方法

　　数据处理是实验一个很重要的环节,物理学很多定量的规律是靠数据处理得到的.一个

实验的好坏很重要的方面就是数据记录、整理、计算、作图、分析的效果. 对实验数据必须用适当的数据处理方法.

1. 列表

将数据绘制成表格,便于观察数值之间的函数关系.

2. 图示

物理实验测量的各物理量的关系可以用函数关系式表达,还可绘制成图形,定量的图线可以直观方便的表达数据间的关系、变化趋势、极值、或其他属性,特别是那些未知关系的物理量可以从图形中寻找经验公式. 作图步骤是选坐标系、标实验点、作最符合实验点的曲线.

已作好的图形,要定量的求出经验公式,称为图解法. 如求直线的斜率、截距.

3. 逐差法

逐差法适于两个量之间存在多项式关系、自变量等间距变化的情况. 分组逐差法是将数据分为从大到小排列的两组,每组 k 个数据对应相减。如$(x_8 - x_4 + x_7 - x_3 + x_6 - x_2 + x_5 - x_1)/16$.

4. 最小二乘法

以上方法虽各有优点,但都不是很严格的数据处理方法. 最小二乘线性拟合是根据严格的统计理论得到的最佳拟合直线,由它得到的变量间的关系称为回归方程.

5. 程序计算

既精确而又快捷的方法非电脑编程莫属. 语言可以使用 Office,C 语言,VB,MATLAB,这里以 excel 为例说明一个线性回归的求解. 设向量 x=(1,2,3,4,5,6),y=(11,22,34,46,49,61),新建一工作表,在第一列 A1:A6 输入 x,第二列 B1:B6 输入 y,在第三列 C1 输入公式"=INTERCEPT(B1:B6,A1:A6)",C2 输入公式"=SLOPE(B1:B6,A1:A6)",则计算结果在 C1,C2 中显示,C1 中是截距 2.866 7,C2 中是斜率 9.8.

要得到图形加拟合直线方程,可以选择 A1:B6,选择图表向导—XY 散点图—完成,在图中右键选一个数据点—添加趋势线—类型选"线性"—完成,就得到一条 x 和 y 的线性回归拟合直线,右键选择直线—趋势线格式—选项—在显示公式前打"√",就得到 y=9.8x+2.866 7.

对于大量数据,必须使用程序计算.

实验1　测定规则形状固体的密度

一、实验目的

1. 熟练使用物理天平和游标卡尺.
2. 测定金属圆柱体的密度.

二、实验原理

物质的密度为 $\rho=m/V$，用物理天平可测出金属圆柱体的质量 m，用游标卡尺可测出金属圆柱体的直径 D 和高度 h，以此求出体积 $V=\dfrac{\pi D^2 h}{4}$. 所以密度 $\rho=m/V=\dfrac{4m}{\pi D^2 h}$.

三、实验仪器

物理天平、游标卡尺.

1. 物理天平

（1）物理天平的构造

物理天平是称量质量的仪器，它是根据等臂杠杆原理制成的. 其构造如图 1-1 所示，主要由横梁、支柱和秤盘三部分组成.

① 天平底座上装有水准气泡或支柱上装有铅垂线，用作调节天平底座的水平.

② 横梁两侧和中央分别装有钢制三棱柱，其上有一锋利的棱称为刀口，载物盘和砝码盘通过吊耳、吊架分别悬挂于横梁两侧的刀口上. 横梁中央处的主刀口向下，平时悬空，测量时架于玛瑙垫片上，使横梁可灵活地自由摆动. 这是天平能称量微小质量的关键所在，因此要保护刀口的完好. 横梁的升降，由升降旋钮控制.

③ 横梁下面固定一指针，当横梁摆动时，指针就左右摆动. 在调天平平衡时使用横梁两端的平衡螺母.

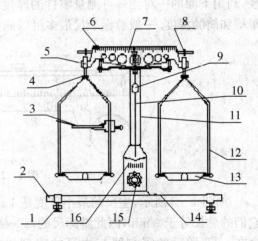

图 1-1　物理天平

1. 水平螺钉；2. 底盘；3. 托架；4. 支架；5. 吊耳；6. 游码；7. 横梁；8. 水平调节螺母；9. 感量调节器；10. 读数指针；11. 中柱；12. 盘梁；13. 秤盘；14. 水准器；15. 升降旋钮；16. 读数标牌.

④ 天平横梁上装有游码，游码由横梁左端移到右端时，相当于右盘中增加 1.00 g 砝码. 如果游码由左端移到右端 5.0 小格，就代表右盘中增加了 0.1 g 砝码，因此，物理天平的最小称量（又称天平的感量）是 0.02 g. 在使用游码称量时，可估计到 0.01 g. 物理天平的称量是指允许测定质量的最大值（砝码盒里全部砝码的质量）.

（2）物理天平的调节

① 调底板水平，旋转底板下部的水平螺钉，使水准仪的气泡位于中央.

② 调横梁零点平衡，先把游码移到横梁左端的零刻度处，然后旋转横梁两端的平衡调节螺母，当观察到读数指针在读数标牌的零刻度两边摆动的格数相等时（或读数指针停在零刻度处），就表示横梁已调成平衡了.

③ 测量质量

a. 被称物体放在左盘，右盘放砝码，在估计了物体质量之后，由大到小选用砝码，最后用游码调节平衡.

b. 每次加减砝码或取放物体时，都应旋动升降旋钮降下横梁. 只有在判定天平是否平衡时，才旋动升降旋钮使横梁升起. 升降横梁要轻慢，以保护刀口.

c. 取放砝码要用镊子. 不要把潮湿、高温、腐蚀性物品直接放在天平托盘里称.

d. 被测物体的质量不应超过天平允许称量的最大值.

2. 游标卡尺

游标卡尺是比较精密的测量长度的仪器，用它测量长度可以准确到 0.1 mm，0.05 mm 或 0.02 mm，下面先介绍精度为 0.1 mm 的游标卡尺.

游标卡尺的构造如图 1-2 所示. 它的主要部分是一条主尺 A 和一条可以沿着主尺滑动的带游标尺 B，左测脚固定在主尺 A 上并与主尺垂直；右测脚与左测脚平行，固定在游标尺 B 上，可以随同游标尺一起沿主尺滑动. 利用上面的一对测脚可测量槽的宽度和管的内径，利用下面的一对测脚可测量零件的厚度和管的外径，利用固定在游标尺上的长条 C 可量槽和筒的深度. 一般游标卡尺最多可以测量十几厘米的长度.

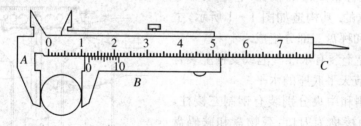

图 1-2　游标卡尺

如图 1-3 所示，主尺的最小分度是 1 mm，游标尺上有 10 个小的等分刻度，即 10 格. 它们的总长等于 9 mm，因此游标尺的每一格比主尺的最小分度相差 0.1 mm. 当左、右测脚合在一起，游标的零刻线与主尺的零刻线重合时，除了游标的第 10 格刻线也与主尺的 9 mm 的刻线重合外，其余刻线都不重合.

图 1-3　游标卡尺读数　　　　　　**图 1-4　游标卡尺读数**

如果在两个测脚之间放一个 0.4 mm 的薄片，这时游标的第 4 格刻线跟主尺的 4 mm 刻线重合（其他的刻线都与主尺的刻线不重合），它说明游标的零刻线跟主尺的零刻线相距 0.4 mm，这就是被测薄片的厚度.

在测量大于 1 mm 的长度时,整的毫米数由主尺读出,小于 1 mm 的数则从游标读出. 图 1-4 表示某次测量的游标的位置,从主尺读出 23 mm. 游标的第 7 格刻度线跟主尺的 1 条刻度线重合,说明小于 1 mm 的读数为 7×0.1 mm $= 0.7$ mm. 所以被测物的长度为 $(23 + 7 \times 0.1)$mm$= 23.7$ mm.

图 1-5 是实验室中常用的一种精度为 0.02 mm 的游标卡尺,它的游标有 50 格,游标每格的长度比主尺上的 1 mm 短 $\frac{1}{50}$ mm $= 0.02$ mm. 图中被测物体长度的整数为 21 mm,游标的第 8 格刻度线跟主尺的 1 条刻度线重合,所以总长度为 $(21 + 8 \times 0.02)$mm$= 21.16$ mm.

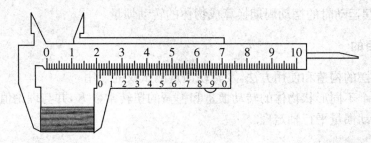

图 1-5　0.02 mm 卡尺

四、实验步骤

1. 用物理天平测量待测物体的质量三次.

2. 在圆柱体的不同部位,分别测量三次圆柱体的高度和直径.

3. 计算待测物体的密度.

五、数据处理

金属密度公认值 $\rho_0 =$ ＿＿＿＿＿＿ kg/m³.

表 1-1　密度的测量

项目 次序	质量 m/kg	高度 h/mm	直径 D/mm	体积 V/m³	密度 ρ/(kg·m⁻³)
1					
2					
3					
平均值					

平均绝对误差 $\Delta\rho = |\rho - \rho_0| =$ ＿＿＿＿＿＿,相对误差 $\delta = \Delta\rho/\rho_0$ ＿＿＿＿＿＿,
实验值 $\rho = \rho \pm \Delta\rho =$ ＿＿＿＿＿＿.

六、思考题

1. 如果把被称物体放在天平的右盘,而砝码放在左盘,记录游码的读数时会出现什么错误?

2. 某同学用精度 0.1 mm 的游标卡尺测得物块长度是 20.2 mm,这三位有效数字的最后一位"0.1 mm"是可靠数字还是估计的可疑数字?

实验 2 刚体转动惯量的测量

转动惯量是刚体定轴转动时惯性大小的量度,除与物体的质量有关外还与转轴的位置、质量分布(形状、大小、密度分布)有关.对较复杂的物体通常用实验方法来测量.本实验通过测量物体作扭摆运动时的摆动周期换算成物体的转动惯量.

一、实验目的

1. 熟悉扭摆的构造和使用方法,及转动惯量测试仪的使用.
2. 测量几个不同形状物体的转动惯量和弹簧的扭转常数 K,并与理论值比较.
3. 验证转动惯量平行轴定理.

二、实验仪器

刚体转动惯量测定仪、数字计时器.

三、实验原理

1. 扭摆

扭摆的构造如图 2-1 所示,在垂直轴的下方是一个薄片弹簧,水平转动时用以产生恢复力矩.轴上方可以安装各种待测物体,轴与底座间用轴承连接,底座后方是水准仪.

2. 扭摆摆动的周期性分析

将物体固定在轴上方,物体在水平面转过一定角度 θ 后,在弹簧的恢复力矩作用下绕垂直轴作往返扭转运动.根据胡克定律,弹簧受扭转而产生的恢复力矩 M 与所转过的角度成正比,即 $M = -K\theta$,其中 K 为弹簧的扭转常数;再根据转动定律 $M = I\beta$,β 为物体转动的角加速度,$\beta = M/I = -K\theta/I = -(K/I)\theta$.令 $\omega^2 = K/I$,则 $\beta = -\omega^2\theta$.而 $\beta = d^2\theta/dt^2$,则 $d^2\theta/dt^2 = -\omega^2\theta$,这个方程符合简谐振动的特征,解

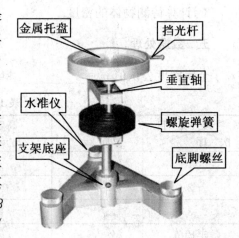

图 2-1 扭摆结构图

金属托盘　挡光杆　垂直轴　水准仪　螺旋弹簧　支架底座　底脚螺丝

出得扭摆运动方程为 $\theta = A\cos(\omega t + \varphi)$,式中 A 为谐振动的振幅,ω 为固有角频率,φ 为初相.由上式可知 $\omega = \sqrt{K/I}$,则扭摆运动的周期

$$T = 2\pi/\omega = 2\pi\sqrt{I/K} \tag{1}$$

或

$$I = \frac{KT^2}{4\pi^2} \tag{2}$$

所以,只要知道 T,I,K 中的任何两个就可算出另一个.

本实验用一个形状规则的标准物体,先测出它的 T,由 T 和理论计算出的 I' 可得到弹簧的扭转常数 K.然后将待测物体放在仪器上,测出周期 T'_1,由 K 和 T'_1 计算出待测物体的转动惯量 I.

实验中待测物体必须用载物盘固定,所以所有转动惯量的实验值应含有载物盘的转动惯量 I_0,即 $I_测=I+I_0$.所以实验第一步应确定弹簧的劲度系数 K,然后确定载物盘的 I_0,方法是先测载物盘空载时转动周期 T_0,再用标准圆柱(已知转动惯量 I'_1)测量载物盘加上标准圆柱的转动周期 T_1,由 $I_0=KT_0^2/(4\pi^2)$ 及 $I_{1测}=I'_1+I_0=KT_1^2/(4\pi^2)$ 及 $I'_1=mD_1^2/8$ 可解出载物盘转动惯量

$$I_0=\frac{I'_1 T_0^2}{T_1^2-T_0^2} \tag{3}$$

弹簧扭转系数

$$K=\frac{4\pi^2 I'_1}{T_1^2-T_0^2} \tag{4}$$

以后的每一个转动惯量测量值都要减去载物盘的转动惯量 I_0.

3. **转动惯量实验仪**

转动惯量实验仪含扭摆、游标卡尺和待测物体、空心金属圆柱体、实心塑料圆柱体、木球、验证转动惯量平行轴定理的细金属杆、两个金属滑块等部件和转动惯量测试仪.

转动惯量测试仪由主机和光电传感器组成.光电传感器是一对红外发射管和红外接收管,当物体摆动时,垂直轴上固定的一个细水平挡光杆周期性地通过光电传感器,红外接收管接收光信号也呈同样的周期变化.这种变化转化为电信号输送到主机,由主机记录下并计算出周期的数值并储存起来.

4. **转动惯量测试仪的操作**

(1) 调节光电传感器在固定支架上的高度,使挡光杆能自由通过光电门,将传感器信号线接上主机背面的信号输入端.

(2) 开启主机电源,主机"摆动"指示灯亮,参数为"P_1",数据显示"……".

(3) 按"执行"键,数据显示"000.0",主机处于待测状态,当挡光杆第一次通过光电门时开始连续计时,直至设定的测量周期次数(默认为 10 次)停止,数据显示为累计时间,仪器自动计算出周期并储存,以备后来查询.至此"P_1"测量完毕.

(4) 按"执行"键,参数显示由"P_1"变为"P_2",开始第 2 次测量,同上操作.本机重复测量最多为 5 次.

(5) 按"查询"键,参数依次显示"C_1,C_2,C_3,C_4,C_5,C_A",$C_1\sim C_5$ 为各次测量的周期值,C_A 为各次周期的平均值.

四、实验步骤

1. 用游标卡尺测标准圆柱直径,用天平测质量,利用已测得的尺寸和表 2-1 中的公式计算出转动惯量理论值并填入表 2-1.

2. 调节扭摆底座的三个底脚螺丝,使底座后方的水准仪中气泡处于中央位置,以确保扭摆底座水平.

3. 装上金属载物盘,调节光电探头,使挡光杆位于其竖直方向的缺口的正中央,恰好能遮住小孔.

4. 测金属载物盘的转动周期 T_0 五次并求其平均值.

5. 将小实心塑料圆柱体装入金属载物盘,测周期 T_1 五次并求其平均值.

6. 利用表 2-1 中的公式及刚刚测出的 T_0,T_1,求出金属载物盘转动惯量实验值,填入表 2-1;由公式(4)求得弹簧的扭转常数 K 并填入表 2-1 上方.

7. 将大塑料圆柱、空心金属圆柱体装入金属载物盘,测周期 T_2,T_3 五次并求其平均值填入表 2-1.

8. 取下载物盘,装上木球测周期 T_4.

9. 取下木球,装上细杆使细杆中心与转轴重合测周期 T_5.

10. 将金属滑块对称放在细杆两端凹槽内,此时滑块质心分别距转轴 5.00,10.00,15.00,20.00,25.00 cm,测量周期,验证转动惯量平行轴定理.

注意事项

1. 如果主机发生错误,发出长的"嘟"声,立即按"复位"键.

2. 弹簧劲度系数 K 不是常数,它与摆动角度略有关系,当摆角在 90°左右时基本相等.所以测量时应使摆角在 90°附近.弹簧旋转角度过大时还有个问题就是金属细杆的另一端也会通过光电门,这样主机记录的就不是完整的周期.

3. 光电探头放在挡光杆处于弹簧平衡的位置,避免接触挡光杆,弹簧平衡时挡光杆或金属细杆应指向光电门正中央.安装载物盘和细杆时就应先把挡光杆位置角度调好,再上紧固定螺丝.否则弹簧振幅减小时就不能通过光电门,主机无法记录.

4. 机座应保持水平,调好后就不能移动.更换待测物时只需调整光电探头的高度和方向.

5. 安装待测物体时其支架全部套入扭摆主轴,将紧固螺丝旋紧.

6. 测金属细杆和木球质量时应将支架取下.

五、数据处理

已知球支座的转动惯量实验值为 $I_6=0.179\times10^{-4}$ kg·m²,两滑块通过滑块质心转轴的转动惯量理论值 $I_7'=2\left[\frac{1}{16}m_滑(D_外^2+D_内^2)+\frac{1}{12}mL^2\right]=8.09\times10^{-5}$ kg·m²,细杆夹具的转动惯量实验值为 $I_8=0.232\times10^{-4}$ kg·m².

弹簧扭转系数 $K=4\pi^2I_1'(T_1^2-T_0^2)=$＿＿＿＿＿N·m.

表 2-1　转动惯量测量数据

物体	质量/kg	尺寸/cm	周期/s	转动惯量理论值/(kg·m²)	转动惯量实验值/(kg·m²)	误差%
金属载物盘			T_0		$I_0=\dfrac{I_1'T_0^2}{T_1^2-T_0^2}$	
			$\overline{T_0}$			

物体	质量/kg	尺寸/cm		周期/s		转动惯量理论值/(kg·m²)	转动惯量实验值/(kg·m²)	误差%
塑料小圆柱		D_1		T_1		$I_1' = \dfrac{1}{8} mD_1^2$		
		$\overline{D}_1$		$\overline{T}_1$				
塑料大圆柱		D_2		T_2		$I_2' = \dfrac{1}{8} mD_2^2$	$I_2 = \dfrac{KT_2^2}{4\pi^2} - I_0$	
		$\overline{D}_2$		$\overline{T}_2$				
空心金属圆杜		$D_外$		T_3		$I_3' = \dfrac{1}{8} m(D_内^2 + D_外^2)$	$I_3 = \dfrac{KT_3^2}{4\pi^2} - I_0$	
		$\overline{D}_外$						
		$D_内$		$\overline{T}_3$				
		$\overline{D}_内$						
木球		$D_直$		T_4		$I_4' = 0.1\, mD_直^2$	$I_4 = \dfrac{KT_4^2}{4\pi^2} - I_6$	
		$\overline{D}_直$		$\overline{T}_4$				
金属细杆				T_5		$I_5' = \dfrac{1}{12} mL^2$	$I_5 = \dfrac{KT_5^2}{4\pi^2} - I_8$	
				$\overline{T}_5$				

表 2-2　验证转动惯量平行轴定理

x/cm	摆动周期 T/s	实验值/$(kg \cdot m^2)$		理论值/$(kg \cdot m^2)$		误差%
5.00						
10.00		$I=KT^2/(4\pi^2)$		$I'=I_7'+I_8+2mx^2$		
15.00						
20.00						
25.00						

六、思考题

1. 刚体的转动惯量与哪些因素有关？

实验 3　研究单摆振动的周期及测定重力加速度

一、实验目的

1. 研究影响单摆振动周期的因素.
2. 测定重力加速度.

二、实验仪器

秒表、单摆及支架、游标卡尺、直尺、连有细绳的小钢球和铝球各一个.

三、实验原理

1. 单摆振动的周期

在同一地点,单摆摆球的质量、振幅和摆长是否都影响振动的周期呢? 我们在实验中逐步使三种因素中的两种因素不变只改变一种因素,来研究振动周期跟这个变化因素的关系,以验证在偏角小于 5° 的条件下,单摆的振动周期跟摆长的二次方根成正比,而跟摆角与摆球质量无关.

图 3-1 所示为带有标尺的单摆支架,标尺上有角度刻线,摆球运动时,摆线的最大偏角应小于 5°,单摆即做简谐运动.

2. 重力加速度 g

测出单摆的摆长 l 和振动周期 T,根据公式 $T = 2\pi\sqrt{\dfrac{l}{g}}$

即可得出

$$g = \frac{4\pi^2 l}{T^2} \tag{1}$$

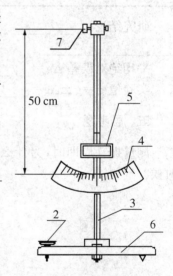

图 3-1　单摆
1. 底座;2. 水平调节螺钉;3. 立柱;4. 标尺;5. 反射镜;6. 底座;7. 绕线轴

四、实验步骤

1. 用游标卡尺分别测小钢球和小铝球的直径.
2. 校正标尺. 以铝球为摆球,使之静止. 旋转水平调节螺丝,使眼睛看到摆球跟它在反射镜中的像重合时,摆线恰好对准标尺的 0° 刻度线.
3. 以铝球作为摆球,调节摆长 l(摆线长跟摆球半径之和),使 $l=60$ cm,让单摆在摆线偏角小于 5° 的条件下,以较小的振幅振动,测 50 次全振动的时间.
4. 让单摆在偏角小于 5° 的条件下,以较大的振幅振动,测 50 次全振动的时间.
5. 将摆长换成 $l=30$ cm,重复上述实验.
6. 将步骤 3 中的铝球换成钢球,其他条件不变,重复步骤 3～5.

五、数据处理

当地重力加速度公认值 $g_0 =$ _____ m/s^2

表 3-1   单摆的周期与重力加速度

次序＼项目	摆球	振幅	摆长 l/m	50 次全振动时间/s	周期 T/s	重力加速度 g/(m·s^{-2})	绝对误差 /(m·s^{-2})
1	钢	小	0.6				
2	钢	大	0.6				
3	钢	小	0.3				
4	钢	大	0.3				
5	铝	小	0.6				
6	铝	大	0.6				
7	铝	小	0.3				
8	铝	大	0.3				

研究结论：_____
_____

平均绝对误差 $\Delta g =$ _____ m/s^2.

实验值 $g = \bar{g} \pm \Delta g =$ _____ m/s^2.

五、思考题

测量振动周期时，为什么要测 50 次全振动的时间？计时为什么选摆球经过最低点时候？

实验 4　　测导体的电阻

一、实验目的

1. 使用内接法、外接法测量导体的电阻,掌握内接法、外接法对测量误差的影响.
2. 掌握常见电学仪器的使用.

二、实验仪器

电源、待测电阻、滑线变阻器、电键、直流电压表、直流电流表.

三、实验原理

1. 伏安法原理

"伏安法"测电阻是用伏特表和安培表间接测量电阻的一种基本方法,测量过程方便简单.测量时,电路有两种基本连接方法.一种是把电流表接在电压表测量端之内,如图 4-1 所示,称为"内接法";另一种是把电流表接在电压表测量端之外,如图 4-2 所示,称为"外接法".

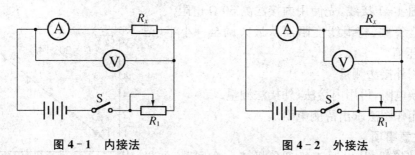

图 4-1　内接法　　　　　　　　　　　　图 4-2　外接法

用内接法测量时,虽然安培表测得的电流强度 I 是通过被测电阻 R 的,但伏特表测得的电压 U,却是电阻 R 与电流表内阻 R_A 上的电压之和,即

$$U = IR + IR_A \tag{1}$$

于是所得到的测量值为 $R_x = U/I = R + R_A$,由这种接法产生的测量相对误差为

$$E_内 = \frac{\Delta R_x}{R} = \frac{R_x - R}{R} = \frac{R_A}{R} \tag{2}$$

由此可以看出,被测电阻比安培表内阻愈大,测量的相对误差 $E_内$ 就愈小.

用外接法测量时,虽然伏特表可以直接测得被测电阻 R 两端的电压 U,但安培表测得的却是通过电阻 R 的电流与通过电流表的电流之和,若电压表的内阻为 R_V,则

$$I = \frac{U}{R} + \frac{U}{R_V} \tag{3}$$

用这种方法,所得到的电阻测量值为 R 与伏特表内阻 R_V 并联的结果,这种接法产生的

测量相对误差的大小为

$$E_{外} = \frac{|\Delta R_x|}{R} = \frac{R}{R + R_V} \tag{4}$$

从此可以看出,电压表内阻比被测电阻愈大,测量的相对误差 $E_{外}$ 就愈小.

测量时,对于已给定的被测电阻和选定的电流表及电流表,用内接法还是用外接法取决于对测量精度的要求.一般来说,可以根据 $E_{内} = E_{外}$ 时,所得到的关系式

$$R = \frac{1}{2}(R_A + \sqrt{R_A^2 + 4R_A R_V}) \tag{5}$$

作为判别采用具体接法的条件.物理实验室通常所用的电表,大多数都是磁电式的,这种结构的电表,电流表的内阻总是远远大于电流表的内阻,即 $R_V \gg R_A$,因此,上面所提到的判别条件可简化为 $R = \sqrt{R_A R_V}$.当被测电阻的粗测值 $R > \sqrt{R_A R_V}$ 时,用"内接法"测量好;反之用"外接法"测量较好.

从以上的分析可以看出,用伏安法测电阻时,测量电路不论采用哪种接法,都会给测量结果带来系统误差,但正确选择测量电路,会使系统误差减小,得到较好的测量结果.

2. 数据处理方法

电压 U,电流 I 的关系是过原点的一次直线,同一次曲线方程 $y = kx$ 对照,斜率为待测电阻 R.如果采用作图法求解,如图 4-3 所示,直线斜率为 203.14,求得待测外阻 $R = 203.14\ \Omega$.

四、实验步骤

1. 如图 4-1 接线,先使用内接法测 50 Ω 电阻.

2. 合上开关,将滑线变阻器从最大调至一小半,记录电流、电压值.

3. 改用外接法测量.

4. 更换电阻,再用内接法、外接法测量.

5. 使用作图法求出待测电阻.

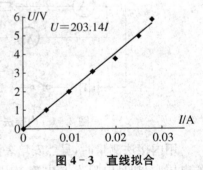

图 4-3 直线拟合

接线注意事项

1. 按图接线,从电源正极到负极接一个回路,如果有支路,先接主电路,再将支路并联上去.

2. 注意电压的选择、交直流、正负极性、量程,上螺丝时略用力上紧,不宜太紧.

3. 接线过程中,包括调节电压、电阻过程,都要将电键断开,不能带电操作.

4. 接完线应该仔细检查,严防断路、短路的发生.

5. 发现故障,立即断开电路,排除故障再恢复实验.

五、数据处理

表 4-1　伏安法测电阻

R_x	内/外接法	I/mA	U/V	$R_测/\Omega$	$\Delta R/\Omega$	$\dfrac{|\Delta R_x|}{R}\times100\%$

采用作图法求解待测电阻 $R=$_____ Ω.

六、思考题

1. 用欧姆定律计算内接法、外接法的误差大小.
2. 对很小的电阻和很大的电阻,能不能用伏安法测量?

实验5 惠斯登电桥

电桥是一种用比较法测量电阻的仪器,具有测量灵敏度和准确度都较高的特点,被广泛应用于测量电阻、电容、电感等多种电学和温度等非电学量. 根据用途不同可分为直流电桥和交流电桥两类,直流电桥按其测量范围又分为单臂和双臂电桥,单臂电桥又称惠斯登电桥,主要用于测量阻值大概为 $10\sim10^6\,\Omega$ 范围内的中值电阻,双臂电桥又称开尔文电桥,主要用于 $10^{-3}\sim10\,\Omega$ 的低值电阻,交流电桥用于测量电容、电感等.

一、实验目的

1. 掌握惠斯登电桥的原理,使用惠斯登电桥测量电阻.
2. 测量电桥灵敏度,了解电桥灵敏度对测量结果的影响.

二、实验仪器

板式惠斯登电桥、电源、灵敏检流计、电阻箱、滑线变阻器、电键.

三、实验原理

1. 惠斯登电桥基本原理

我们已经学过多种测量电阻的方法,如多用表、伏安法等,但它们都有一个缺点就是误差太大. 如果要比较精确地测量电阻应该用惠斯登电桥,实验室常用的惠斯登电桥有板式和箱式两种. 图 5-1 是惠斯登电桥原理图,其中 R_1,R_2 和 R_0 是阻值已知的标准电阻,它们和待测电阻 R_x 构成一个四边形,四边形的每个边称为电桥的一个臂,R_1 和 R_2 为比率臂,R_0 为比较臂. 对角 A 和 C 之间接有电源,对角 B 和 D 之间接有检流计 $\bigodot$,称为桥路;若调节 R_0 使桥路两端 B 和 D 点和电位相等,则此时桥路上的电流为零,检流计不

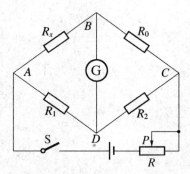

图 5-1 惠斯登电桥原理图

偏转,这时称电桥平衡. 电桥平衡时有 $U_{AD}=U_{AB}$,$U_{CB}=U_{CD}$,即 $I_{AD}R_1=I_{DC}R_2$,$I_{AB}R_x=I_{BC}R_0$,又 $I_{AD}=I_{DC}$,$I_{AB}=I_{BC}$,故有

$$R_x=\frac{R_1}{R_2}\cdot R_0 \tag{1}$$

可见被测电阻仅由三个标准电阻来求得.

2. 板式电桥

板式电桥的电路基本上和电桥的原理电路相同. 其中 R_0 是电阻箱,AC 为一根粗细均匀的电阻丝,上有一滑键 D 可来回移动,把电阻丝分为 L_1 和 L_2 两段,由于电阻丝由同种材料做成,电阻率、截面相同,因此电阻和长度成正比,即 $L_2/L_1=R_2/R_1$. 因此只要记下 L_1 和 L_2

.的长,调节电阻箱使电桥平衡即可测出

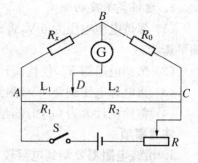

$$R_x = \frac{L_1}{L_2} R_0 \tag{2}$$

3. 电桥的灵敏度

电桥达到精确平衡时通过电桥的电流严格为零,此时若电阻箱 R_0 对其平衡值有一微小变化 ΔR,电桥就失去平衡,检流计中将有电流通过. 设检流计指针偏转了 Δn,则我们定义电桥的相对灵敏度为

$$S = \frac{\Delta n}{\Delta R / R} \tag{3}$$

图 5-2　板式电桥原理图

式中 $\Delta R / R$ 为比较臂电阻值偏离平衡值的相对改变量,也就是说电桥的相对灵敏度是电桥的某一桥臂有单位改变值时所引起的检流计的偏转格数,显然 S 越大电桥越灵敏.

因此实际的作法是:适当改变某桥臂电阻 R 的值,使检流计指针偏转 1~2 小格. 理论证明在电桥处于平衡状态下,略改变任一桥臂的阻值,电桥的相对灵敏度是相等的,而在电桥各臂取等值电阻时,电桥的灵敏度又较高,因此在选取各桥臂电阻时,在许可的范围内常取等值或接近等值. 电桥的灵敏度与电桥所用电源电压成正比,与检流计本身灵敏度成正比,还与四个桥臂的搭配以及桥路电阻的大小有关.

在实际测量中,一个电桥是否平衡是通过检流计指针有无偏转来判断的. 这就存在一个问题:如果流过检流计的电流很小,以至我们肉眼无法观察到检流计指针偏转,这时我们仍然认为电桥是平衡的,这样就会给测量结果带来误差. 电桥测量的相对误差为 $\Delta R / R_x = \Delta n / S$,式中 Δn 为人肉眼所能分辨的最小偏转格数(一般为 0.2 格). 此式表明,电桥灵敏度 S 越大,由此带来的误差越小. 但在提高电源电压或减小桥路阻值来提高灵敏度时,不能使各电阻负载超过正常使用的额定功率值.

四、实验步骤

1. 用板式惠斯登电桥测电阻

(1) 按板式电桥原理图连线,将电源电压调至稳压 6 V,滑线变阻器 R' 调至最大,并将检流计接粗调挡(G_1).

(2) 将滑键 D 移至电阻丝中点附近(不一定正好是中点),电阻箱 R_0 选取与粗测电阻 R_x 大致相当的电阻.

(3) 合上电源开关,按下放置于电阻中点附近的滑键 D,观察检流计指针偏转. 调节电阻箱 R_0 使检流计指针归零. 这一步是粗调.

(4) 将检流计改用微调挡 G_0,减小滑线变阻器阻值,微调电阻箱 R_0,直至检流计指针再次指零,记下 L_1,L_2 的长度及电阻箱的阻值 $R_右$. 这一步是精调.

(5) 保持 L_1,L_2 不变,即滑键位置不变,交换 R_x 和 R_0 的位置,重复步骤(3)(4),再次使电桥平衡,记录此时电阻箱的阻值 $R_左$,则待测电阻的阻值可用下式计算

$$R_x = \sqrt{R_左 R_右} \tag{4}$$

参照步骤(1)~(5),将滑键分别移至 40,60 cm 处,即改变电桥的比率,测量并计算出 R_x.

2. 电桥灵敏度的测定

(1) 保持电源电压为 6 V,将滑键 D 移至电阻中点处($L_1 = L_2 = 0.5$ m),将电桥调至精确平衡状态.

(2) 微调电阻箱 R_0,使检流计偏转 Δn 格(1 至 2 格),计算出电桥的相对灵敏度 S.

(3) 将电源电压调至 4 V,测量并计算出电桥的相对灵敏度.

(4) 将检流计改为 G_1 挡,测量并计算出电桥的相对灵敏度.

注意事项

1. 滑线电阻器要调到电阻较大值时才能接通电源,防止电流过大;如检流计偏转太小,可适当减小滑线变阻器阻值.

2. 电桥触头 D 只能瞬间接通,以免损坏灵敏检流计;电源开关应短时间接通,避免通电时间过长,电阻丝发热.若灵敏检流计只向一个方向偏转,可能是线路接错或某桥臂电阻断路.

五、数据处理

表 5 - 1   板式惠斯登电桥测电阻

次序　　　项目	L_1/cm	L_2/cm	$R_右$/Ω	$R_左$/Ω	R_x/Ω
1					
2					
3					
4					

表 5 - 2   电桥的相对灵敏度

检流计　　灵敏度　　电压	U_1	U_2
G_0		
G_1		

六、思考题

1. 在研究电桥平衡条件时,无论怎样调节,检流计指针都不动,可能产生的故障是哪些?如果检流计只向一个方向偏转,可能产生的故障是哪些?

2. 比较用惠斯通电桥法测电阻与伏安法测电阻,在哪些方面有了改进.

实验6　测电源电动势和内阻

一、实验目的

1. 测量电源的电动势和内阻.
2. 理解电源的伏安特性.

二、实验仪器

电源、电流表、电压表、待测电阻、滑线变阻器、电键、电阻圈.

三、实验原理

根据闭合电路欧姆定律的几种不同表达形式,式中路端电压 U,电动势 E,输出电流 I,内阻 r,外阻 R.

$$U=E-Ir \tag{1}$$

$$E=I(R+r) \tag{2}$$

$$E=\frac{U}{R}r+U \tag{3}$$

式(1)中有两个变量 U,I,式(2)中变量是 I,R,式(3)中变量是 U,R.

由部分电路欧姆定律,U,I,R 三个量只有两个是有效的,另一个可以由 $U=IR$ 计算出来,只需两个量就可以计算出电路的其他量.

一般电路,都可以等效为理想电压源 E,内阻 r,外阻 R 三部分,这时闭合电路欧姆定律就简化成式(1)形式的路端电压 U 和输出电流 I 的二元一次曲线.

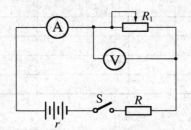

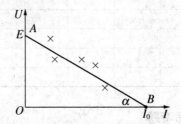

图 6-1　测电源电动势和内阻　　　　图 6-2　闭合电路伏安特性曲线

以 U 为纵坐标,I 为横坐标作图,图 6-2 的物理意义是:

(1)纵坐标是路端电压,它反映的是:当电流 I 增大时,路端电压 U 将随之减小,U 与 I 成直线关系,$U=-Ir+E$. 也就是说它所反映的是电源的性质,所以也叫电源的外特性曲线,截距 E 为电源电动势.

(2)横坐标对应的是输出电流,截距 I_0 是短路电流.

（3）断路电压除以短路电流即直线的斜率就是待测内阻 r 的大小.

（4）A,B 两点均是无法用实验实际测到的,是利用实验数据点作的直线向两侧合理外推得到的.

（5）电阻的伏安特性曲线中,U 与 I 成正比,前提是 R 保持一定,而这里的 E,r 不变,外电阻 R 改变,正是 R 的变化,才有 I 和 U 的变化.

四、实验步骤

1. 如图 6-1 接线.因电源内阻实际值难以测量,电路图中采用一个电阻圈(约 15 Ω)做为假想内阻,代替要测量的内阻.

2. 使用公式(1)测量,调节滑线变阻器的阻值,记录电压表、电流表的读数.

3. 作伏安特性曲线,计算电源电动势 E、内阻 r.

4. 使用公式(2)(3)测量,并将滑线变阻器改成电阻箱.

五、数据处理

表 6-1 测电源的电动势和内阻

次序	I/mA	U/V	R/Ω	$E_{测}$/V	$R_{测}$/Ω	ΔE	Δr	$\dfrac{\lvert \Delta E\rvert}{E}\times 100\%$	$\dfrac{\lvert \Delta r\rvert}{r}\times 100\%$
1									
2									
3									
4									
5									
6									

表 6-2 测电源的电动势和内阻

次序	I/mA	U/V	R/Ω	$E_{测}$/V	$R_{测}$/Ω	ΔE	Δr	$\dfrac{\lvert \Delta E\rvert}{E}\times 100\%$	$\dfrac{\lvert \Delta r\rvert}{r}\times 100\%$
1									
2									
3									
4									
5									
6									

六、思考题

1. 说明电源伏安特性曲线的物理含义.

2. 本实验和伏安法测电阻的共同点和不同点在哪里?

实验 7 静电场的描绘

一、实验目的

1. 测量及描绘等势线,利用等势线与电场线的正交关系描绘静电场的电场线.
2. 掌握电源、灵敏检流计等电学仪器的使用.

二、实验仪器

等势线描绘仪、导电纸、复写纸、白纸、电源、检流计、电键、电压表、表棒.

三、实验原理

在点电荷的周围存在静电场.有三种最简单的静电场:同种点电荷、异号点电荷、单个点电荷.本实验是描绘异号点电荷的电场.描绘静电场本身比较困难,这里采用模拟法,即用稳恒直流电场模拟静电场,两者的规律及图像很相似.

要直接描绘电场线也是很困难的,而测量各点的电势就简单得多.根据电场线和等势线的关系,本实验先描绘出等势线,再描绘电场线.

四、实验步骤

1. 如图 7-1 接线,在平板上依次铺放白纸、复写纸、导电纸各一张,导电纸有导电物质的一面向上,穿过电极,把它们一起固定在平板上,如图 7-2 所示.在导电纸上压两个跟它接触良好的圆柱形电极并用螺丝上紧,两极间距离约为 10 cm,电压采用稳压 6 V.再从灵敏检流计的两个接线柱引出两个探针.

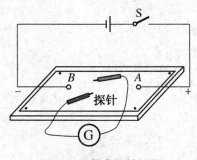

图 7-1 静电场绘图仪

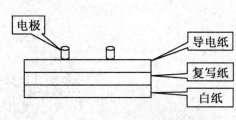

图 7-2 电路图

2. 选基准点,在导电纸平面两电极的连线上,选取间距大致相等的五个点 a, b, c, d, e 作为基准点,并用探针把它们的位置复印在白纸上.

3. 探测等势点,将两个探针分别拿在左、右手中,用左手中的探针跟导电纸上的某一基准点接触,然后在导电纸平面两极连线的一侧,距此基准点约 1 cm 处再选一个点,在此点将右手拿着的探针跟导电纸接触,这时一般会看到检流计的指针有偏转,左右移动探针的位置,直到找到一点,使检流计的指针没有偏转为止,说明这个点跟基准点的电势相等. 用探针把这个点的位置复印在白纸上. 照上述方法,在这个基准点的上下两侧,各探测出 4 个等势点,每个等势点大约相距 1 cm. 用同样的方法,探测出另外四个基准点的等势点.

4. 用电压表测量各等势线的电势值.

5. 画等势线和电场线,取出白纸,将每个基准点上下的等势点连成光滑的曲线,就是该点的等势线. 作出 a,b,c,d,e 每个等势点的等势线(图 7-3),再作出电场线.

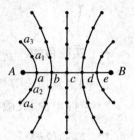

五、数据处理

各点电势:$V_a = \_\_\_\_$ V,$V_b = \_\_\_\_$ V,$V_c = \_\_\_\_$ V,$V_d = \_\_\_\_$ V,$V_e = \_\_\_\_$ V.

图 7-3 描点法作等势线

六、思考题

描绘等势线有什么注意事项? 等势线有什么特点?

实验 8　霍 尔 效 应

用霍尔效应制成的仪器广泛应用于非电学量的电测、自动控制和信息处理等方面. 在工业自动化蓬勃发展的今天,霍尔效应器件将有更广泛的应用前景.

一、实验目的

1. 了解霍尔效应的实验原理和有关霍尔器件对材料要求的知识.
2. 学习用"对称测量法"消除霍尔效应副效应的影响,测量试样的 V_H - I_S 和 V_H - I_M 曲线.
3. 确定试样的半导体类型、载流子浓度及迁移率.

二、实验仪器

霍尔效应实验仪、霍尔效应测试仪.

三、实验原理

1. 霍尔效应原理

霍尔效应从本质上讲是运动的带电粒子在磁场中受洛仑兹力作用而引起的偏转产生的. 当带电粒子(电子或空穴)被约束在固体材料中,这种偏转就导致在垂直电流和磁场的方向上产生正负电荷的聚积,从而形成附加的横向电场,即霍尔电场. 图 8-1 中所示的是 N 型半导体的霍尔效应,若在 x 轴方向上通过电流 I_S,在 z 轴方向上加一磁场,试样中载流子(电子)将受到洛仑兹力 $F_B = evB$,则在 y 方向的试样 A,A' 两侧就开始聚积异号电荷而产生附加电场(霍尔电场). 电场的方向取决于试样的导电类型,对 N 型半导体霍尔电场逆 y 方向,P 型则沿 y 方向.

显然,该电场是阻止载流子继续向侧面偏移的,当载流子所受的横向电场力 $F_e = eE_H$ 与洛仑兹力 $F_B = evB$ 相等时样品两侧电荷积累就达到平衡,故有 $eE_H = evB$,其中 E_H 为霍尔电场,v 是载流子在电流方向上的平均漂移速度. 设试样宽 b,厚度为 d,载流子浓度为 n,则 $I_S = nevbd$.

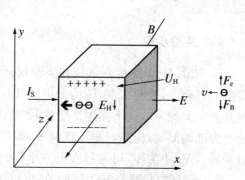

图 8-1　霍尔效应原理图

$$V_H = E_H b = \frac{I_S B}{ned} = R_H \frac{I_S B}{d} \qquad (1)$$

即霍尔电压 V_H(A,A' 电极之间电压)与 $I_S B$ 成正比,与试样厚度 d 成反比,比例系数 $R_H = 1/ne$ 称霍尔系数,它是反映霍尔效应强弱的重要指数,只要测出 $V_H(V)$,$I_S(A)$,$B(T)$,$d(m)$,可按下式计算

$$R_H = \frac{V_H d}{I_S B} (\text{m}^3/\text{C}) \tag{2}$$

根据 R_H 可进一步确定以下参数：

① 由 R_H 的符号（或霍尔电压的正负）判断样品的导电类型. 按原理图中所示的 I_S 和 B 的方向，若测得的 $V_H = V_{AA'} < 0$，则 R_H 为负，样品为 N 型，否则为 P 型.

② 由 R_H 求载流子浓度 n. 即 $n = \frac{1}{|R_H|e}$，应该指出这个关系式是假定所有的载流子具有相同的漂移速度得到的，严格地说考虑载流子的速度统计分布，需引入 $3\pi/8$ 的修正因子.

③ 结合电导率的测量求载流子的迁移度 μ. 电导度 σ 与载流子浓度 n 以及迁移度 μ 有如下关系 $\sigma = ne\mu$，即 $\mu = |R_H|\sigma$，通过实验测出 σ 即可求出 μ 来.

根据上述可知，要得到大的霍尔电压关键是要选择霍尔系数大（即迁移率高、电阻率高）的材料. 就金属导体而言，μ 和 ρ 均很低，不能用来制造霍尔器件，半导体 μ 高，ρ 适中，是制造霍尔器件理想的材料. 由于电子的迁移率比空穴的迁移率大，所以霍尔器件都采用 N 型半导体；其次霍尔电压的大小与材料的厚度成反比，因此薄膜型的霍尔器件的输出电压比片状要高很多.

2. 霍尔电压的测量

应该说明，在产生霍尔效应的同时，因伴随着多种副效应，以致实验测得的 A，A' 两极电压并不等于真实的 V_H 值，而是包含着多种副效应引起的附加电压，因此要设法消除. 根据副效应产生的机理可知，采用电流和磁场换向的对称测量法基本上可把副效应的影响从测量结果中消除. 具体做法是 I_S 和 B 的大小不变，并在设定电流和磁场的正向后依次按下列不同方向的 I_S 和 B 组合测量 A 和 A' 两点间的电压 V_1，V_2，V_3 和 V_4，即 $V_1 : +I_S + B$；$V_2 : +I_S - B$；$V_3 : -I_S - B$；$V_4 : -I_S + B$，然后求上述四组数据的平均值可得 $V_H = (V_1 - V_2 + V_3 - V_4)/4$，通过对称法求得的 V_H，虽然仍有一些无法消除的副效应，但影响很小可忽略不计.

3. 电导率 σ 的测量

已知样品尺寸厚度 $d = 5 \times 10^{-4}$ m，高度 $b = 4 \times 10^{-3}$ m，长度 $l = 3 \times 10^{-3}$ m，样品横截面积 $S = bd$，流经样品的电流为 I_S，在零磁场时，若测得 A，C 间的电压为 V_σ，可求出 $\sigma = I_S l/(V_\sigma bd)$.

四、实验步骤

1. 按图 8-2 连接测试仪和实验仪间相应的 I_S，V_H 和 I_M 各组接线端，I_S 和 I_M 的换向开关向上方合上，表明 I_S 和 I_M 均为正值（即 I_S 沿 x 方向，B 沿 z 方向），反之为负值，V_H，V_σ 切换开关向上测 V_H，向下测 V_σ. 注意：严禁将线接错，否则仪器将立即损坏.

为准确测量，应先对测试仪调零，即将测试仪的 I_S 调节和 I_M 调节旋钮均置零，待开机数分钟后若 V_H 不为零，可通过左下方小孔的"调零"实现调零.

2. 通过调"I_S 调节"和"I_M 调节"可以改变工作电流和励磁电流，数字显示屏显示电流大小，同时 V_H 的大小也在数字显示屏上出现.

3. 测绘 V_H-I_S 曲线，将实验仪的"V_H-V_σ"切换投向 V_H 侧，测试仪的"功能切换"置 V_H. 保持 $I_M = 0.6$ A 不变，测绘 V_H-I_S 曲线，记入表 8-1.

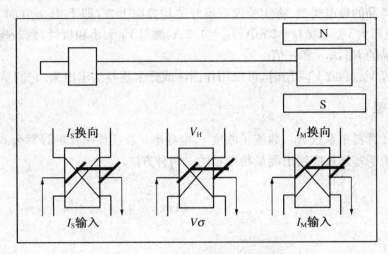

图 8-2　霍尔效应实验仪面板示意图

4. 测绘 V_H-I_M 曲线. 实验仪和测试仪各开关同上,保持 $I_S = 3.00$ mA,测绘 V_H-I_M 曲线.

表 8-1　$I_M = 0.6$ A

I_S /mA	V_1/mV $+I_S, +B$	V_2/mV $+I_S, -B$	V_3/mV $-I_S, -B$	V_4/mV $-I_S, +B$	$V_H = (V_1 - V_2 + V_3 - V_4)/4$ /mV
1.00					
1.50					
2.00					
2.50					
3.00					
3.50					

表 8-2　$I_S = 3.00$ mA

I_M /A	V_1/mV $+I_S, +B$	V_2/mV $+I_S, -B$	V_3/mV $-I_S, -B$	V_4/mV $-I_S, +B$	$V_H = (V_1 - V_2 + V_3 - V_4)/4$ /mV
0.300					
0.400					
0.500					
0.600					
0.700					
0.800					

5. 测量 V_σ 值. 将 V_H-V_σ 开关投向 V_σ 侧,"功能切换"置 V_σ. 在零磁场下,取 $I_S = 2.00$ mA,测量 V_σ. 注意:I_S 不要过大,以免 V_σ 超过毫伏表量程.

6. 确定样品的导电类型. 将实验仪三组开关均投向上方，即 I_S 沿 x 方向，B 沿 z 方向，毫伏表测量电压为 $V_{AA'}$. 取 $I_S = 2\,\text{mA}$，$I_M = 0.6\,\text{A}$，测量 V_H 大小和极性，判断样品导电类型.

7. 求样品的 R_H，n，σ 和 μ 值.

8. 在计算 V_H/I_S 或 V_H/I_M 时，可以用作图法或分组逐差法求出来. 它们呈直线关系.

六、思考题

1. 列出计算霍尔系数 R_H，载流子浓度 n，电导率 σ 及迁移率 μ 的计算公式.

2. 举例说明零尔效应用于测量物理量的一两种方法.

实验 9　感应电流方向的研究

一、实验目的

1. 掌握电磁感应现象,熟练判断感应电流的方向.
2. 理解楞次定律.

二、实验仪器

电源、原副线圈、条形磁铁、灵敏检流计、电键、导线、滑线变阻器.

三、实验原理

1. 电磁感应

根据电磁学理论,变化的磁场产生电场,变化的电场产生磁场,$\Delta E \rightarrow B$,$\Delta B \rightarrow E$,感应电场 E 在空间产生电势差 ε 即感应电动势,当回路闭合时,就会产生感应电流 i,而感应电流 i 又会产生感应电流的磁场 B',感应电流的磁场方向与原磁场之间满足楞次定律:感应电流的磁场总是阻碍原磁场的变化. 这就是电磁感应现象.

如果要产生变化的磁场,有两种简单的方法,一种是用磁铁,当磁铁在副线圈中运动时,就会产生磁通的变化. 一种是用通电螺线管,这个磁场由励磁电流 I 决定,$B = k \cdot I$,k 是常数,所以 I 改变时,激励磁场 B 也随之改变.

2. 互感现象

如图 9-1 所示,在 u_{in} 加交流电源,则在 u_{out} 将会产生持续不断的电压,称为互感现象. 这时两个线圈就构成一个变压器,输出电压大小与原线圈和副线圈的匝数比有关.

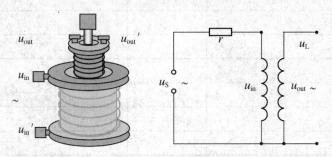

图 9-1　互感现象

四、实验步骤

1. 如图 9-2 接线. 将磁铁按表 9-1 所示运动,观察并记录感应电流方向、感应电流磁场方向.

2. 将磁铁换成原线圈,按图9-3接线,按表9-2观察记录电磁感应现象.

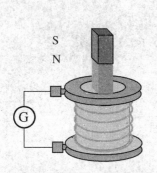

图 9-2 电磁感应接线图

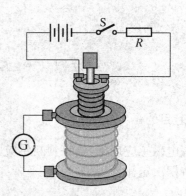

图 9-3 电磁感应接线图

五、数据处理

表 9-1 磁铁插入副线圈

实验情况	原磁场方向	副线圈的磁通量的变化	检流计指针的摆向	感应电流方向	感应电流磁场方向	感应电流磁场与原磁场方向比较
N极向下,插入						
N极向下,拔出						
S极向下,插入						
S极向下,拔出						

表 9-2 原线圈通电,使磁场向下,插入副线圈

实验情况	原磁场方向	副线圈的磁通量的变化	检流计指针的摆向	感应电流方向	感应电流磁场方向	感应电流磁场与原磁场方向比较
原线圈插入						
原线圈拔出						
增加励磁电流						
减小励磁电流						
合上开关						
断开开关						
铁芯插入						
铁芯拔出						

六、思考题

解释变压器的工作原理、写出最简单的变压器结构.

实验10　多用表的基本原理与使用一

一、实验目的

1. 了解多用表的基本结构及表头的工作原理.
2. 了解多用表扩大量程的原理.
3. 了解多用表的功能,熟悉面板结构,掌握其使用方法.
4. 认识电阻器的标示方法.

二、实验仪器

多用表、多种类型的电阻、电源.

三、实验原理

1. 多用表的功能

多用表(又称万用表)是电工、电子技术中常用的测量仪器之一,一般可以测量直流电流、直流电压、交流电压、电阻等物理量. 多用表的使用方法从事电子电工技术人员必须掌握的一项基本技能. 常见的多用表有指针式多用表和数字式多用表. 指针式多用表是以表头为核心部件的多功能测量仪表,测量值由表头指针指示读取. 数字式多用表的测量值由液晶显示屏直接以数字的形式显示,读取方便,有些还带有语音提示功能,见图 10-1.

图 10-1　数字式多用电表

2. 指针式多用表的结构

指针式多用表公用一个表头,是集电压表、电流表和欧姆表于一体的仪表.

(1) 表头. 多用表的表头为磁电式测量机构,它只能通过直流电,利用二极管将交流变为直流,从而可实现交流电的测量.

(2) 测量电路. 多用表的直流电流挡是多量程的直流电流表. 表头并联不同的分流电阻即可扩大其电流量程. 多用表的直流电压挡是多量程的直流电压表. 表头串联不同的分压电阻即可扩大其电压量程. 分流、分压电阻不同,相应的量程也不同. 在电流接法的基础上,加上电池、分压电阻和波段开关,就构成了一个欧姆表.

(3) 转换开关. 用来变换多用表内部电路连接的部件,它由许多固定接触点、固定连接片和活动接触点组成.

3. 多用表的使用

下面就以 MF47 型多用表为例,介绍多用表表面结构和使用方法. MF47 型多用表面板结构如图 10-2.

（1）表盘. 表盘由刻度线, 指针和机械调零钉组成, 由指针所指刻度线的位置读取测量值, 机械调零钉位于表盘下部中间的位置. MF47 型多用表有 8 条刻度线. 从上往下数, 第一条刻度线是测量电阻时读取电阻值的欧姆刻度线. 第二条刻度线是用于交直流电压和直流电流读数的共用刻度线. 第三条刻度线是测量 10 V 以下交流电压的专用刻度线. 第四, 第五条刻度线是测量三极管放大倍数的专用刻度线. 最下面一条标有 dB 符号, 为音频电平线.

图 10-2 MF47 型多用电表

（2）转换开关. 转换开关的作用是选择测量的项目及量程.

直流电压: 有 10 V 等量程挡位. 交流电压: 有 1 000 V 等量程挡位. 直流电流: 有 500 mA 等挡位. 电阻: 有 ×1×10×100×1 k×10 k 五个倍率挡位. hFE: 测量三极管直流放大倍数的专用挡位.

（3）使用方法

测前准备: 把红、黑表笔分别插入"＋"、"－"插孔内, 将多用表水平放置, 测量前先检查表头指针是否在零点, 若不在零点, 则须用螺丝刀慢慢地转动调零螺丝, 使指针指零.

直流电压的测量: 估计被测电压的大小, 把转换开关拨至相应的直流电压挡位, 将红表笔接至被测电压的高电势处, 黑色表笔接至被测电压的负极, 然后由刻度板上第二条刻度线读取数值.

直流电流的测量: 估计被测电流的大小, 把转换开关旋至直流电流相应挡位, 将待测电路断开, 两表笔与电路串联, 使电流从红表笔流入, 黑表笔流出, 仍由第二条刻度线读取数值.

交流电压的测量: 估计被测电压的大小, 把转换开关旋至交流电压相应的挡位, 将红黑表笔跨接在被测电压的两端, 然后由刻度板上相应刻度线读出数值.

电阻值的测量: 估计被测电阻的大小, 把转换开关旋至相应的电阻挡位, 应使指针尽量接近刻度的中部, 以减少误差. 测量前应先进行欧姆调零, 将红黑表笔短接, 指针向右偏传, 转动欧姆调零旋钮, 使指针指在"0 Ω"位置上, 若不能调节到"0 Ω"点, 说明内部电池需更换了. 测量时要注意: 每换一次电阻挡, 都需要重新调零. 不允许测量带电电阻和电池内阻. 将两表笔分别与电阻两端相接, 由标有"Ω"的刻度线读取数值. 该数值再乘以所选择的量程倍数即为所测电阻的实际数值.

4. 使用注意事项

（1）多用表是种多挡位仪表, 使用时一定要取正确的挡位, 要养成测前必看挡的习惯, 测量电流、电压时应切断电源后换挡, 否则极易烧毁电表.

（2）若无法估计被测量的大小, 应先用较大的量程挡位去试测, 然后调到适当的挡位, 这样可防止表头因过载而损坏.

（3）多用表使用完毕, 应将转换开关置于交流电压最高挡. 若长期不使用, 应将电池取出.

5. 电阻器基本知识

(1) 种类型号

电阻器种类型号很多,主要有碳膜电阻器(外涂绿色保护漆,用符号 RT 表示)和金属膜电阻器(外涂红保护漆,用符号 RJ 表示).

(2) 阻值的标记方法

直标法:将数值、单位和允许误差值直接标出,整数与小数用单位隔开,误差值用字母给出(表 10-1),如"6K4　J"表示(6.4±5%)kΩ.

表 10-1　直标法

字母	D	F	G	J	K	M
允许误差	±0.5%	±1%	±2%	±5%	±10%	±20%

色标法:用色环表示数值和允许误差,如图 10-3 所示.

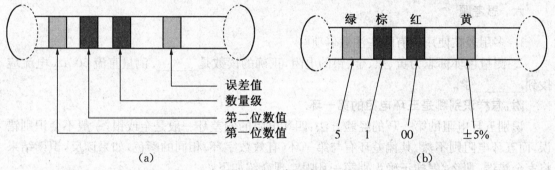

绿　棕　红　　　黄

误差值
数量级
第二位数值
第一位数值

5　1　00　　±5%

(a)　　　　　　　　　　　　　　(b)

图 10-3　色环电阻

色环表示的数值和允许误差如表 10-2 所示.

表 10-2　色环标记

	黑	棕	红	橙	黄	绿	蓝	紫	灰	白	金	银
数值	0	1	2	3	4	5	6	7	8	9	—	—
数量级	10^0	10	10^2	10^3	10^4	10^5	10^6	10^7	10^8	10^9	10^{-1}	10^{-2}
误差值%	—	±1	±2	—	—	±0.5	±0.2	±0.1	—	—	±5	±10

四、实验步骤

1. 拆下多用表的后盖,观察其电路结构;观察磁电式表头演示装置,分析指针转动的原理.

2. 用多用表测量电池(1.5 V)两极电压,测量稳压电源的输出电压.

3. 用多用表测量电源插座中的交流电压.注意测量时人体不要接触表笔的金属部分,注意表笔和导线应无破损,以确保人身安全.

4. 用多用表测量直流电流.将直流稳压电源(10 V)与一个电阻(100 Ω)、一个可变电阻器 R 及开关串联成一条回路,改变 R 的值,测量其中的电流值.

5. 用多用表测量给定的各种类型的电阻值,并与标称值比较.

五、数据处理

表 10-3 数据记录

次序	电压理论值 /V	电压实测 /V	电流理论值 /A	电流实测值 /A	电阻标称值 /Ω	电阻实测值 /Ω
1						
2						
3						
4						
5						
6						

六、思考题

1. 多用表在使用中有哪些注意事项?

2. 测量色环标志为黄、黑、金、银的电阻,正确的读数是_____. 测量直流 $60\ \mu A$ 电流应拨到_____挡.

附:怎样识别哪是五环电阻的第一环.

识别五环电阻的第一环的经验方法:四环电阻的偏差环一般是金或银,一般不会识别错误,而五环电阻则不然,其偏差环有与第一环(有效数字环)相同的颜色,如果读反,识读结果将完全错误. 那么,怎样正确识别第一环呢? 现介绍如下:

1. 偏差环距其他环较远.

2. 偏差环较宽.

3. 第一环距端部较近.

4. 有效数字环无金、银色.(解释:若从某端环数起第1,2环有金或银色,则另一端环是第一环)

5. 偏差环无橙、黄色.(解释:若某端环是橙或黄色,则一定是第一环)

6. 试读. 一般成品电阻器的阻值不大于 $22\ M\Omega$,若试读大于 $22\ M\Omega$,说明读反.

7. 试测. 用上述还不能识别时可进行试测,但前提是电阻器必须完好.

应注意的是有些厂家不严格按第1,2,3 条生产,以上各条应综合考虑.

实验 11　多用表的基本原理与使用二

一、实验目的

1. 掌握二极管、电容和电感等元件的标示法、电学特性.
2. 掌握用多用表测量和检测二极管、电容等元件的方法.

二、实验仪器

多用表、几种类型的电容、电感、二极管、直流稳压电源.

三、实验原理

1. 电容器

电容器的种类很多,用途各异,我们常见的电容器按电容量是否可变可分为固定电容器和可变电容器两种,固定电容器又有普通电容器和电解电容器之分.

电容器的电容量的标记方法有两种:

(1) 直标法. 将数值和单位直接标出,如 05 μF 表示 0.05 μF,也有的用字母 R 表示小数点,如 R46 表示 0.46 μF. 还有的将单位词冠放在数值的整数和小数中间,如 1 p5 表示 1.5 pF,p5 表示 0.5 pF,2 μ4 表示 2.4 μF.

(2) 色标法. 用色环或色点表示电容器的电容量,具体标法与电阻器的色标法相似,单位 pF.

2. 二极管

二极管的全称是晶体二极管,它是半导体材料(硅或锗)制成的电子元件,二极管有两个引线,一根叫阳(正)极,一根叫负(极). 二极管的基本特性是单向导电性. 当它加上一定的正向电压时,其电阻值很小,就像一个接通的开关一样;给二极管加上反向电压时,它的电阻值变得很大,就像断开的开关一样.

稳压管是工作在反向击穿区的特殊二极管,当流过稳压管的电流变化很大时,稳压管上的电压只起微小的变化,起到稳定电压的作用.

3. 电感

又叫做电感线圈,通常由骨架、绕组、磁芯、屏蔽罩等组成. 不同类型的电感器,其外形构造相差甚远,常见的变压器、磁性天线等均属于电感器. 电感器的参数大多直接标在其外壳上.

4. 电容的容抗和电感的感抗

(1) 电容在直流电作用下的作用是隔断电路,而在交流电作用下,对频率越高的交流电,阻抗越小,对交流电起到导通作用,对高频交流电相当于"短路". 电感在直流电作用下仅是线圈的内阻起作用,相当于"短路". 而在交流电作用下,交流电频率越高,电感 L 的感抗越大,对电流的阻碍越大,在高频交流电作用下相当于"断路".

(2) 在正弦交流电路中,电感的感抗 $X_L = \omega L = 2\pi fL$,空芯电感线圈的电感在一定频率范围内可认为是线性电感,当其电阻值 r 较小($r \ll X_L$)时,我们可以忽略其电阻的影响. 电容器的容抗 $X_C = 1/\omega C = 1/(2\pi fC)$. 当电源频率变化时,感抗 X_L 和容抗 X_C 都是频率 f 的函数,我们称之为频率特性. 典型的电感元件和电容元件的频率特性如图 11-1 所示.

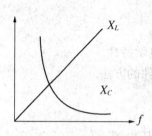
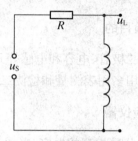

图 11-1 电感和电容元件的频率特性　　**图 11-2 电感的阻抗测量**

(3) 通过测量电感和电容两端的电压有效值及流过它们的电流有效值,然后经过运算,感抗 $X_L = U_L/I_L$,容抗 $X_C = U_C/I_C$. 当电源频率较高时,用普通的交流电流表测量电流会产生很大的误差,普通交流电流表只适用 50 Hz 左右的频率使用. 在图 11-2 的电感或电容的电路中串入一个阻值较准确的取样电阻 R,首先用交流毫伏表测量取样电阻 R 两端的电压值,也可直接测量电流有效值.

四、实验步骤

1. 正确识别电容器表面符号、数字的含意.

2. 用多用电表对电容器进行测量、判断.

(1) 漏电电阻的测量. 用欧姆挡(电容量小的用 $R \times 10$ k 挡,容量大的用 $R \times 1$ k 挡),将表笔连接电容器的两引线(手不能同时接触两引线),可能会出现三种情况:① 指针先向右摆动,然后又慢慢地反向退回到 ∞ 位置的附近,这说明电容器是好的,指针静止时所示的值称为该电容器的漏电电阻(通常漏电电阻阻值很大).② 指针不动,这时将表笔对调再测,如果仍不动,说明电容器断路(只适合于 0.01 μF 以上的电容器,容量越大,所选的欧姆挡位要越低).③ 指针静止时所指的漏电电阻很小,说明电容器已被击穿短路.

(2) 电解电容器的极性判断. 用多用电表测电解电容器的漏电电阻并记下数值,再将红、黑表笔对调测量,记下漏电电阻值,比较两次所测的电阻值,阻值小的一次黑表笔所接触的一端便是负极.(如电解电容器外表面不被损坏,极性可以看出)

(3) 测量电容器的电容值. 由 $X_C = 1/\omega C = 1/2\pi fC$ 和 $X_C = U_C/I_C$ 测出电容的 C 大小. 另外,用多用表欧姆挡给电容充电,测量电容的时间常数 τ,可以算出 C 的大小. 由电容放电公式 $u(t) = u(0)e^{\frac{-t}{RC}}$,当放电电压达到电容初始电压的一半时,$t \approx 0.7RC$,放电电路等效电阻约为 200 kΩ,记下时间 t,电路电阻 R,就可估算出电容 C 的大小.

3. 二极管极性的判断. 将多用表置于 $R \times 100$ 挡或 $R \times 1$ k 挡($R \times 1$ 挡电流较大,$R \times 10$ k 挡电压过大,都有可能损坏二极管),两表笔分别接二极管的两个电极,测出一个结果后,对调两表笔,再测出一个结果. 两次测量的结果中,有一次测量出的阻值较大为反向电阻,一次测量出的阻值较小为正向电阻.在阻值较小的一次测量中,黑表笔接的是二极管的正极,红表笔接的是二极管的负极.

4. 单向导电性能的检测及好坏的判断. 通常,锗材料二极管的正向电阻值为 1 kΩ 左右,反向电阻值为 300 MΩ 左右. 硅材料二极管的正向电阻值为 5 kΩ 左右,反向电阻值为∞(无穷大). 正向电阻越小越好,反向电阻越大越好. 正、反向电阻值相差越悬殊,说明二极管的单向导电特性越好. 若测得二极管的正、反向电阻值均接近 0 或阻值较小,则说明该二极管内部已击穿短路或漏电损坏. 若测得二极管的正、反向电阻值均为无穷大,则说明该二极管已断路损坏.

5. 用欧姆挡的 $R \times 1$ 或 $R \times 10$ 挡位测电感器的电阻. 若阻值很小,说明电感器正常;若阻值为∞,表明电感器已断路.

6. 观察稳压二极管和串联二极管的电路的电压有效值是否变化.

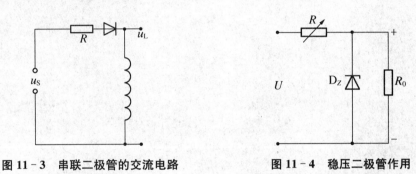

图 11‑3　串联二极管的交流电路　　　　图 11‑4　稳压二极管作用

五、数据处理

表 11‑1　电压、电流列表

元件	序号	电压/V	电流/A	电阻/Ω
普通电容	1			
	2			
	3			
电解电容	1			
	2			
	3			
电感	1			
	2			
	3			
二极管	1			
	2			
	3			
稳压二极管	1			

六、思考题

1. 如何用多用表测试电容、电感、二极管等元件？
2. 二极管在测量电阻过程中用不同档测量的电阻大小是否相同？

实验 12　牛　顿　环

在光学发展史上,光的干涉实验证实了光的波动性.当空气薄膜层的上、下表面有一很小的倾角时,由同一光源发出的光,经空气薄膜的上、下表面反射后在上表面附近相遇时产生干涉,并且厚度相同的地方形成同一干涉条纹,这种干涉就叫等厚干涉.其中牛顿环和劈尖是等厚干涉两个最典型的例子.光的等厚干涉原理在生产实践中具有广泛的应用,它可用于检测透镜的曲率,测量光波波长,精确地测量微小长度、厚度和角度,检验物体表面的光洁度、平整度等.

一、实验目的

1. 观察光的等厚干涉现象,了解等厚干涉的特点.
2. 掌握读数显微镜的原理和使用.
3. 学习用干涉方法测量平凸透镜的曲率半径.

二、实验仪器

JCD-3读数显微镜,钠光灯,牛顿环.

三、实验原理

1. 等厚干涉

牛顿环是由一块曲率半径很大的平凸透镜的凸面放在一块光学平板玻璃上构成的,如图 12-1(a)所示,在平凸透镜和平板玻璃的上表面之间形成了一层空气薄膜,其厚度由中心到边缘逐渐增加,当平行单色光垂直照射到牛顿环上时,经空气薄膜层上、下表面反射的光在凸面附近相遇产生干涉,其干涉图样是以玻璃接触点为中心的一组明暗相间的圆环,如图 12-1(b)所示.这一现象是牛顿发现的,故称条纹为牛顿环.它属于等厚干涉.

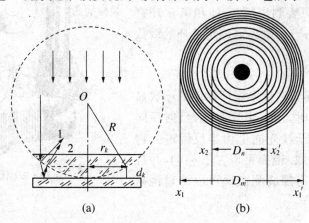

图 12-1　牛顿环的光路图和图像

设平凸透镜的曲率半径为 R，与接触点 O 相距为 r_k 处的空气薄层厚度为 d_k，那么由三角形内的几何关系：

$$R^2 = (R - d_k)^2 + r_k^2 \tag{1}$$

因 $R \gg d_k$，所以 d_k^2 项可以被忽略，有

$$d_k = \frac{r_k^2}{2R} \tag{2}$$

现在考虑垂直入射到 r_k 处的一束光，它经薄膜层上、下表面反射后在凸面处相遇时其光程差 $\delta = 2d_k + \lambda/2$，其中 $\lambda/2$ 为光从平板玻璃表面反射时的半波损失，把(2)式代入得：

$$\delta = \frac{r_k^2}{R} + \frac{\lambda}{2} \tag{3}$$

由干涉理论，产生暗环的条件为

$$\delta = (2k+1) \frac{\lambda}{2} \qquad (k = 0, 1, 2, 3, \cdots) \tag{4}$$

从(3)式和(4)式可以得出，第 k 级暗纹的半径为

$$r_k^2 = kR\lambda \tag{5}$$

由于暗纹比明纹易分辨，所以本实验只要测出第 k 条暗纹的半径 r_k，已知光波波长 λ（钠光 $\lambda = 5.893 \times 10^{-7}$ m），即可由公式(5)求出牛顿环的曲率半径 R；反之，已知 R 也可由(5)式求出波长 λ.

公式(5)是在透镜与平玻璃面相切于一点（$e_0 = 0$）时的情况，但实际上并非如此，观测到的牛顿环中心是一个或明或暗的小圆斑，这是因为接触面间或有弹性形变，使得 $e_0 < 0$；或因面上有灰尘，使得中心处 $e_0 > 0$，所以用公式(5)很难准确地判定干涉级次 k，也不易测准暗环半径. 因此实验中用以下方法来计算曲率半径 R.

设模糊不清的圆斑内有 x 级暗纹，第 m, n 级圆环的半径分别为 r_m 和 r_n，则据式(5)有 $r_m^2 = (m+x)R\lambda$，$r_n^2 = (n+x)R\lambda$，解得 $R = (r_m^2 - r_n^2)/(m-n)\lambda$. 由于接触点即环心不易确定，我们改用测两圆环的直径，则有式

$$R = \frac{D_m^2 - D_n^2}{4(m-n)\lambda} \tag{6}$$

从(6)式可知，只要测出第 m 环和第 n 环直径以及算出环数差 $m-n$，就无需确定各环的级数和圆心的位置了.

2. 读数显微镜

图 12-2 为观察与测量牛顿环使用的读数显微镜. 光线从正前方射入 $45°$ 半反光镜，反射后向下到牛顿环，产生的干涉光向上由半反镜进入物镜，通过目镜观察条纹. 镜筒可以左右移动，并且在背面有标尺、侧面有螺旋测微尺可以测量镜筒横移的距离.

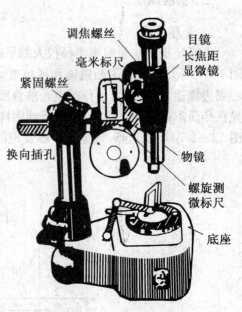

调焦螺丝　目镜
毫米标尺　长焦距显微镜
紧固螺丝
换向插孔　物镜
螺旋测微标尺
底座

图 12-2　读数显微镜

四、实验步骤

1. 观察牛顿环的干涉图样

（1）调整牛顿环的三个调节螺丝,在自然光照射下能观察到牛顿环的干涉图样,并将干涉条纹的中心移到牛顿环的中心附近.调节螺丝不能太紧,以免中心暗斑太大,甚至损坏牛顿环.

（2）把牛顿环置于显微镜的正下方,使单色光源与读数显微镜上与水平方向成45°角的半反镜等高,点亮钠光灯,使发出的光照到半反射镜上,经反射后垂直入射到牛顿环装置上.微移显微镜,直至从目镜中能看到明亮均匀的光.（**注:钠光灯不可移动**）

（3）移动牛顿环,使中心暗斑（或亮斑）位于视域中心,调节读数显微镜的目镜,使十字叉丝清晰;将读数显微镜物镜放至低处,自下而上调节物镜直至观察到清晰的干涉图样.调节目镜系统,使叉丝横丝与读数显微镜的标尺平行,并经过牛顿环中心,消除视差.平移读数显微镜,观察待测的各环是否都在读数显微镜的读数范围之内.

2. 测量牛顿环的直径

（1）选取要测量的 m 和 n（各6环）,如取 m 为 15,13,11,9,7,5,n 为 14,12,10,8,6,4.

（2）转动测微鼓轮.先使镜筒向左移动,顺序数到 15 环暗纹,使叉丝尽量对准干涉条纹的中心,记录目镜横刻度和测微鼓轮的读数.然后继续转动测微鼓轮,使叉丝依次与右边各暗环对准,顺次记下读数直到右边 15 环;注意在一次测量过程中,测微鼓轮应沿一个方向旋转,中途不得反转,以免测微螺距间隙引起回程误差甚至损坏仪器.

五、数据处理

（1）测量平凸透镜的曲率半径

表 12-1　测量牛顿环的曲率半径

圆数	显微镜读数/mm		环直径 D_m/mm	$D_m^2 - D_n^2$		
	左	右		m	n	R
4				4	10	
5						
6				5	11	
7						
8				6	12	
9						
10				7	13	
11						
12				8	14	
13						
14				9	15	
15						

取 $\lambda = 5.893 \times 10^{-7}$ m.

（2）确定平凸透镜凸面曲率半径的最佳值 $\overline{R}=$＿＿＿＿＿＿ m.

（3）实验结果：$R=\overline{R}\pm\Delta R=$＿＿＿＿＿＿ m.

六、思考题

1. 牛顿环的中心在什么情况下是暗的，在什么情况下是亮的？

2. 本实验装置是如何使等厚条件得到近似满足的？

3. 在本实验中若遇到下列情况，对实验结果是否有影响？为什么？

（1）牛顿环中心是亮斑而非暗斑.

（2）测各个 D_m 时，叉丝交点未通过圆环的中心，因而测量的是弦长而非真正的直径.

4. 在测量过程中，读数显微镜为什么只准单方向前进，而不准后退？